口絵1　世界のバイオームの風景（p.144，図 9.6 参照）
(a) 熱帯多雨林（マレーシア），(b) サバンナ（ケニア），(c) 照葉樹林（日本），(d) 半砂漠・荒原植生（USA），(e) 夏緑樹林（日本），(f) ステップ（カザフスタン），(g) 亜寒帯針葉樹林（日本），(h) ツンドラ植生（ロシア）［写真提供：(a) 中川弥智子氏，(b) と (d) 坂本圭児氏，(f) Borjigin Shinchilelt 氏，(h) 兒玉裕二氏］

まえがき

日本の大学生は，入学以前に環境科学について体系的に学ぶ機会に恵まれていたとは思えない．しかし，環境科学の軸となる人類の生存と活動に関わる生物的自然の本質についての理解を深めることは，現代社会の知識人には大切なことに思われる．特に，生態系に関する知識を教授することは，生物学を志す学生に対してだけでなく，現代の大学教養人の育成におけるリベラル・アーツ教育には欠かせない．つまり，大学の課程を修めた者として，人間社会に影響を及ぼす「生物と環境との関係」に関心を持つことは大切であると考えている．

一方，最近の大学生は，地球温暖化などの環境問題については，それなりの知識を持ち合わせており，2010 年の COP10 をはじめとする日本で開催された国際会議の影響もあり，生物多様性への関心を持っている学生は多い．そのため，様々な環境問題の諸現象を説明するような講義は，あまり必要ではないかもしれないと感じている．また，平成 24 年に実施された高等学校の学習指導要領では「生物」の中の生態学に関する内容が大きく変更され，「生物基礎」「生物」という枠組みになった．「生物基礎」では植生・生態系の種類やそれらの変化に関して，「生物」では生物間相互作用をはじめとする生物集団の維持機構と生物多様性の根源となる生物進化について学ぶ．このように「生物基礎」しか履修していない学生にとっては，生物多様性を支える個体群・生物群集・生態系という生物集団の本質を学修する機会がない．そこで，大学生として学ぶべき内容には，自然環境と関係し合う生物集団のありかたに関する知識に重点を置くほうがよいと考えている．

地球上における生物の生息･生育可能な全体を生物圏（biosphere）といい，地球の表層部分には，ヒト，動物，植物，微生物，…などのあらゆる生物が一緒に生活している．そこで，「共生生物圏（symbiosphere）」という語も新出するようになった．この共生生物圏という概念は，地球上に存在する多様な環境資源をひとかたまりの地域で共有する様々な生物集団が存在することを意味している．このように，共生生物圏に見られる生物集団の多様な維持システムがまさに生態系なのである．また，環境とは，第1章にあるように「主体のまわりにあるすべて」である．つまり，私たち人類が生存する生物圏の内外のすべてが環境である．私たちは，地球上の生物圏で生活するひとりとして，生物を育む環境を人類の手によって劣化させてはならないという思考を共有する必要があり，リベラル・アーツとなる大学教養教育において生物と環境との関わりを学問する生態学に接することは有益である．

本書は，そのような視点から，大学生が学ぶべき生態学の内容を，より入門向けに編述し，大学の教養教育テキストとして使用できる構成のものとした．また，これまでに多くの諸先輩方がご執筆された生態学の内容に加えて，それらの基礎となる一般生物学的な知識として，生命の共通性・多様性，自然生物学史，遺伝・進化，光合成の生理について生態学的な視点からの解説を行った．しかしながら，私の本来の専門から離れた内容については勉強不足を恥じるとともに，多くの方からの批判をいただくことになると思うが，本書の改善を常に怠らず，今後さらに学問に励むことを心したい．

なお，本書は，これまでに出版された数々の書籍に掲載された図表を参考にさせていただいた．多くの諸先輩方に心より感謝申し上げる．

最後に，本書の執筆の機会をいただいた，共立出版株式会社，特に，営業部木村邦光さんには心から感謝申し上げる．また，本書を作成するにあたり，多くの方から有益な意見やコメント，文献に関する情報などをいただいた．心から感謝したい．

平成29年10月

著　者

目　次

第1章

生物圏と生態学

1.1　生物の共通性と多様性

生命の誕生

生態学を1学問領域として含む生物学は，生物の生命活動を探求する科学である．また，地球上に存在するすべての生物には様々な共通点があり，それは生物がただ1つの祖先細胞を起源としているからである．そこで，はじめに，生命の誕生から生物の多様性を形成した歴史について簡単に概観してみよう．

地球上における生物の出現，つまり，最初の生命の誕生は約38億年前であると考えられている（表1.1）．地球上に出現した初期の生命体は原核生物（第2章）であり，約20億年前までは原核生物が大半を占める時代であった．一方，真核生物（第2章）は原核生物から進化したと考えられ，真核生物の細胞小器官であるミトコンドリアや葉緑体は，細胞内共生（第2章COLUMN 2：1）により誕生したとされる．このようにミトコンドリアや葉緑体を獲得した真核生物は多様化していき，さらに，多細胞生物へと進化することにより，大いに繁栄していった．そして，約5億4千年前のカンブリア紀初期には，海の中で多種多様な大型動物が急増したことが化石群から明らかとなっている．

また，今から4億5千年前までには，シアノバクテリアや藻類などの光合成生物が放出する酸素により，大気中の酸素濃度が増加し，成層圏にはオゾンO_3層が形成された．これと同時に生物にとって有害な紫外線が減少し，生物が陸上に進出できたと考えられている．現在の生物圏における生命の基本的な集まりが形作られたのは，約2億年前のことで，宇宙の歴史を1年のカレンダーで表すと12月25日のクリスマス頃である（表1.1）．なお，チンパンジーなどの類人猿（anthropoid）から分かれた人類の起源は約700〜600万年前とされ，これは宇宙カレンダーでは12月31日の午後9時頃に相当し，つい数時間前の出来事である．

生物を構成する物質

原始地球に誕生した生命体の起源となった物質は，原始の大気や海洋に含まれていたメタンCH_4，アンモニアNH_3，硫化水素H_2S，水H_2O，水素H_2などの単純な構造の化学物質で，これらが化学反応してアミノ酸などの低分子の有機化合物が生成されたと考えられている．そのため，現在においても，生物体を構成する元素や分子には，共通した物質が多く存在している．例えば，酸素

表1.1　宇宙の誕生から現在までの出来事を365日とした宇宙カレンダー

月日	時分	出来事	現在からの実際の時間
1月1日	午前00：00	ビッグバン（現在の宇宙のはじまり）	150億年前
2月6日		銀河の形成がはじまる	135億年前
4月8日		星の形成がはじまる	110億年前
7月24日		太陽系のもととなった超新星の爆発	66億年前
9月11日		太陽系ができる	46億年前
9月30日		地球に生物が現れる（原核生物）	38億年前
11月13日		大気中の酸素が増加しはじめる	20億年前
11月25日		真核生物が現れる	15億年前
12月　2日		雌雄性の起源，動物の起源	12億年前
12月7〜15日		多細胞生物の登場	10億年前〜6億7000年前
12月18日		硬組織のある動物の登場	5億7000年前
12月21日	午前	陸上植物・魚類の起源	4億5000年前
12月21日	午後	陸上動物の登場	4億4000年前
12月28日		恐竜の繁栄，大陸移動，哺乳類の登場	1億5000年前
12月31日	午後09：00	人類の起源	700〜600万年前

宇宙のはじまりは今から150億年前であり，これを1月1日午前0時として，地球上の出来事を1年のカレンダーで表した．なお，これらのなかには現在からの実際の時間が確定していないものもある．[和田英太郎（2002）より改変]

(O)，炭素（C)，水素（H)，窒素（N）の4つの元素は，生物体の全重量の約9割を占めている．また，リン（P)，カルシウム（Ca)，カリウム（K)，ナトリウム（Na)，硫黄（S）などの元素は，生物内では非常にわずかな量ではあるが，ほとんどの生物に極めて重要な物質である．

細胞の成分について見ると，多くの生物において，水 H_2O が70％程度を占め，残りの大部分がタンパク質や核酸，脂質，炭水化物などの高分子化合物である．現在では，このような細胞内に存在する物質は，すべての生物に共通するものであるとされ，約20種類のアミノ酸からなるタンパク質は生命体構成物質として，また，炭水化物の1つであるグルコースなどの糖類は代謝のエネルギー源として，さらに，核酸はDNAやRNAという遺伝情報伝達物質として重要なものであることが知られている．

生命現象の共通性

すべての生物は，からだを構成する物質が共通しているだけではなく，生物の特徴としての共通の生命活動を備えている．この生命活動は大きく2つに分けることができる．1つは個体維持に関わる現象と，もう1つは子孫保持に関わる現象である．

個体維持に関わる生物の主な共通点としては，以下のような点があげられる．すべての生物個体は細胞からできており，基本的な細胞の構造が同じである．また，体の維持や成長のためにエネルギーを利用し，生体内でのエネルギーの源であるATPを作り出す代謝を行う．さらに，環境からの刺激に対して様々な応答を行う．

一方，子孫の保持に関する生命現象としては，同じ形質をもつ新規個体の形成にDNA（またはRNA）という分子化合物を使い，自己の遺伝情報を複製・修復して次世代に継承する．

そのほか，水分の獲得・保持機構，独立栄養や従属栄養という栄養資源の獲得様式などの生命活動の基本様式は，多くの生物で共通している．

生物と地球システム

地球は，様々な物理・生化学的要素の固まりとして存在する天体であり，地球内部の環境は，それらの様々な要素が相互に関係し合うしくみにより維持されている．一般に，これを**地球システム**（earth system）という．この地球システムは，**大気圏**（atmosphere：**気圏ともいう**）・**水圏**（hydrosphere）・**地圏**（geosphere：**岩圏または岩石圏ともいう**）・**生物圏**（biosphere）の4つのサブシステムから構成され，それらのサブシステムは，自らの影響やそれらの相互作用による外部からの力を受けて絶えず変化し続けている（図1.1）．最近では，地球システムに及ぼす人類の影響の大きさから，これらの4つに加えて，“人間の活動域を地球システムの1つの構成要素として**人間圏**（anthroposphere）とする”という認識が必要となった．

では，地球をこのようなシステムとして見た場合に，各サブシステムは，どのような物質で構成されているのだろうか？　例えば，大気圏や水圏では窒

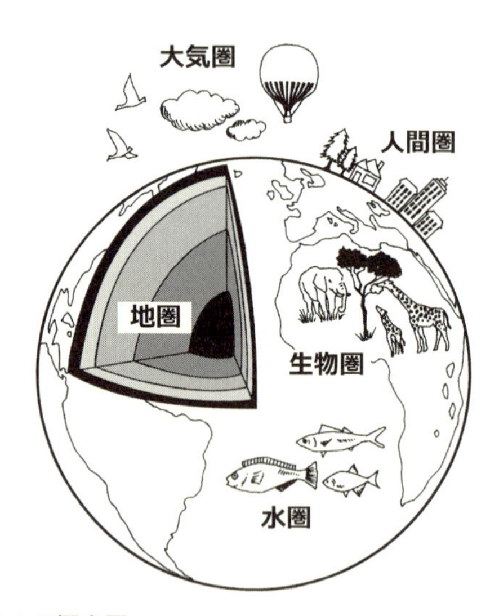

図1.1　地球システムの概念図
地球上に生物が出現して以来，地球システムには，大気圏・水圏・地圏・生物圏の4つのサブシステムが存在する．20世紀以降の人間活動の大きさから人間圏というサブシステムを認める考え方がある．

素・酸素・水・炭酸ガスなどが，主要な構成要素となっている．地圏ではマントルとコアの撹拌作用によりケイ素・鉄・マグネシウムなどの物質が，頻繁に地殻に供給されている．また，生物圏の物質を構成する成分では炭素・酸素・窒素・水素が主要な元素であり，人間圏は生物を構成する物質のほかに，鉄や銅などの金属元素，石炭・石油という燃料物質などから構成されている．加えて，これらの物質は，絶えず他のサブシステムとの間での交換が起こっており，そこには様々なエネルギーの放出や供給が関わっている．

地球システムで起こる物質の移動やエネルギーの発生は，生物圏に大きな影響を及ぼし，種の分化や存続などの生物界の様々な変化をもたらしてきた．例えば，過去の地殻変動・隕石の衝突・気候変動による種の大絶滅の証拠は多数存在する．現在の地球上の大部分の生物も例外ではなく，地球システムの1つとして，地球上に形成される様々な環境のなかで生命を紡いでいる．

生物圏と生態系

生物圏においては，ほとんどの生物が単独で生活しているわけではない．複数の個体（同じ種類であれ，異なる種類であれ）が関わり合って生存している．そのような多数の生物と環境とが，複雑に絡み合った1つの系を**生態系**（第5章）といい，生物圏には様々な生態系が存在する．生態系を理解することは，生物が生活する空間としての生物圏と，それらと相互作用する地球環境に対する認識を深めることに結びつく．したがって，生物圏を形成する生態系を科学することは，地球上での“生物の集団”という存在についての最も基本的な知見を提供する．私たちの目に見える存在として捉えることができる“生物の集団”は，独立した個々の生物の振る舞いが積み重なった世界ではあるが，すべてが互いに関係し合っていることを忘れてはならない．

1.2　生態学とは？

集団の生物学

生態学（ecology）は，“生物とその周りの環境との関わりを含めて学ぶ”生物学の1学問分野であり，“集団の生物学”ともいわれる内容を理解することが生態学の目的である．今日の環境と生物を考察する生態学の概念は，イギリスのチャールズ・エルトン（Charles S. Elton, 1900-1991）による1927年に発表された『動物の生態学』での考え方に大きく影響されている．つまり，環境と生物との関係が，生物個体の行動を決定し，生物の生活（生死を含む）を左右するという，“環境と生物の生活との因果関係”を究明する学問が，“生態学”として発展してきた．

一方，**環境**（environment）という概念には，必ず“主体”となるものがある．また，その主体の周りには，主体に対して影響を及ぼす様々なものが存在する．この主体に影響をもたらす“周囲”には，物理的に存在するものだけではない．つまり，“主体の周囲にあるすべて（見えるか見えないかに関わらず様々な現象や物質・物体のすべて）”を“環境”として捉えることができる．生物を主体にすれば，当然，生物と環境は切り離して考えることはできない（第3章）．

生態学の必要性

私たちが生態学を学ばなければならないのは，どのような理由からであろうか？　ここでは以下のように考えることとしたい．生物圏は生命の多様性と共通性から成り立ち，地球システムの1つである生物圏の変化がもたらす地球環境全体への影響は小さくない．したがって，私たちの周りにある自然環境の大部分は生物の生存域，つまり生物圏であることから，私たちの生活空間と自然環境には密接な関係があることを理解する必要がある．そして，すべての生物が周りの環境から影響を受け，また，生物は環境に影響を及ぼすということが，私たち人間においても例外ではないことを理解し，これが人類の生存に必要不可欠な地球環境を保全するための重要な鍵となるはずである．

生物的自然がもつ階層性

地球上における生物的自然は，階層的な構成を成している．その生物的自然の最下位には分子という生物を構成する物質の源が存在し，最上位としては生物圏が位置している（図 1.2）．一般に，生物学は，これらの領域をすべて含む広範囲な学問である．

この生物的自然の階層性と生物学における学問領域を対応させてみると，高分子化合物を扱う分子生物学（molecular biology）や組織・器官の働きを扱う生理学（physiology）から，生物圏を中心にした地球的自然を複合的に扱う**生物地球化学**（**biogeochemistry**）まで様々な領域に分かれている．また，これらの各レベルは互いに独立な単位ではなく，生物学的な仕組みにより統合された階層構造として理解されなければならない．

生態学の領域

先ほどの生物的自然の階層性から見ると，生態学は個体という単位から，個体群，生物群集，生態系，バイオームのレベルまでを対象とする学問として位置づけられてきた（図 1.2）．しかし，現在では，生物学の 1 分野としての“生態学”という学問は，幅広い研究を扱うことが多い．個体レベルの分野では，生理的な適応現象を扱う生理生態学（physiological ecology）や，遺伝的変異と適応的応答との関係を扱う分子生態学（molecular ecology）のように，下位の学問領域の要素を含んだ研究アプローチが行われている．一方，生物圏を含む地球システムを扱う生物地球化学の下の階層に位置する生態系の研究では，生態系が生物地球化学の主要な要素となるため，生物個体の時間スケールに比べて地球レベルでの長い時間スケールによるアプローチが必要とされている．つまり，複雑に階層化した生物的自然を 1 つのシステムとして捉える生態学は，きわめて幅の広い要素を含む学問領域であるといえる．

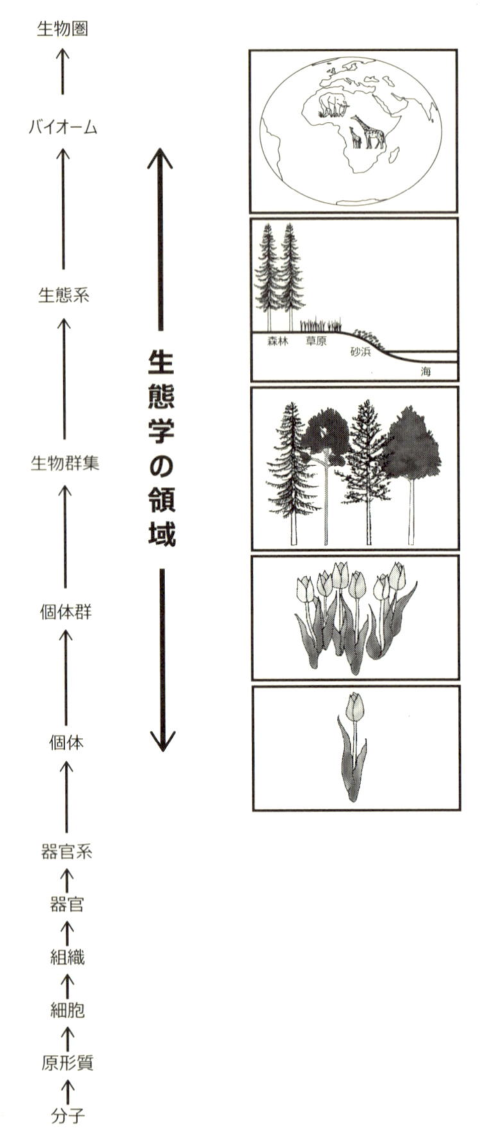

図 1.2　生物的自然の階層性と生態学の領域
地球上における生物的自然は，最上位の生物圏から最下位は分子のレベルまでの階層性として表すことができる．その中で生態学の領域は，個体・個体群・生物群集・生態系・バイオームの階層にまたがっている．

1.3　生態学の発展

生物学の歴史

自然現象を記載する**自然誌または自然史**（natural history）という学問は，紀元前，古代ギリシャで始まったとされている．この自然誌は，動物や植物，鉱物などに関する個別の記載を目的とした，いわゆる自然誌博物学である．動物や植物などの生物学的知識に関する研究，“生物学”の起源は，古代ギリシャの自然誌博物学まで遡り，生物学の開祖と呼ばれているアリストテレス（Aristotelēs, B.C.384-322，ギリシャ）による『動物誌』と，その弟子のテオフラストス（Theophrastos, B.C.373-275 頃，ギリシャ）による『植物誌』であるとされている．アリストテレスの『動物誌』は，動物の分類を体系的に著したもので，後世の動物学の基礎として大きな影響を与えた．また，テオフラストスの『植物誌』は，植物の構造や地理的分布，生態的な特徴による分類など，彼の観察に基づいた記載的な博物誌である．これともう1つの著作の『植物原因論』をあわせて2大著書を残したテオフラストスは，植物学の祖といわれている．なお，**生物学**（biology）という術語は，トレビラヌス（Gottfried Reinhold Treviranus, 1776-1837, ドイツ）の『生物学すなわち生命ある自然の哲学』（この“生物学”をドイツ語で“Biologie”と表記）の中で初めて使用されたものであり，ラマルク（Jean Baptiste de Monet Lamarck, 1744-1829, フランス）の『水理地質学』により広く認められたとされる（遠山 2006）．

古代ローマ時代や中世においては，自然博物学はほとんど発展せず，ルネサンス（Renaissance）期以前に『動物学』と『植物の書』を著作したアルベルトゥス・マグヌス（Albertus Magnus, 1200 頃 -1280 頃，ドイツ）が，学問的な人物であったとされる．その後は，ルネサンス期に登場するコンラート・ゲスナー（Conrad Gesner, 1516-1565，スイス）により著作された『動物誌』が古代生物学の復興とされている．

16 世紀から 17 世紀にかけては，ドイツやイギリスの学者により，動植物の分類における学問的体系化を試みた研究が進められたが，あまり重要な研究的発展は見られなかった．しかし，18世紀に登場するリンネによる植物の分類体系の研究の足がかりが，この時期に作られたとされている．

1735年に『自然の体系』を出版したカール・フォン・リンネ（Carl von Linné，1707-1778，スウェーデン）は，生物の分類を体系化した祖である．リンネは，1753年の著書『植物の種』において，植物の分類の最小単位を“種”とし，また，いくつかの形態的特徴と習性などが共通する一群を“属”とした．リンネに先立って17世紀には植物の二命名法（第2章）が発明されており，リンネは，属名で始まる二命名法により植物の分類体系を確立した．リンネによる分類学の体系化は，18世紀後半からの植物学に大きな影響を与え，生物的自然における知識はここから集積されていった．しかし，リンネの研究に代表されるように18世紀における自然に関する記載的知識の体系は，まだ近代自然科学の領域には至っていなかった．

一方で，18世紀半ばに種という概念が確立されたことにより，生物的自然のしくみと生物種の多様性についての関心が，**進化論**（最近では“**進化説**”とすることもある）に発展したとされる．“種の不変説”が中心であった当時，ビュフォン（G. L. Leclerc Comte de Buffon, 1707-1788, フランス）は，“種の変易性”を主張して生物進化の思想をほのめかした（遠山2006）．

1801年には，ラマルク（前述）が，自身の講義をまとめた『無脊椎動物の体系』のなかで初めて進化論を取り上げ，1809年の『動物哲学』に学説としてこれを発表した．この中で，ラマルクは，「あらたな環境条件や習性が器官の変化を引き起こし，この変化が子孫にも伝えられる．こうして順次に新種が形成される」という獲得形質の遺伝説を提唱した．この学説は，不使用の器官は退化して，使用する器官は発達するという“ラマルクの用不用説”として知られている．19世紀初頭には，比較発生学の発達による生物進化を裏づける証拠が，数多く発見されていたにもかかわらず，進化論の先駆的な役割を果たしたラマルクの学説は，当時の主流的な考えであった種の創造説を打破するための生物進化の科学的な説明までには至らなかった．

生物学から生態学へ

18世紀におけるリンネの生物の種に対する知識が集積された『自然の体系』

第10版（1758）とビュフォンの自然の記載的知識を体系化した『博物誌』（1749）に代表される学問は，ラマルクを経てフンボルトやダーウィン（後述）により，自然界の秩序の成り立ちや諸現象との因果関係を明らかにし，そのなかに存在する生物世界の法則性を見いだす“**自然科学**（natural science）”へと発展した．

ドイツの博物学者のアレクサンダー・フォン・フンボルト（Alexander von Humboldt, 1769–1859, ドイツ）は，地球上の生物相の空間的な序列を説いた『コスモス（宇宙）』（1845–1862）や植物の分布を記した『植物地理学に関する論考』（1807）により，生物と環境との相互関係と生物の分布についての科学的な考察を行った．

また，フンボルトの『新大陸赤道地方紀行』に大きな影響を受けたチャールズ・ダーウィン（Charles Darwin, 1809–1882, イギリス）は，生物相の形成の由来や系統，歴史的な根拠などを明らかにしようとする法則的解明を目指しており，彼の扱った内容は，フンボルトより極めて生態学的な内容であった．さらに，1859年に『種の起源』を出版したダーウィンは，詳細な観察の積み重ねと実証的事実に基づく生物学的説明から生物進化について詳述した．その後，このダーウィンによる自然淘汰（自然選択）と呼ばれる生物進化の学説が広く認識されるようになった（第2章）．

ダーウィンの時代と同じ頃，植物の遺伝に関する研究で知られるグレゴール・メンデル（Gregor Mendel, 1822–1884, オーストリア）は，1866年の『植物雑種に関する研究』において，最も基本的な遺伝の法則である「優性の法則」と「分離の法則」（第2章）を発表した．この遺伝形質の法則性に関する知見は，1900年にこれを再発見したフーゴー・ド・フリース（Hugo De Vries, 1848–1935, オランダ）による突然変異（第2章）説へと発展し，遺伝物質の変化と生物進化との関連性を説明できる理論的基礎を築いた．

このように，19世紀末以降における生物進化という概念の確立には，突然変異と自然淘汰という2つの説が重要な役割を果たした．さらに，生物進化の概念は，種の創造説を払拭し，生物の分布や生活様式と自然界の諸現象との因果関係を究明する科学を発展させた．この生物的自然における空間と時間を軸とした法則性をとらえる学問が，生物学の新たな1分野へと進み，20世紀初頭における生態学の確立の土台となった．

生態学の確立

エルンスト・ヘッケル（Ernst Haeckel, 1834-1919, ドイツ）は，ダーウィンの影響を受けて，生物と環境との関係に注目した“集団の生物学”という位置づけのもとに“**生態学 ecology（ドイツ語で Ökologie）**”という概念を，1866年に発表した『一般形態学』の中で造り出した．このÖkologieという用語は，ギリシャ語のoikos（家）とlogos（学問）を組み合わせた造語である．なお，現代のecologyという文字のつづりは1893年の国際植物学会で使われたのがはじめとされている，その後，生態学は，生物学と同様に，植物を対象とするか，動物を対象とするかの2つに分かれて発展していった．

植物関係においては，19世紀後半から植物群落（第11章）に関する議論が始まり，1920年代には，フレデリック・クレメンツ（Frederic E. Clements, 1874-1945, USA）やアーサー・タンスレー[*1]（Arthur G. Tansley, 1871-1955, イギリス）などにより植物生態学の基礎が固められた（沼田 1969）．彼らは，生物圏におけるおのおのの生物や様々な環境はばらばらに存在しているわけではなく，生物と環境はまとまりのある存在として認識することができると考えた（第5章）．地球上には，そのような生物と環境のまとまりが様々に存在し，タンスレーにより1935年に提案された生物と環境との相互作用の系である“**生態系 ecosystem**”（第5章）という用語は，生物圏における生物集団を扱う際に必要な最も基本的な概念となった．

動物に関しては，ヴィクター・シェルフォード（Victor E. Shelford, 1877-1968, USA）の『温帯アメリカの動物群集』（1913）において，植物群落と遷移の概念を動物群集に適用した考察があったが，1920年代までは独立した学問としての動物生態学の本当の発展はなかった（Bowler 2002）．その後，1927年にエルトン（本章第2節）が著した『動物の生態学』により動物方面における生態学の基礎が確立したとされる．

＊1　タンズリーともいう．

生態学の展開

生物的自然の階層性から生態学の学問的な性質を考えると，生態学は基礎科学としての役割が強い学問である．しかしながら，人間による地球環境へのインパクトの大きさから，生態学を環境科学に取り入れるという応用学問としての期待が高まっている．つまり，1960～1970 年代に顕在化した地球レベルでの様々な化学物質による汚染や，1980 年代以降に議論が高まった地球の平均気温の急激な上昇，自然破壊に連動する生物多様性の劣化など，人間の活動によって引き起こされた様々な環境問題に対して，生態系のもつ本来の調節機能が果たす役割が注目されている．一方で，社会全体としては生態系に対する正しい理解が十分であるとはいえず，また，これらの環境問題が，人類の将来にどのような影響を及ぼすかを予測するための取り組みも必要である．そのためには，まず，社会科学と生態学の学際的なアプローチが構築されることが重要であり，生態学が生態系機能の維持・回復を目指した人間行動のあり方を考える学問として，自然科学の中で位置づけられることが期待される（第 13 章）.

第2章

生物種の系統と進化

2.1　生物の分類と系統

生物分類の概念

現代生物学における生物分類の原理の基礎を築いたのは，18世紀半ばのリンネ（第1章）である．当時の生物に対する概念として，「生物は変わらないもの」という**種の不変説**をもとに生物の体系的な分類が考案された．リンネの生物分類法は，形態的特徴による分類を原理としている．また，種を分ける際には，有性生殖により完全な生殖能力をもつ子孫を残すことができるかという概念（これを生物学的種概念という）も関係しており，リンネ以降，20世紀後半までには形態・繁殖・成長などの生物学的特徴だけでなく，生態的地位（第6章）などの生態的特徴もあわせて，進化の過程を示す系統から生物種を分類するという様々な方法が議論されてきた．

さらに，最近では，分子データを用いた解析による分類手法が提案されている（図2.1）．生物の進化の由来による種の分岐関係を示す図を系統樹といい，分子データに基づいて作られた系統樹を**分子系統樹**（**molecular phylogenetic tree** または **phylogram**）と呼んでいる．この分子系統樹は，情報分子であるDNA塩基配列やタンパク質を構成するアミノ酸配列の経時変化の速度を表す**分子時計**（**molecular clock**）をもとに，進化的な距離を表現したもので，ここから種の分岐年代の推定が可能となっている（楠見2015）．この分子系統学的な生物種の分類は，種という概念に強いインパクトを与え，遺伝子レベルでの生物の多様性の解明と種の保全に関する研究に大きく寄与している．なお，この分子系統学による種の概念を“分子系統学的種概念”という．

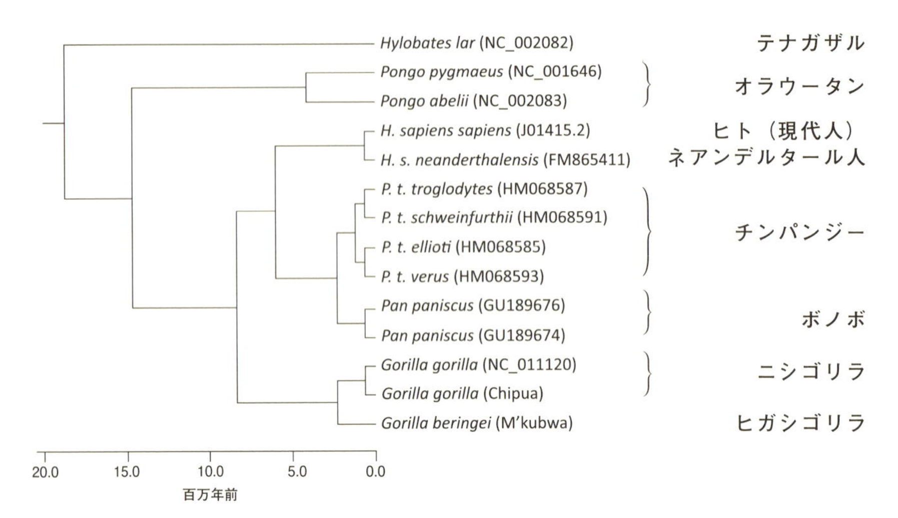

図 2.1　12 遺伝子をもとにしたミトコンドリア DNA ゲノムのヒト上科の分子系統樹
生物の進化の由来による種の分岐関係を表す図を系統樹といい，タンパク質のアミノ酸配列や DNA の塩基配列をもとに分岐関係の枝の長さを進化距離として表したものを分子系統樹（phylogram）という．なお，括弧内は DNA データベースを指す．［Das, R. *et al.*（2014）より改変］

生物の学名と分類

現在，生物の種の名前，すなわち種名（species name）は，世界共通のルールにより統一名称で表記される．これを**学名**（scientific name）といい，すべての種の学名は，ラテン語を用いた**属名**（generic name）と**種小名**（specific epithet あるいは specific name）を組み合わせた**二名法**（binomial nomenclature，**二命名法**ともいう）により表記されている．二名法を使って生物の種名を表記する方法を体系化したのは，分類学の基礎を築いたリンネであり，種を分類することと生物の種名を系統的に表記することの一連の過程が，現代の生物の分類体系の基礎になっている（第1章）．なお，すでに述べたが，リンネは二名法を発明したのではなく，二名法による種の命名の方法を簡便的に体系化して，これに従った**階層的分類体系**（後述）を普及させた．

私たちは，生物の種を識別する際に，サクラ，マツ，クマなどの慣用名を使うことが多く，これらの名前は，実は属レベルでの呼び名である．一方，学名では，ヒト（人間）は，*Homo sapiens*（学術的にはイタリック体を使う）と表記される．*Homo* は，“ヒト属”という分類上の１つの近縁種群を表し，*sapiens* は，“知恵のある”または“賢い”という意味で，種小名には，その種の特徴に関する情報を表す単語（形容詞態の修飾語）が使用される．さらに，種小名の後ろに，命名者などの命名に関する情報を付加する場合がある．なお，**和名**（Japanese name）では生物名を表記する際にはカタカナでの記載が一般的となっている．

生物の階層的分類

リンネは，**種**（species）という概念をもとに，それぞれの種の形態的な特徴を記述し，類似する生物種との相違点を比較することにより，生物の近縁関係を決定した．まず，形態的に類似する種同士を，“属”という概念を用いてグループ化して整理した．さらに，“属”の上に“目”と“綱”というグループを設けて，それぞれの種を階層的に位置づけた．この方法を**階層的分類体系**といい，現在では，すべての生物種は，属レベル以上の上位階級として“科”・“目”・“綱”・“門”・“界”の順番で階層的にまとめられている．例えば，ヤマザクラ（*Prunus jamasakura*）は，サクラ属・バラ科・バラ目・双子葉植物綱・被子植物門・植物界に分類される（図 2.2）．また，私たち現生人類のヒト（*Homo sapiens*）は，ヒト属・ヒト科・サル目（霊長目）・哺乳綱・脊椎動物門・動物界に分類され，現在，ヒトと同じ属に分類される他の生物種は存在しない．なお，ヒト科にはヒト属のほかに，ゴリラ属（属する生物種はゴリラ），チンパンジー属（同様にチンパンジー），オラウータン属（同様にオラウータン）を含める説がある．

生物の系統と五界説

古くから，生物界は“動物界”と“植物界”の２つに分類されていた．これを**二界説**といい，動物は移動して食べ物を獲得する生物，一方，植物は固着したまま，光合成により自ら栄養分を作り出す生物，というように，個体が移動できるかできないかで区別する考え方があった．しかし，19 世紀以降，顕微鏡などの観察機器や様々な分析方法の発達により，“移動もして光合成もす

界	kingdom
門	phylum, division
綱	class
目	order
科	family
属	genus
種	species

ヤマザクラ

植物界	Plantae
被子植物門	Anthophyta
双子葉植物綱	Dicotyledonopsida
バラ目	Rosales
バラ科	Rosaceae
サクラ属	*Prunus*
ヤマザクラ	*Prunus jamasakura*

ヒト

動物界	Animalia
脊椎動物門	Vertebrata
哺乳綱	Mammalia
サル目	Primates
ヒト科	Hominidae
ヒト属	*Homo*
ヒト	*Homo sapiens*

図 2.2　生物の分類階層とヤマザクラ・ヒトの分類
生物種は，最も近縁の種類を“属”としてまとめて，その上位を順に“科”・“目”・“綱”・“門”・“界”というように段階的に分類されている．なお，最近発表された分子系統学による分類体系（邑田・米倉 2012）によると，ヤマザクラの学名は *Cerasus jamasakura* となっているが，バラ科サクラ属に属することには変わりはない．

る”あるいは“運動もせず光合成もしない”というように，動物や植物の概念に当てはまらない単細胞生物を分類するためには，二界説では矛盾が生じるようになった．そこで，ヘッケル（第1章）は，生物の進化の過程をふまえて単細胞生物を原生生物界として多細胞生物と区別した動物界・植物界・原生生物界という三界説を提唱した．

さらに，生物の最も基本的な単位である細胞の構造に着目すると，すべての生物は，**原核生物**と**真核生物**（COLUMN 2：1）に分けられる．そこで，原核生物（バクテリアと呼ばれる細菌類など）をモネラ界として区別し，真核生物を原生生物界，動物界，植物界に分類する四界説を経て，20 世紀半ばには，植物界に含まれていた菌類を区別した概念が提案された．この考え方を Whittakerの**五界説**（Whittaker 1969）といい，生物界は，モネラ界（kingdom of Monera）または原核生物界（kingdom of Bacteria），原生生物界（kingdom of Protista），動物界（kingdom of Animalia），植物界（kingdom of Plantae），菌界（kingdom of Fungi）の5つに分類された．この考え方は，一般によく受け入れられている説ではあるが，これらの生物群に分類された生物種が必ずしも類似性が高いというわけではなく，界と界の境界線もすべての研究者の見解が一致しているわけではない．これらの生物の分類は，あくまで人間による便宜的なものであり，地球上における生物種には高い多様性があるがゆえに，様々な意見の違いが存在することは当然である．さらに，現在，生物分類の最上位にはドメインというグループが認められている（COLUMN 2：2）．

COLUMN 2: 1

原核生物と真核生物

原核生物（prokaryote）には，ミトコンドリアや葉緑体などの細胞小器官がない．また，原核生物は，核という構造を持たないため，染色体の構造も分裂様式も単純である．そのため，**原核細胞**（prokaryotic cell）の大きさは，**真核細胞**（eukaryotic cell）に比べて小さい．膜で覆われた核をもつ真核細胞は，進化の過程で，バクテリアとして単独で存在していたミトコンドリアや葉緑体などを，細胞小器官として取り込み，現在のような細胞構造を発達させたと考えられている．これを**細胞内共生説**といい，その証拠として，ミトコンドリアや葉緑体内には，核内とは独立したDNAが存在している．これらの小器官内にある遺伝物質は，一般に母性あるいは父性遺伝することが知られており，進化の系統を探る重要な情報となっている．ヒトの場合，ミトコンドリアDNAによる母方系統の解析から，その集団の起源がどこであるかを推測できる．

また，初期の原核生物の増殖のシステムは，分裂などの無性生殖であったと考えられる．細胞小器官を共生させて，酸素や光エネルギーを効率的に利用できるように進化した**真核生物**（eukaryote）は，有性生殖を獲得した後に，様々な生物種へと多様化していった．

COLUMN 2:2

全生物を分類する 3 ドメイン説

核酸の塩基配列の解析方法が発展した 1980 年代以降の分子系統学から，生物を原核生物，原生生物，菌類，植物，動物の 5 つのグループとする五界説に大きな変更が加えられるようになった．特に，原核生物は，カール・ウーズ（Carl R. Woese, 1928-2012, USA）らの研究（Woese & Fox 1977）により，**古細菌**（Archaea, **archaebacteria**）と（**真正**）**細菌**（Bacteria, **eubacteria**）のグループに大別された．古細菌にはメタン生成菌などが含まれ，これらのグループのリボソーム RNA の塩基配列や細胞膜を構成する脂質の構造などの様々な形質は，他の原核生物とは大きく異なっていた．そのため，1990 年代になり五界説より上位の分類階級としてドメインというグループが提案され（Woese *et al*. 1990），原核生物界を古細菌（アーキア）ドメイン Archaea と（真正）細菌（バクテリア）ドメイン Bacteria に分けて，原生生物界，菌界，植物界，動物界の 4 つの真核生物を真核生物ドメイン Eucarya にする **3 ドメイン説**が提唱されている（図）．

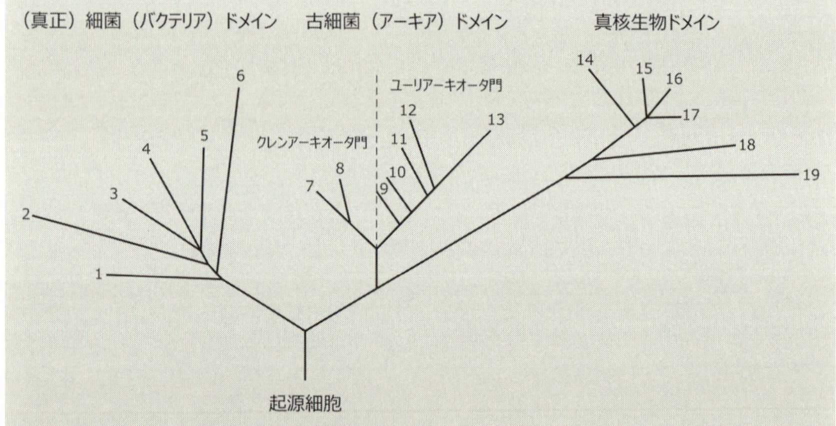

3 つのドメインと全生物の分子系統図
リボソーム RNA 塩基配列による全生物の分子系統図を描くと，すべての生物は，1 つの起源生物から（真正）細菌，古細菌，真核生物の 3 つのドメインに分けられる．1. テルモトガ目，2. フラボバクテリア類，3. シアノバクテリア類，4. 紅色細菌類，5. グラム陽性細菌類，6. 緑色非硫黄細菌類，7. ピュロディクティウム属，8. サーモプロテウス属，9. サーモコッカス目，10〜12. メタン生成菌類，13. 好塩菌類，14. 動物類，15. 繊毛虫類，16. 緑色植物類，17. 菌類，18. 鞭毛虫類，19. 微胞子虫類．[Woese *et al*.（1990）より改変]

2.2　地球上の生物の種数

既知の生物種数

現在の地球上で確認されている生物種の数は，一般には約175万種とされている（図2.3）．これは分類されている種数という考え方によるもので，未発見の種を含んでいないという前提により算出された値である．この値は1995年に国連環境計画（United Nations Environment Programme：UNEP）により発表されたもので，現在，これを基準に世界の生物種の多様性が評価されている．

生物界のなかで最も既知数が多いのは動物界であり，その種数は約132万種と推定されている．ついで種数が多いのは，植物界の約27万種，原生生物の約8万種，菌類の約7万種，原核生物（モネラ）の約4千種とされている．ま

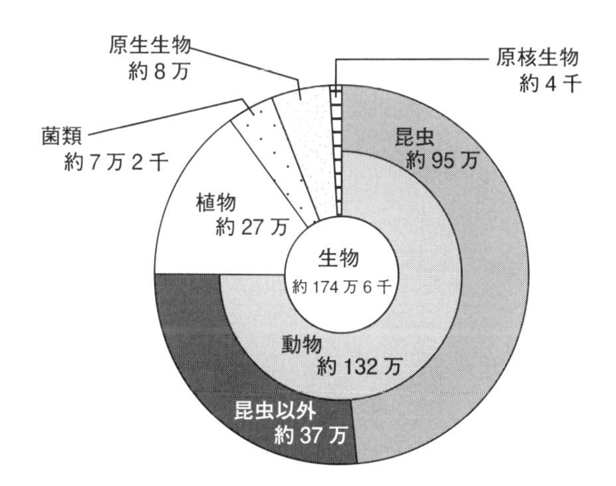

図2.3　世界で確認されている生物の種数
1995年に国連環境計画により発表された報告書（UNEP 1995）をもとに作成した．なお，この報告書では，175万種の生物にはウイルスの4000種が含まれているため，ここでは，生物としての議論があるウイルスを除いて174万6千種とした（COLUMN 2：3）．これでは，動物界に分類される種数が最も多く，約132万種と全生物の75%を占めている．そのうち脊椎動物は動物界のわずか3.4%にあたる4万5千種であり，動物界の大部分が無脊椎動物である．また，動物界の約72%が昆虫類で占められている．

た，動物界に含まれる昆虫類の種数は，約95万種にのぼると推定されている．なお，哺乳類に分類される種数は約5500種類が記載されている．

COLUMN 2:3

ウイルスとは生物か？

ウイルス（virus）は，簡単なタンパク質で覆われたDNAやRNAしか持たない単純な構造から形成されており，他の生物で見られる細胞構造は存在しない．また，それ自体は単独では増殖しない．ウイルスは，増殖するために宿主細胞に侵入して，宿主の増殖機構を利用してDNA・RNAを複製する．ただし，ほとんどのウイルスにおいて，自らのDNA・RNAを複製できる宿主細胞は，特定のものに限られるために，どの生物の細胞のなかでも増殖できるわけではない．

ウイルスの生物学的な分類体系には様々な意見がある．ウイルスが古細菌・真正細菌・真核生物のいずれの分類群に属するかという位置づけは，いまだにはっきりしていないだけでなく，ウイルスは生物ではないという説も多い．そのため，ウイルスの存在は，“細胞構造をもち自己増殖できる能力がある”，という生物の定義への議論にも発展している．

生物種数の推定

実際に全世界に存在する生物の総種数は，はっきりとわかっていない．既知の生物種数と同様にUNEP（1995）によれば，未発見と未分類を考慮すると世界の生物種の総数は，1300万種以上とも考えられている（表2.1）．なお，最近，世界の生物種数について，様々な方法による推定が試みられているが，2011年電子版の論文（Mora *et al.* 2011）では，世界の生物種の総数は約875万種であると推定されている．

UNEPの報告した未発見の生物種として，最も多いのが昆虫をはじめとする動物群である．動物群全体としては，850万種以上が未だに発見されておらず，その発見率は約13.5%である（表2.1）．また，発見の割合が極めて低い生物群には，細菌類や藻類などのグループがあり，それらの生物群の発見率はわずか0.4%である．一方，脊椎動物や植物群では，最近までの発見率がかなり高くなっており，未発見あるいは未分類の種はそれほど多くない．特に，哺乳類などの脊椎動物とそれに近縁な動物群の原索動物をあわせた脊索動物では，

表 2.1 未発見の生物を含めた全世界の生物の推定種数

分類群	推定される地球上の生物の種数（発見率%）	
	UNEP（1995）	Mora *et al.*（2011）
原核生物	1,000,000（0.4）	10,100
原生生物	600,000（13.3）	63,900
菌類	1,500,000（4.8）	611,000
植物	320,000（84.4）	298,000
動物	9,800,000（13.5）	7,770,000
合計	13,220,000（13.2）	8,753,000

1995 年に発表された報告（UNEP 1995）では，未発見の生物を含めた全世界の生物の種数は 1322 万種と推定されている．また，最近の論文（Mora *et al.* 2011）では，全世界の生物の種数を，約 875 万種とする結果がある．どちらの報告においても未発見の動物の種数が最も多いという推定結果である．

90%以上が発見されている．

2.3 生物進化と種分化

進化とは

何世代も経るうちに，それまでとは異なる性質を持つ生物が現れることを**進化**（**evolution**）という．進化は，集団の遺伝子の構成が世代を経るにつれて変化し，その遺伝的性質が世代を超えて受け継がれていく現象である．現在では，一般には，ある生物集団のなかで，個体間の遺伝子の変化（突然変異）が起こり，それが自然淘汰や遺伝的浮動により集団内に広がることで進化が起こると説明されている（後述 32 ページ）．

突然変異

同じ生物種であっても，形質の異なる様々な個体が存在している．また，集団内の各個体の特徴の相違が子孫に遺伝する場合がある．そのような個体の変異のことを**遺伝的変異**（genetic variation）といい，この遺伝的変異が生物の進化に深く関係している．一方，個体間の差異には，遺伝とは関係ない変異もあり，個体の形質や生理特性が，それぞれの環境応答に影響されて異なっている場合がある．

遺伝的変異を生じさせる原因は，**突然変異**（mutation）と呼ばれるDNA配列や染色体に生じるあらゆる変化によるものである．突然変異は，DNAが複製されるときに起こる誤りなどによって生じるが，世代あたり塩基対あたり10^{-8}〜10^{-10}程度の確率で自然に起こる現象とされる．また，突然変異には様々なタイプがあり，DNAの塩基対のうち1つだけが変化する点突然変異は，最も小さい突然変異である．一方，突然変異による遺伝子や染色体の変化は，そのすべてが個体間の形質の違いをもたらすとは限らない．

突然変異は，DNA塩基配列の変化による**遺伝子突然変異**と染色体の数や構造の変化による**染色体突然変異**に分けることができる．遺伝子突然変異のうち1個の塩基が置き換わる点突然変異には，タンパク質の構造を決定するアミノ酸の配列に変化をもたらす非同義置換と，この変化をもたらさない同義置換がある．染色体突然変異には，倍数性や異数性などの染色体の数の変化や，染色体上の一部で生じる欠失，重複，逆位，転座などの染色体構成の変化がある．染色体突然変異では異なる遺伝情報の導入により新しい形質を発現することがあり，これが進化の重要な要因の1つとなることがある．

体細胞に生じた突然変異は，個体が死ぬと消失するが，配偶子に生じた突然変異は，次世代に受け継がれる．そして，ほとんどの突然変異は，個体の生存や繁殖に有害な作用をもたらす**有害突然変異**か，または，遺伝子の塩基配列が変化しても，生存や繁殖の能力に有利にも不利にもならない**中立突然変異**（neutral mutation）である．有利な突然変異はほとんど起こることはないが，環境が変化すると，中立突然変異だけでなく，それまでは次世代に残らなかった有害突然変異でも新しい環境下では有利になることもある．

自然淘汰

すべての生物は，等比級数的に増殖する（第4章）．このために，次々と多くの子が毎世代生まれてくると，自然の環境下ではすべての個体を養うための資源が不足して，生まれてくるすべての個体が，繁殖できるまで生き残れるとは限らない．つまり，様々な形質の異なる同種個体間では，限られた資源を求めて生存のための競争が起こっている．ダーウィン（第1章）は，これを**生存闘争**（struggle for existence）と呼び，いわゆる競争により生存に有利な形質を持つ個体が生き残る．

また，集団中の特定の**遺伝子型**（29ページ）の相対的な繁殖成功度のことを**適応度**（fitness）といい，これは個体が残す繁殖可能な子の数により定義することができ，生物の環境適応の度合いを表す概念である．突然変異により生じた様々な個体変異が遺伝し，個体間で生存率や繁殖率が異なっていると，多くの子孫を残すことができる適応度の高い変異をもつ個体が次世代に残っていき，適応度を低下させる遺伝子をもつ個体は減っていく．このように個体間の変異が関係した自然に生じる淘汰を**自然淘汰**（**自然選択**，natural selection）という．この考え方を最初に唱えたのはダーウィンであり，この自然淘汰説は，その後の進化説に大きく影響を及ぼした．

自然淘汰を直接観察することは難しいが，オオシモフリエダシャクの工業暗化は，短期間に自然淘汰が起こった現象としてよく知られている．英国では1840年代までは，オオシモフリエダシャクの成虫において，白地に黒いまだら模様の体色をもつ明色型の個体が多く見られた．ところが，工業化が進むにつれて都市近郊の林では，黒い体色の暗色型の個体の頻度が年々増加していき，約100年後の1940年代には，暗色型の個体が90％以上見られるようになった（Kettlewell 1955, 1956）．この現象は，**工業暗化**（industrial melanism）と呼ばれ，他の地域でも同様の現象が報告されてきた．

工業が盛んな都市近郊の林では，樹木の樹皮は，もともとは地衣類やコケ類に覆われて白っぽかったが，大気汚染の影響により，木の幹に地衣類などが生育しなくなり，樹皮は黒ずんでいった．夜行性のガは，昼間は樹木の表面に静止しており，白っぽい幹の色と似た個体は，かつては鳥類などに捕食されにくかったが，工業化により黒い幹の表面では明色型は，鳥に見つかりやすく，一方で，暗色型は保護色になるために見つかりにくいということが，暗色型が増えた理由であると考えられている（図2.4）．

このガの体色は，一対の対立遺伝子（後述28ページ）によって決まってお

図 2.4　異なる色の樹木の幹に見られる2種類の体色のオオシモフリエダシャク（*Biston betularia*）の成虫

peppered moth というオオシモフリエダシャクの成虫の工業暗化は，よく知られている．(a) のコケ類や地衣類に覆われた幹では，暗色型に比べて明色型の方が目立ちにくく，逆に (b) の黒い幹では，明色型に比べて暗色型の方が目立ちにくい．

り，暗色化をもたらすC遺伝子が優性である．そのため，明色型の遺伝子型は，劣性のホモ接合体（後述 29 ページ）の cc である．産業革命以前は，cc のホモ接合体をもつ個体が，捕食されにくかったために，集団内に c 遺伝子が残りやすかったが，幹の暗黒化により捕食されにくいC遺伝子を持つ暗色型が増加していった．

オオシモフリエダシャクの工業暗化は，突然変異により形質の変化が起こり，異なる形質を持つ個体の生存に有利・不利の差が生じた結果，自然淘汰が短期間に作用した小進化（後述 34 ページ）の例であるとされる（図 2.5）．

自然淘汰と適応進化

異なるタイプの自然淘汰が働いたことにより，次世代の集団における形質，つまり，**表現型**（**phenotype**）の特徴に違いが生じることがある．これらの自然淘汰には，方向性淘汰，安定性淘汰，分断性淘汰の3つのタイプがある（図

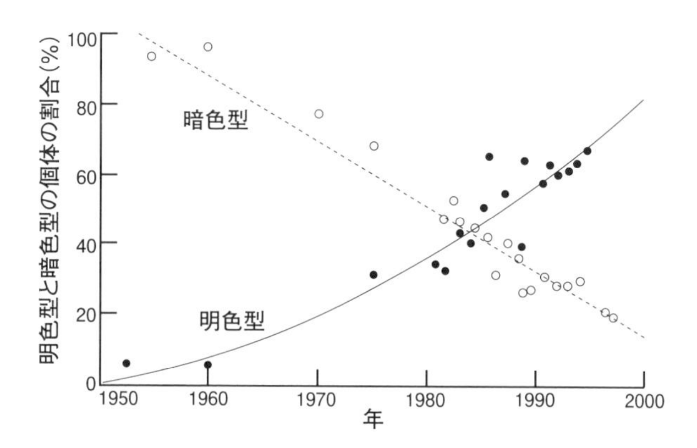

図 2.5 オオシモフリエダシャク（*Biston betularia*）の明色型と暗色型の割合の変化
イングランドでは 1950 年代頃には暗色型の個体が多く発見されていたが，公害対策により 1970 年代以降の大気汚染の減少とともに明色型の個体が増加した．［Majerus, M.E.N (1998) を基にした Krebs, C.J. (2001) より改変］

2.6)．**方向性淘汰**（directional selection）とは，一定の環境条件下で集団に生じた突然変異が，その環境に十分に適応した形質となり，変異遺伝子が生存や繁殖に有利な効果をもたらすという方向性のある自然淘汰である．**安定性淘汰**（stabilizing selection）とは，新たに生じた変異遺伝子を排除しようとする自然淘汰であり，安定した環境条件下では，長い間に適応した形質に生じた余分な遺伝的形質を排除して，集団が祖先から受け継いだ平均的な性質を安定して維持できる自然淘汰である．**分断性淘汰**（disruptive selection）とは，表現型が中間的である個体の適応度が低下し，大きく異なる 2 つの両極端の表現型を持つ個体の生存や繁殖が有利となり，集団が 2 つの異なる表現型へと分化する自然淘汰のことである．この極端な表現型を持つ個体間で不稔が生じると生殖的隔離（後述 33 ページ）が起こる．

遺伝の規則性

ある形質が親から子へ，さらに，その子孫へと伝わる現象は，古くから知られていた．個体の様々な形質が次世代に伝わる遺伝現象には，何らかの物質が関係しており，その遺伝に関わる因子，現在では，**遺伝子**（gene）と呼ばれる物質の伝わり方には規則性があることが，19 世紀中頃にメンデル（第 1 章）

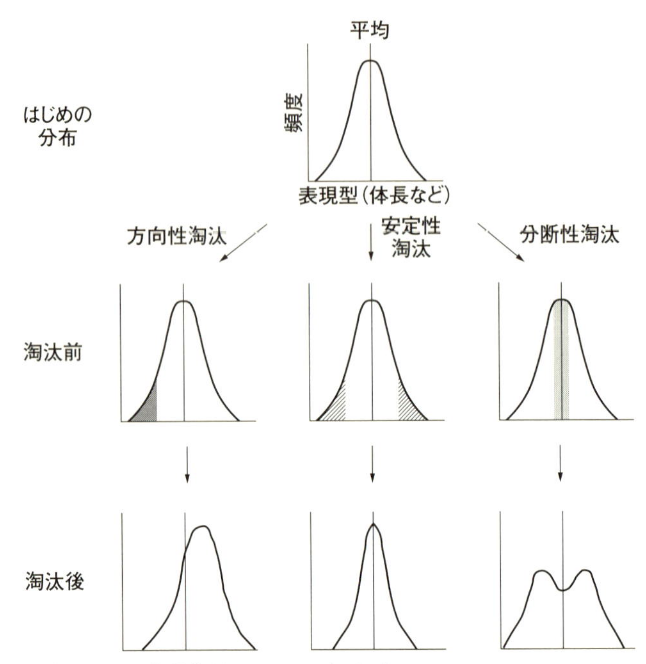

図 2.6　表現型における自然淘汰の 3 つのタイプ
上段の図は，ある生物の 1 つの形質，例えば，背丈・重量・体色などの変異の頻度分布を描いたもので，この集団では中間的な表現型の個体が多いことを表している．中段の図は，自然淘汰が起こる前の頻度分布において色のある部分の個体は生存に不利な形質であることを表している．下段の図は，生存に不利な個体が自然淘汰された結果による集団の表現型の頻度分布である．左図は，一方の極端な表現型の個体の生存が不利な場合となる方向性淘汰（directional selection）を，中央図は，中間的な個体の生存が有利な安定性淘汰（stabilizing selection）を，右図は，中間的な個体の生存が不利な分断性淘汰（disruptive selection）を示している．[Tamarin, R. H.（1993）を一部改変]

により明らかにされた．メンデルは，個体の形質がどのように子孫に伝わるかという遺伝のしくみを，表現型に対する優劣をもたらす 1 対の**対立遺伝子**（allele）を想定して，エンドウの交配実験から説明した．このメンデルによる遺伝の規則性は，「**優劣の法則**」，「**分離の法則**」，「**独立の法則**」として，以下の 3 つに要約することができる．

(1)　各個体は，ある 1 つの形質を支配する 2 つの対立する遺伝子を持っている．

(2)　親から子には，この 2 つの遺伝子のうちどちらか一方のみが等しい確率で伝わる.

(3) 個体のもつ2つの対立する遺伝子の優性と劣性の関係から，優性のみ，または，劣性のみの同じ遺伝子の組合せをもつ個体や，異なる対立遺伝子の組合せをもつ個体では，現れる形質に違いが生じる．前者を**ホモ接合体**（homozygote），後者を**ヘテロ接合体**（heterozygote）という.

なお，メンデルは，遺伝子の実体については明らかにすることはできなかったが，この遺伝のしくみを**メンデルの遺伝の法則**と呼んでいる.

ある生物個体が，突然変異を起こし，その突然変異遺伝子が，集団内にどのように広がるかを理解することは重要である．集団内における遺伝の様式を考察するためには，**ハーディ・ワインベルクの法則**（Hardy-Weinberg's law）が用いられる．この法則は，集団の遺伝子構成がどのように変化していくかを明らかにする集団遺伝学の基礎となっている.

二倍体生物の常染色体上の1つの**遺伝子座**（locus）に2つの対立遺伝子があると想定すると，ハーディ・ワインベルクの法則は次のように説明される.

集団内に対立遺伝子Aとaがある場合，各個体の**遺伝子型**（genotype）には，AA，Aa，aaが混在する．また，集団内のAとaの総数を**遺伝子プール**（gene pool）といい，遺伝子プール全体を1とするときの遺伝子Aとaの割合を**遺伝子頻度**（gene frequency）という．Aとaの遺伝子頻度をそれぞれpとqとすると，$p+q=1$が成り立つ．この集団が十分に大きく，かつ，交配が任意に行われると仮定すると，この集団の産み出す次世代の子の遺伝子型の割合は，AA：Aa：aa＝$p^2 : 2pq : q^2$となる．ここから，子の世代における遺伝子Aの頻度は，$p^2+2pq \div 2 = p(p+q) = p$，同様にaの頻度は$2pq \div 2 + q^2 = q$となる．つまり，この集団では，AA，Aa，aaという3つの遺伝子型をもつ個体が，任意に交配を繰り返した結果，親世代と同様に，次世代の遺伝子頻度の変化は起こらない．そのような集団を**ハーディ・ワインベルク平衡**（Hardy-Weinberg equilibrium）の状態にあるという.

また，実際の生物の集団におけるハーディ・ワインベルク平衡は，次のように調べることができる．観察された個体数から，1つの遺伝子座にある各対立遺伝子の頻度をそれぞれ計算する．その対立遺伝子頻度を使用して，各遺伝子型の期待される個体数を推定する（表2.2，表2.3）.

具体的には，まず，A_1，A_2 という2つの対立遺伝子をもつ遺伝子座における対立遺伝子頻度を計算する．A_1 対立遺伝子の頻度 p は，A_1A_1 遺伝子型の個体数の2倍と A_1A_2 遺伝子型の個体数を足して，全個体数の2倍で割ることにより得られる．同様に，A_2 対立遺伝子の頻度 q は，A_2A_2 遺伝子型の個体数の2倍と A_1A_2 遺伝子型の個体数を足して，全個体数の2倍で割ることにより得られる．A_1 と A_2 の対立遺伝子頻度 p と q から，各遺伝子型の比率 $A_1A_1 : A_1A_2 : A_2A_2 = p^2 : 2pq : q^2$ を計算することにより，各遺伝子型の期待個体数を推定する．さらに，この期待個体数と観察個体数との差異について，χ^2 検定を用いて統計的に有意であるかを確認することができる．

ハーディ・ワインベルク平衡が成り立つためには，集団が十分に大きく，突然変異が起こらず，個体の出入りがなく，任意交配が行われることが必要である．しかし，実際の生物集団では個体の出入りがある．また，交配機会に片寄りがあると子孫の生存率に違いが生ずることもある．さらに，突然変異も起こるために，長い間には生物集団の遺伝子頻度は変化する．

島として隔離されている日本人の血液型の割合は，おおよそA型39%，B型22%，O型29%，AB型10%である．この割合は，何世代にわたってほとんど変わっていないだろう．つまり，日本人の血液型のA・B・Oの遺伝子頻度は，長期間変化していないと考えられる．一方で，数千年前の日本人の起源までさかのぼると，弥生人系にはA型遺伝子が，縄文人系にはB型遺伝子が多く，現在の血液型の分布とは異なっていた可能性が指摘されている．なお，現在，世界的にはO型遺伝子が多いとされる．

進化説の展開

最初に進化について明確に説明したのはラマルク（第1章）であった．彼はよく使用する器官が発達し，使用しない器官は退化するという**用不用説**を唱え，この形質が次世代に伝わるという獲得形質の遺伝により進化が起こると考えた．しかし，この考え方は，その後，遺伝学により否定されている．また，19世紀半ばにダーウィンの提唱した自然淘汰は，進化の重要なしくみの1つであるが，当時は遺伝のしくみや遺伝子の存在も知られておらず，個体の変異の原因も明らかではなかった．その後，ド・フリース（第1章）は，同じ環境

表 2.2　ホンケワタガモ（eider duck）の卵白タンパク質に関わる遺伝子座における遺伝子型の観測個体数および期待頻度とその期待個体数

	遺伝子型			合計	χ^2 値	p
	aa	ab	bb			
観測個体数	37	24	6	67		
期待頻度	0.535	0.393	0.072	1.0	0.535	>0.05
期待個体数	35.8	26.3	4.8	67		

観察個体数と対立遺伝子頻度から計算された期待個体数の間には統計的な有意差がない（χ^2 値から求められた確率 $p>0.05$）．このため，この集団は，ハーディ・ワインベルク平衡状態にあり，突然変異・移住・淘汰などの影響を受けていないと推測される．[Milne, H., Robertson, F. W.（1965）より改変]

表 2.3　ショウジョウバエの一種（*Drosophila pseudoobscura*）の第 3 染色体上の遺伝子座における 2 つの対立遺伝子 ST/CH による遺伝子型の観測個体数および期待頻度とその期待個体数

	遺伝子型			合計	χ^2 値	p
	ST/ST	ST/CH	CH/CH			
観測個体数	31	83	16	130		
期待頻度	0.311	0.493	0.196	1.0	11.24	<0.05
期待個体数	40.4	64.1	25.4	130		

観察個体数と対立遺伝子頻度から計算された期待個体数の間には統計的な有意差がある（χ^2 値から求められた確率 $p<0.05$）．このため，この集団は，ハーディ・ワインベルク平衡状態にあるとはいえず，突然変異や淘汰などの影響を受けている可能性がある．[Dobzhansky, T.（1947）より改変]

条件下で集団中に親個体とは違う形質をもつ突然変異個体が出現し，その形質が遺伝することを発見し，突然変異と自然淘汰が，進化に重要な役割を果たすことがわかった．

一方，突然変異により出現するまったく新しい遺伝的変異が集団内に広まるかどうかは，**遺伝的浮動**（次項）という偶然の遺伝子頻度の変動が関係している．このような遺伝子の振る舞いを考慮した分子生物学的な考え方による進化説には，**分子進化の中立説**（次項）がある．そのため，現在，種の進化をもたらす動因は，以下の 3 つに要約されている．

(1)　突然変異形質の出現（遺伝子型の変化）

(2)　自然淘汰による適応度の変化（遺伝子型の淘汰）
(3)　遺伝的浮動による遺伝子頻度の変動（遺伝子構成の変化）

遺伝的浮動と分子進化

DNA 上での突然変異は偶然に起こり，遺伝子に生じた突然変異がいつも形質に現れるとは限らない．また，先に説明したように自然淘汰に対して有利でも不利でもない中立突然変異のなかには，自然淘汰に関わらず世代を重ねながら集団内に蓄積されていく場合がある．近縁の種間の生理的機能に関係する，ある特定のタンパク質のアミノ酸配列を調べると，種間で少しずつ段階的な違いが見られる．これは，共通の祖先から分かれた後に，それぞれの種で起こった突然変異に由来すると考えられている．このようにDNA やタンパク質（アミノ酸配列）という分子レベルにおいて，長期間にわたって集団内に固定される進化のことを**分子進化**（**molecular evolution**）と呼んでいる（木村 1986）．

形質に現れないDNA やタンパク質に生じる突然変異は，自然淘汰にかからないために，そのまま子孫へと伝わっていく．この自然淘汰に対して有利でも不利でもない中立突然変異により出現した遺伝子の頻度が集団内で増加するか減少するかは，まったくの偶然での変動をくり返す．これを**遺伝的浮動**（**genetic drift**）という．また，偶然に集団内に定着し蓄積された中立突然変異による遺伝子の変化が，進化の重要な要因の1つであるとする進化説を，**分子進化の中立説**（**neutral theory of molecular evolution**）という．この進化説は，日本の研究者である木村資生（Motoo Kimura, 1924–1994）により唱えられた．

一般には，遺伝的浮動は，集団の個体数が小さいほど起こりやすい．例えば，世代をくり返すごとに，ある特定の対立遺伝子の頻度が小さくなり，やがてこの遺伝子が集団から消失すると，その遺伝子はほとんど復活しない．一方，突然変異により集団内に現れた遺伝子が，運良く集団内に固定する（すべての個体がこの遺伝子をもつ）こともある．このことはシミュレーション実験の結果から明らかにされており，集団の半数の個体に生じた遺伝子が 10 世代程度で消滅する場合もあれば，数世代で集団内に定着する遺伝子もある（図2.7）．このような現象が起こる原因の1つには，有性生殖では多数の配偶子が生産されるが，実際に次世代の形成に寄与するものはそのうちの比較的少数に限られるからである．また，任意交配の場合でも偶然の重なりにより，特定の遺伝子だけが，次世代の集団に取り込まれたり，集団から取り出されたりすることもある．

種分化

遺伝的差異による極端に異なる形質を持つ個体間では，形態的・生理的に交配ができなくなることがある．これを**生殖的隔離**（reproductive isolation）という．また，海や山などの地理的な障害により自由な交配が妨げられることがある．これを**地理的隔離**（geographical isolation）といい，異なる環境条件下で自然淘汰の作用を受けることにより，再び出会っても交配できず，生殖的隔離の状態になる．地理的隔離や生殖的隔離が要因となり，ある1つの種から新しい種が形成されることを**種分化**（speciation）という．また，地理的隔離を原因とする種分化を**異所的種分化**といい，一方，同じ場所に生息・生育しながら集団内で種分化が進行することを**同所的種分化**という．

さらに，種分化に至るまでの集団内に起こる過程には，様々な段階がある．

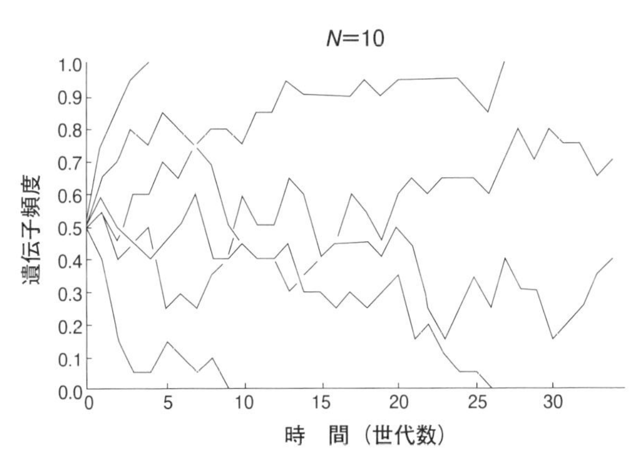

図 2.7　ある有限な小集団における遺伝子頻度の時間的変化を描いた遺伝的浮動の過程

10個体（$N = 10$）からなる集団において，ある遺伝子の頻度を50%から出発させたモンテカルロ・シミュレーションによる時間経過（世代数）にともなう遺伝子頻度の偶然の変動を見ると，数世代で集団内にその遺伝子が広がる場合（遺伝子頻度が1.0）やその遺伝子が消滅する場合（遺伝子頻度が0）がある．［木村資生（1986）より］

例えば，集団内の遺伝子頻度の変化が，集団全体の形質のパターンに大きな違いをもたらすとは限らない．このような新種の形成に至らない進化を**小進化**という．一方，遺伝的構成が変化して集団全体の形質が大きく変わるような種分化が起こることがある．この種分化により新しい種が形成される進化を**大進化**という．

相同器官と相似器官

さまざまな生物の形態の違いは，環境に適応するための進化によってもたらされたが，これらの形質のなかで，いくらかの生物において外観やはたらきが異なっていても，発生起源が同じで，基本的な構造も類似している器官が見られる．

例えば，脊椎動物では，クジラの胸びれ，コウモリの翼，ヒトの腕などは，その役割が異なっていても，基本的には同じ骨格の構成からなっている．このような器官のことを**相同器官**という．相同器官は，いずれも共通の祖先から分かれた生物がそれぞれの環境に適応した結果によるものである．

また，共通の祖先をもつ生物が，形態的・生理的に分化し，異なる種として多様化する現象を**適応放散**（adaptive radiation）と呼ぶ．適応放散の例としては，ガラパゴス諸島のフィンチ類やヴィクトリア湖のカワスズメ類などの異所的あるいは同所的な種分化が知られている．

一方，発生起源が異なるものの，同じ形態やはたらきをもつ器官を**相似器官**という．相似器官は，異なる系統の生物が似たような環境で適応進化した結果によるものである．また，異なる系統の生物が，同じような環境にそれぞれ独自に適応進化し，類似した形態をもつ現象を，**収斂進化**（convergent evolution），または，単に**収斂**という．飛べない大型鳥類のアフリカのダチョウとオーストラリアのエミューは，生息する大陸が異なっても，互いの形態や生活様式の特徴はよく似ている．また，南アフリカのトウダイグサ科植物とアメリカ大陸のサボテン類の関係なども収斂進化の例である．

第3章

生物の生活資源と個体群

3.1　生物の生活資源

生物の環境

環境という概念には，必ず主体となるものが存在する．また，その主体のまわりには，主体に対して影響を及ぼす様々なものがある（第1章）．環境とは主体を取り囲んでいる現象や物質・物体のすべてのことである．

そこで，生物を主体とする環境を定義すると「様々な生物の個体や集団をとりまく現象，無機的な物質，物体（生物・非生物）の存在」と記述できる．すべての生物は自然界のなかで生活しており，自然環境を構成する様々な要素から影響を受けている．環境が生物に及ぼすはたらきを**環境作用**といい，生物のこれらに対する反応は，**応答**（response）と呼ばれている．この応答によりその環境に適して生存できる能力のことを**適応**（adaptation）という．

一方，生物個体をとりまく環境は常に変動しており，生物個体は，一生をとおして同じ環境下で生活できるとは限らない．環境の変動に対して，ある世代の生物個体がその生理的な耐性の範囲を変化させて環境に適合する現象がある．環境への対応が一世代のみにとどまる場合，これを**順応**または**順化**（acclimation）といい（図3.1），自然淘汰により獲得した環境に対する有利な形態・生理・生態・行動などの特徴である適応とは区別される．つまり，有利な形質が遺伝的に受け継がれ，生物種として環境への耐性を持つ適応とは異なり，順応は同じ遺伝子型で発現する表現型の可塑性としての環境への応答であり，その個体が獲得した形質が遺伝的に固定され，子孫に伝わることはない．

生物が，環境からの影響に対して，何らかの反応をしながら生活するなか

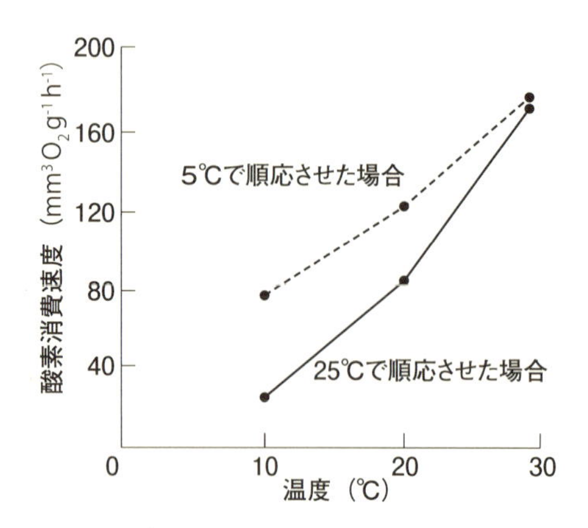

図 3.1　アオガエル属の一種（*Rana pipiens*）の低温環境への順応
温度の変化によるこのカエルの酸素消費速度の違いを見ると，実験的に 5℃の低温環境に順応させた個体は，25℃の環境に順応させた個体に比べて，相対的に低い温度において代謝の調整をうまく行っている．［Rieck, A. F. *et al.*（1960）より改変］

で，生物は必ず環境に対して何らかの影響を及ぼしている．その結果として，生物の生息・生育場所の環境が変化するはたらきを**環境形成作用**という．また，生物と環境との相互的な関係のなかには，環境を構成する要素間における関連性や生物どうしが互いに及ぼし合う影響も含まれている．生物個体の環境を理解する上では，これらについても理解しなければならない．

環境要因と生物の分布

生物圏には，生物も含めた**自然環境**という概念が存在する．また，その自然環境は，大気圏・水圏・地圏などを取り込んで形成されている．一般に，自然環境は様々な要素に分けることができる．そのうち，生物の生活に関わりの深い環境要素を**環境要因**（environmental factor）という．環境要因を大きく分けると，地形，地質，土壌，気候，水理，大気などの物理的・化学的要因と，植生や動物，人為などの生物的要因がある．

これらの環境要因の時間・空間における様々な状態を**環境条件**（environmental conditions）といい，生物の生息・生育域と，温度・湿度・pH・塩分濃度などの環境条件との関連性から，生物の環境への適応に関する規則性を見ることができる．例えば，近縁種の気候環境に対する適応的な形質の違いに関する傾向は，体内の恒常性を保つための自然淘汰の結果としての現象であることが知られている（COLUMN 3：1）．このように，生物種の容認できる範囲の様々な環境条件を考察することは，生態学において最も重要であり，環境に対する生物の分布を決定する概念として生態的地位（第6章）がある．

COLUMN 3：1

気候環境の違いによる近縁種の形態的特徴

気候環境の違いによる近縁種の形態的特徴の差異を説明した規則性が，いくつか知られている．ここではグロージャーの規則，ベルクマンの規則，アレンの規則について紹介する．

グロージャーの規則 Gloger's rule は，1833 年にドイツの動物学者であるグロージャー（C. W. L. Gloger, 1803-59, ドイツ）により提唱された，温暖湿潤な地域よりも低温乾燥した地域では，昆虫や鳥類，哺乳類などの生物種の体色は，より明るい色調を呈するという説である．湿潤な地域では，植生が発達して，淡い色が少ないために，周囲の環境に隠蔽するような適応の結果として，色調の濃い体色を持つ生物が多いと考えられる．

ベルクマンの規則 Bergmann's rule は，1847 年にドイツの生物学者のベルクマン（C. Bergmann, 1814-65, ドイツ）が提案したもので，進化的に同じ系統に属する恒温動物の体長は，温暖地に比べて寒冷地で大型化するという説である．この規則性は，体長の増加に伴って体表面の割合が減少するために，大きな体長は小さなものより熱を損失しにくいということを説明している．

1877 年にアメリカの動物学者のアレン（J. A. Allen, 1838-1921, USA）は，寒冷地に生息する恒温動物の手足・耳・鼻などの突起部分は，温暖地に生息する同じ系統に属する近縁種より，小さくまたは短くなるという規則性を提案した（図）．この規則性は**アレンの規則** Allen's rule（Allen 1877）といい，より大きく長い突起物は，熱を放出しやすい傾向があり，寒冷地の生活には不利となるが，温暖地では有利な適応的な形質であることを説明している．

なお，これらの規則性は，経験則に基づく気候環境との対応関係を示したもので，科学的根拠がやや乏しい適応現象である．最近では，いくらかの植物や動物において，生息・生育環境条件による繁殖率・成長速度・生存率の違いをもとに，環境傾度と近縁種の分布の関係を説明した例も見られる（例えば，Nudds &

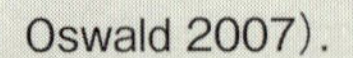
Oswald 2007).

近縁の種における気候環境の違いによる身体部分の特徴の変化
この図は，寒冷な気候下における哺乳類の身体の末端部分（耳や四足など）が，温暖な気候下に生息する近縁の動物に対応する末端部分より短くなる傾向があることを示したアレンの規則の例である．

生物の生活様式と資源獲得

生物は，生命活動を行う際には，環境要因との相互作用のなかで，物質やエネルギーを外周から摂取したり，外周に放出したりしている．生物個体の繁殖・成長・移動という基本的な生活の源となる“もの”を**資源**（resources）という．資源の空間的配置は，一様であるとは限らず，特に，水・光・栄養塩類などの資源は，空間的なばらつきやかたよりが大きい．

栄養資源の獲得の方法から見ると，生物は大きく2つに分けることができる．植物のように無機物だけを用いて自らが必要な有機物を合成して生活できる生物を**独立栄養生物**（autotroph）といい，動物のように他の生物が作った有機物に依存して生活する生物を**従属栄養生物**（heterotroph）という．一般的には独立栄養生物としての植物は**固着性**であるが，従属栄養生物である動物などは**移動性**である．このような生活様式の違いは，個体を維持するしくみにも反映されており，特に，固着性である植物では，成長や生存の状態が自らの密度依存的な影響に左右されるために，**モジュール**（module）という部品からなる構造をもつ．一方，空間的にも機能的にも個体が1つのまとまりのある形になっている動物体などの構造を，単体という意味の**ユニタリー**（unitary）構造という．モジュール型の生物には，樹木，草本，海藻などの植物だけではなく，サンゴやヒドラなどの動物も含まれる（図3.2）．

多くの植物では，横方向へ伸長する茎から新たな根系を形成し，モジュール間の接合部が腐ってなくなることにより，生理的に独立した複数の植物体に分割されることがある．最初の植物体から分割して生理的に独立して生存できる能力を持つ部分を**ラメット**（ramet）という．また，最初の植物体から生じた遺伝的に同一の個体（つまりクローンの集まり）のことを**ジェネット**（genet）といい，ジェネットは複数のラメットからなることがある．

生物個体の環境への耐性

多くの環境要因は，資源としてだけではなく，**環境圧**という生物の生活に対するストレスとしても作用する．また，生物の生理的な活性は，ある環境条件下で活発になる領域がある．環境条件はいつも一定に保たれているとは限らず，生物の生理活性の程度は，最適な領域から遠ざかると低下する．そのような生物の生理活性と環境条件との関係を示した曲線を**最適曲線**（optimum curve）といい，生物の生理活性は様々な生命活動と関係している（図3.3）．

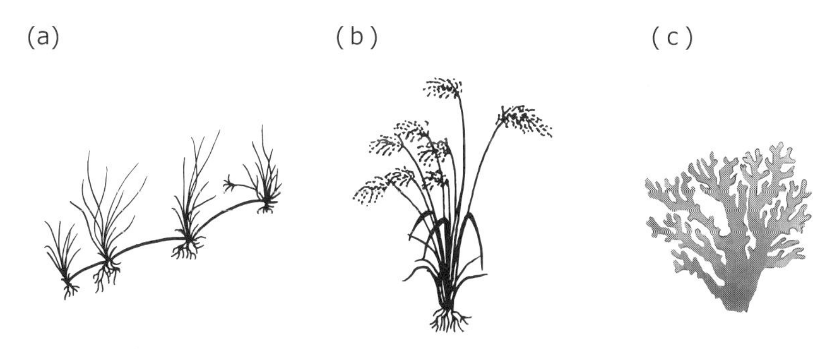

図3.2　モジュール型生物の様々なタイプ
(a) 根茎や匍匐枝によりクローンを横方向に広げる生物（例えば，オオウシノケグサ *Festuca rubra*），(b) モジュールを密生させる叢生型の生物（例えば，ススキ），(c) 永続的に分岐した部分を作る生物（例えば，樹木やサンゴ）．このほか，ヒドラのように成長するにつれてクローンとしてモジュールが分離していく生物も見られる．

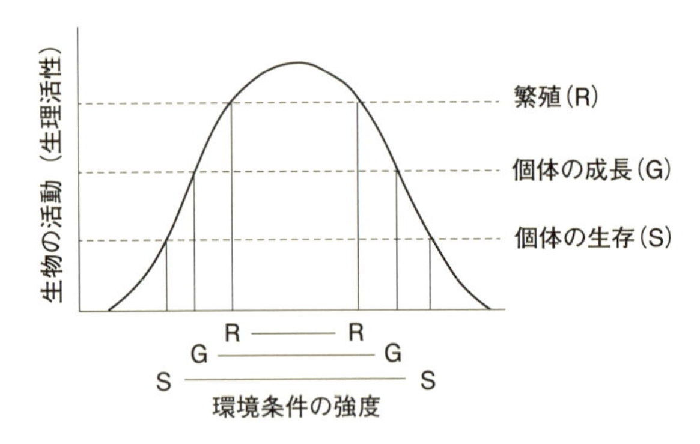

図 3.3　生物個体の環境条件に対する応答
この図は，環境条件に関連した一般的な生物個体の活動を模式的に示したもので，通常，繁殖可能な環境条件の範囲（R-R）は，個体が成長できる範囲（G-G）や生存可能な範囲（S-S）よりも狭い．［Begon, M. *et al.*（2003）より改変］

また，最適曲線の臨界点の環境条件は，まったく生命活動を維持できない限界値である．

自然界では，常に多数の環境要因が，複合的にはたらくために，複雑な環境条件に対する生物の応答の違いが見られる．様々な環境要因のうち，他の資源が十分にあったとしても，1つの資源が生物の成長や生存を制限するような因子を**制限因子**（limiting factor）という．一般に，水分・温度・栄養塩類などは，重要な制限因子となりやすい．例えば，ヨコエビの1種における温度と塩分濃度に対する死亡率の変化を見ると，この生物が耐えられる環境条件の範囲は，2つの因子の相互作用によって決定され，どちらの因子に対してもその耐性の幅は非常に狭くなっている（図3.4）.

一方，不足がちの資源だけが，生物の生存や成長を制限するものではなく，どんな生物でも，何かが多すぎるということは，不足することと同じように制限因子としてはたらく．ある環境要因に対する耐性幅の上下の限界付近にあるどちらの環境においても，生物の生存・成長・繁殖などを制限する条件となりうる（図3.3）．そのため，生物個体の環境に対する適応や順化という現象とは異なり，一定の場所において，時間に伴って常に個体数が増加するとは限らない．生活資源や生物的要因により，自らの影響も含めて，環境から負の影響を受けて集団の成長を抑制するようにはたらく現象を**環境抵抗**という．また，生

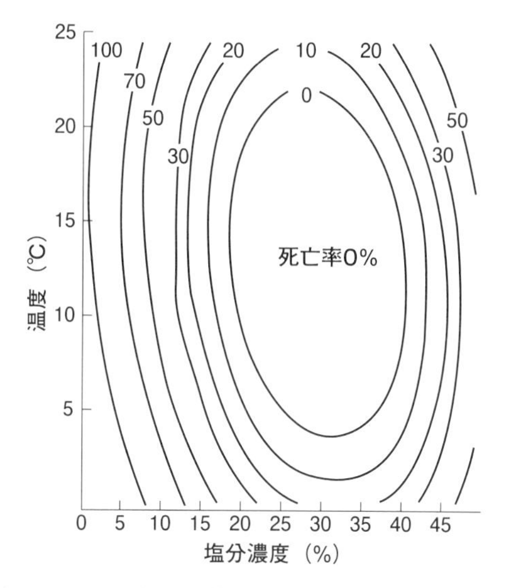

図 3.4　ヨコエビ（sand shrimp）の一種（*Crangon septemspinosa*）における抱卵中の雌の死亡率と温度および塩分濃度の 2 つの環境要因との関係
この図の等値線は，水中の温度と塩分濃度を組み合わせた 12 の環境条件から推定した抱卵中の雌のヨコエビにおける死亡率を示している．生物が耐えられる環境条件の範囲は，異なる環境要因により複合的に決定され，この例では，水中の温度と塩分濃度の 2 つの環境要因の相互作用による生存可能な条件の範囲は，1 つの環境条件の場合に比べて，非常に狭い．［Haefner, P. A.（1970）より改変］

物の集団が環境抵抗を受けて，その環境における生存可能な最大個体数のことを**環境収容力**（第 4 章）と呼ぶ．

3.2　個体群の特徴

個体群と生活史

ある環境のなかで，生命を維持して生活する生物の基本単位は個体であるが，すべての生物個体は，単独では生存できず，増殖などの活動と相互関連をもちながら集団としての営みを行う．同じ地域に集団として生活する**生物種**では，環境の影響に対する応答や，出生から死亡に至るまでの活動の特徴は類似している．そのような同一地域における同一の生物種で構成される生物集団のことを，**個体群**（population）という．一方，同一種からなる集団でも，環境が大きく異なると資源に対する要求の方法などが違うこともある．

1つの個体として生まれ，成長し，子を作り，寿命になると死ぬ，という一生のサイクルのなかでの生活様式を**生活史**（life history）といい，異なる場所に成立した個体群における生活史特性は，同一種の集団であっても物理・化学的な資源や種間関係の影響を受けて様々なパターンがある．

個体群密度と分布様式

ある地域における個体群の特徴は，個体数の時・空間的な変動，サイズや齢における構造とその変化から捉えることができる．個体群を構成する個体の総数を**個体群サイズ**（population size），あるいは，単位面積あたりの個体数で示したものを**個体群密度**（population density）といい，ある生物の個体群密度は，一定面積の区画内に出現する個体数を数えることにより推定される．例えば，平均的な体サイズが小さい哺乳類や鳥類では，体が大きい種に比べて個体群密度が高い（図3.5）．また，繁殖の機会以外は単独で行動する動物の個体群密度は，集団で生活する動物に比べて低い傾向がある．

ある一定の場所における個体の水平面での散らばり状態を**空間分布**（spatial distribution）といい，個体群の空間分布の様式には，**ランダム分布**（random distribution），**規則**（あるいは一様）**分布**（regular または uniform distribution），**集中分布**（aggregated distribution）がある（図3.6）．ある空間における個体の出現が，資源や環境圧にほとんど影響されず，各個体が互いに影響を及ぼし合うことが少ない場合の空間分布は，ランダム分布になる．また，環境がほぼ均質な状態で，各個体が互いに影響を及ぼし合う場合には規則分布になる．一方，集中分布は，自然界では最もよく見られる様式である．これは，個体の出現が環境の不均質性，他種の分布，攪乱，種子散布などに影響されやすいためである（田川1977）．また，集中分布では，**コロニー**（colony）または**クランプ**（clump）と呼ばれる強い集中を示すパッチ状の構造が見られる場合がある．例えば，森林にはギャップ（第11章）と呼ばれる周辺に比べて林床が明るい場所がある．森林に不連続な環境を形成するギャップは，植物の成長や生存に空間的な差異をもたらし，その個体群の空間分布に影響を及ぼす．そ

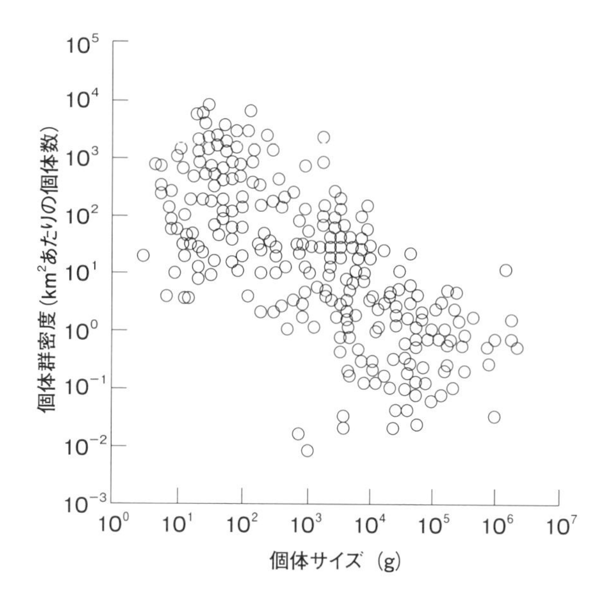

図 3.5　様々な哺乳類の個体サイズと個体群密度との関係

350 種類の哺乳類の平均的な個体サイズと個体群密度との関係には，個体サイズが大きくなるにともない，その平均的な個体群密度は低下するという傾向がある．［Silva, M. *et al.*（1997）より改変］

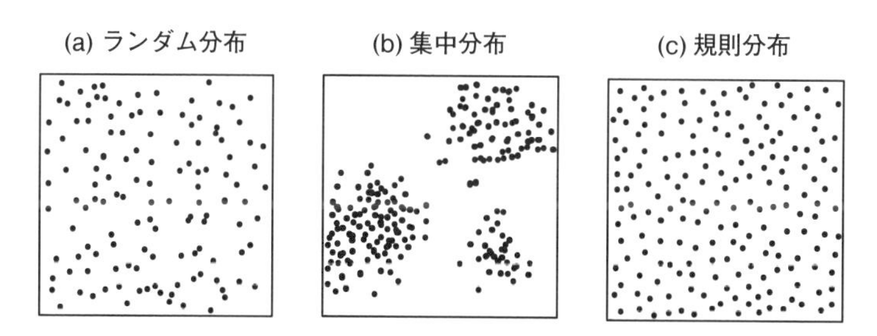

図 3.6　ある生物種の個体群における空間分布のタイプ

（a）は各個体が不規則にちらばっているランダムな分布を，（b）は各個体が集中して偏っている分布を，（c）は各個体が均等に分散している分布を示している．

のため，ギャップを好む生物種の空間分布はパッチ状の強い集中を示すことが多い．

さらに，空間的により広く，不連続な環境に関連した，パッチ状に独立した部分集団を**局所個体群**といい，いくつもの局所個体群からなる集団全体のことを**メタ個体群**（第13章）と呼ぶ．

個体群の齢構成と生存曲線

一般に，個体群は成体から幼体までの様々な齢の個体から成り立っている．これを個体群の齢構成といい，雄と雌の性別ごとに表したものを**齢ピラミッド**と呼ぶ．同一種でも異なる地域の別の個体群の齢構成は様々であり，その齢ピラミッドは，幼若齢の個体，壮齢の個体，高齢の個体が占める割合により3つのタイプに分けられる（図3.7）．出生数の急激な低下や高齢期の死亡数の大幅な低下は，時間の経過とともに各齢の個体数を大きく変化させるために，現在の齢ピラミッドから，個体群の齢構造が将来どのように変化するかを予測できる．

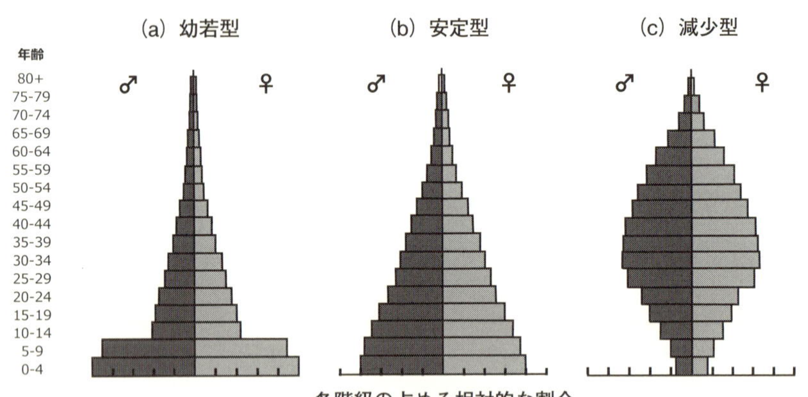

図3.7　個体群における齢構成と齢ピラミッドのタイプ
これは，ヒトを例にした，齢ごとの個体数の分布を性別に示した齢ピラミッドで，(a) は出生率が高く，生殖期以前の死亡率が高いために底辺の広い形になる幼若型，(b) は各齢の死亡率が寿命まで一定で，現在と将来の生殖期の個体数に大きな変化がないつりがね状になる安定型，(c) は出生数が急に減少し，将来の生殖期の個体数が現在よりも少なくなる減少型である．

全個体あたりの時間内に死亡した個体数を**死亡率**（mortality）といい，これは，個体群において一定とは限らず，環境条件や齢により異なっている．自然界における個体の平均的な寿命は，最良の条件下で最も高く，これを**生理的寿命**という．一方，様々な齢で死亡する個体を考慮して計算される実際の平均的な寿命を**生態的寿命**という（大串・木村 1993）．生態的寿命は，生命表と呼ばれる個体群の各齢における死亡数から統計的に計算できる．

ある時点に出生した個体数のうち各発達段階での死亡数を差し引くと，各齢における生存個体数がわかり，出生時の全個体数に対する各齢の生存個体数の割合をグラフにしたものを，**生存曲線**（survivorship curve）という．また，生存曲線には次の3つの型がある（図 3.8）．

幼齢期から中齢期にかけての死亡率が低く，大半が高齢期に死亡する場合の生存曲線は，凸型の曲線（Ⅰ型）になる．この代表的な生物には，ヒトやサルなどの哺乳類が多い．一方，幼齢期の死亡率が極めて高く，大部分の個体が早死にする場合の生存曲線は，凹型の曲線（Ⅲ型）になり，魚類などの非常に多くの卵を産み，出生後に親の保護がない生物がこれに当てはまる．また，死亡率が一定である直線型（Ⅱ型）の生存曲線を示す生物には鳥類などがある．

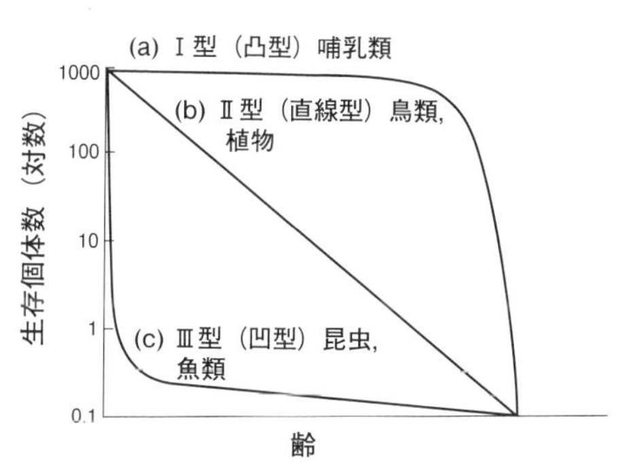

図 3.8　個体の死亡パターンと生存曲線のタイプ

一般に，発達段階に伴う生存個体数の減少のパターンは，次の3つに類型化される．
(a) Ⅰ型（凸型）は，死亡が高齢期に集中するタイプで，哺乳類などに見られる．
(b) Ⅱ型（直線型）は，齢ごとの死亡率が一定（死亡個体数が一定ではないことに注意）のタイプで，鳥類や植物などに見られる．
(c) Ⅲ型（凹型）は，死亡が幼齢期に集中するタイプで，小さな卵をたくさん産んで放置する大多数の昆虫や魚類などに見られる．
[Deevey, E. S.（1947）に基づく Begon, M. *et al.*（2003）より改変]

3.3　個体群内の個体間の関係

生物の繁殖様式

すべての生物は，種を維持するために子孫を作り，次世代に遺伝子を伝えるための繁殖活動を行う．自分の配偶子と他個体の配偶子を合体させて，新しい個体をつくる生殖方法を**有性生殖**（sexual reproduction）という．一方，他個体の配偶子によらず，自らの体を使って生殖する様式を**無性生殖**（asexual reproduction）といい，これには分裂や出芽，栄養繁殖（栄養生殖ともいう）などの方法がある．植物では，ジャガイモなどのように親個体の茎や根の器官の一部から新たな個体が作られる栄養繁殖がよく知られている．

有性生殖では，明確に雌と雄が個体として分かれていることを**雌雄異体**といい，ミミズやマイマイ（カタツムリ）のように同じ個体が両性の生殖器を持っていることを**雌雄同体**という．また，植物の性表現には，多くの被子植物で見られる1つの花にめしべとおしべをもつ**両性花**だけでなく，花の性を分化させた**雌雄異花**があり，この雌花と雄花は，それぞれ**単性花**と呼ばれる．さらに，花の性が個体間で分化した**雌雄異株**という性の様式がある（第7章）．

生物には1回の繁殖で生涯の繁殖活動を終わらせる種がある．これを**1回繁殖**（semelparity）といい，動物では河川を遡上して産卵後にすぐに死亡するサケの一種や，植物ではタケの仲間のように開花すると枯死するものがある．一方，生涯を通し何回も繁殖を繰り返すことを**多回繁殖**（iteroparity）という（第7章）．

動物の繁殖活動

動物の配偶行動は，繁殖の機会を増やすための重要な活動の1つである．雄や雌が，それぞれどのようなつがい関係を形成するかという様式を**配偶システム**（mating system）といい，これには，一夫一妻，一夫多妻，一妻多夫，乱婚などがある．これらの配偶システムは，子の養育形態とも関連しており，鳥類では一夫一妻が，哺乳類では一夫多妻が多い．しかし，同種の個体群の間でも，異なる配偶行動をする生物種が存在する．このような種の配偶行動は，適応度の増加や繁殖・養育への負担と関係しており，種の維持に有利な複雑な配偶システムが進化したと考えられている．

個体の行動と適応度

個体群内における個体間の関係は，各個体の資源に対する要求性が基本的には同じであるために，個体群密度や空間分布に大きく影響する．動物では，なわばり，群れ，順位，社会性，リーダー性などの行動が，集団の大きさや分布を制御する役割を果たしている．これらの行動は，敵に対する警戒や防御能力の向上，摂食の効率化，繁殖活動の容易さなどにおいて，個体群全体として利益があると考えられている．

また，動物の社会性には，同種の個体間での利他行動が見られる．生物の活動は常に個体の**適応度**を最大化する方向に進化してきた（第2章）．この考え方からすれば，他の個体の子孫を残す行動を優先する社会的行動は，他の個体の適応度を大きくして，自分の適応度を低くすることになり，他個体の子孫を残そうとする性質は進化しない．ところが，血縁関係のある個体には，自分と同じ遺伝子が含まれており，個体間に血縁関係がある場合には，自分の子だけでなく他個体の子を残すことにより，自分の遺伝子が次の世代に伝わることが期待される．このような血縁関係を考慮した適応度を**包括適応度**（**inclusive fitness**）といい，これは動物の社会的行動を説明する概念となっている．また，この血縁個体の適応度に影響するような性質の自然淘汰を**血縁淘汰**（**血縁選択，kin selection**）という．

第4章

個体群の成長過程と密度効果

4.1　個体の増殖と内的自然増加率

個体群密度の変化

生物個体には寿命があり，やがて死亡することから，その種を維持するためには個体の増殖が必要となる．個体の増殖の結果，個体数が増加する一方で，全体として死亡が出生より上回ると，集団内の個体数は減少する．ある集団全体の空間的な広がりに変化がなく，集団内の個体数が増加または減少すれば，単位面積あたりの個体群密度は，それぞれ増加または減少し，これを**個体群成長**（population growth）という．個体群密度が増加する場合を正の個体群成長，減少する場合を負の個体群成長ともいう．

世代に重なりがない個体の増殖

生物の生存環境が最適条件下にあると仮定すると，すなわち，環境ストレスがまったくなく，資源が無限に存在するような状態での生物の増殖の過程は，単位時間あたりの個体の増殖能力から説明することができる．この場合，ある個体群における個体の増殖率（1個体あたりの増殖数）は一定の値となり，個体群密度が高い集団における単位時間あたりの増殖数は，低い集団に比べて**幾何級数**（geometric，一般的には等比級数ともいう）**的**に大きくなる．

ここでは，はじめに，増殖率が一定である個体群成長の最も単純な場合を考えてみよう．例えば，多くの一年生植物や1年間に1回だけ産卵して死亡する動物のような，世代に重なりがない個体の増殖の過程は，次のような式で表すことができる．

$$N_{t+1} = R_0 N_t \quad \text{または} \quad N_t = N_0 R_0^{\,t} \qquad (4.1)$$

この2つの式における，N_t 及び N_{t+1} はある世代 t と $t+1$ における個体数（正確には雌の個体数），N_0 ははじめの個体数，R_0 は個体あたりの増殖数（純増殖率ともいう）である．R_0 は，1世代後に個体数が何倍になるかを示す値（パラメータ）で，R_0 が大きいほど個体数は急激に増加する（図4.1）．個体数に関係なく次世代の個体の増加数が一定数である加算的増加（等差級数的な増加）の個体群成長に比べて，世代の増殖を一定倍数とした幾何級数的な個体群成長は，世代を繰り返すほど劇的な増加をもたらす．

世代に重なりがある個体の増殖

一方，人間のように世代に重なりがある場合の個体の増殖過程は，指数曲線的な増加を示す連続関数となる（図4.2a）．ある個体群内において，他の個体群との間に個体の移入や移出がなければ，個体群密度の変化は，出生と死亡によって決まる．すなわち，単位時間あたりに増加する個体数 $\frac{dN}{dt}$ は，出生数（B）と死亡数（D）との差とした微分方程式に表すことができる（式4.2）．また，単位時間あたりの出生数（B）と死亡数（D）を個体群密度（N）に対する割合として，$b = B/N$（b を出生率），$d = D/N$（d を死亡率）とすると，

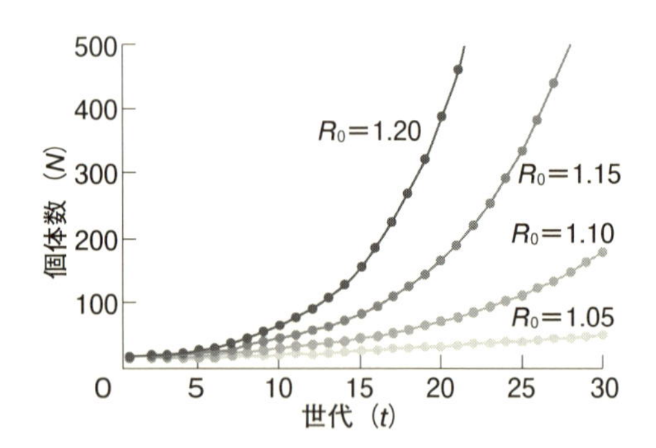

図4.1　世代に重なりがない個体群の幾何級数的な成長曲線
世代に重なりがない生物，つまり，親と子が同時に存在することがない生物では，1世代ごとに R_0 倍ずつ個体群密度が増加する．また，個体あたりの増殖率 R_0 が大きいほど世代ごとに増加する個体数が多くなるために，世代を重ねるごとに急激な増加を示す成長曲線（growth curve）になる．このような個体群の成長曲線は，幾何級数（等比級数）的増加と呼ばれている．［Krebs, C. J.（2001）より改変］

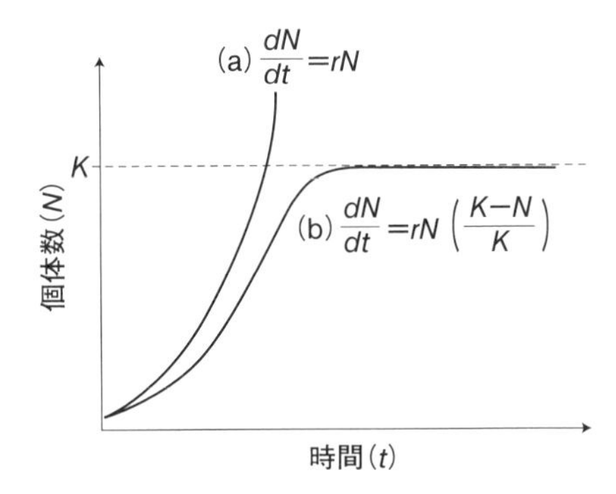

図 4.2　世代に重なりがある個体群の 2 つの成長曲線
世代が連続している個体群の変化は，時間 t に伴う微分方程式として表すことができる．(a) の環境に制限がない場合は，内的自然増加率 r により決定される指数関数的な成長曲線を示す．(b) の環境に制限がある場合は，r に加えて環境収容力 K により決定される S 字状の成長曲線を示す．これをロジスティック成長曲線といい，何らかの環境抵抗がある場合には，個体群密度は時間の変化とともに環境収容力 K に近づく．

次のように表すことができる．

$$\frac{dN}{dt}=B-D=(b-d)N=rN \tag{4.2}$$

この出生率と死亡率の差（$b-d$）は，種固有の個体群の変化率であり，これを**内的自然増加率**（intrinsic rate of natural increase）という．内的自然増加率は，一般には r で表し，式 4.2 を積分すると次式が得られる．

$$N_t=N_0\,e^{rt} \tag{4.3}$$

この式から，ある時間 t における個体数 N_t は，はじめの個体数 N_0 により決定される．なお，実際の r の値は，式（4.3）を r について解いた $r=\frac{1}{t}\log_e\frac{N_t}{N_0}$ より計算することができ，ある環境下における生物種の増殖能力を示すパラメータとして使用される．

例えば，ヒトの内的自然増加率 r を，1 年あたり 0.01（1%）と仮定すると，ある年の世界人口が 70 億人の場合，10 年後には約 77.36 億人になると計算される．逆に，ある場所における，ある年の人口を 1000 人として，5 年後に 1030 人に変化したとすると，1 年あたりの r は，約 0.006（0.6%）となる．

4.2 個体群成長と密度効果

ロジスティック成長モデル

現実の環境は，生物の生存や繁殖にとって，いつも好適とは限らず，実際の出生率や死亡率は理想条件下とは異なることが普通である．気候の変化，捕食者・病原菌などによる外的な影響だけでなく，個体群密度の増加による影響は，個体群の成長に抑制的に働く．これらの要因を環境抵抗（第3章）といい，個体群密度の変化とは，関係のないものを**密度独立要因**（density-independent factor），個体群密度の増加とともに，環境抵抗が大きくなる要因を**密度依存要因**（density-dependent factor）という．特に，個体数の増加とともに利用できる資源量が減少し，個体あたりの増加率が個体群密度とともに低下することを，**密度効果**（density effect）という．そのため，一般には，自然界の実際の生物は，指数関数的な増殖のように無限に増え続けるということはなく，環境に制限がある条件下での個体群密度は，必ず飽和状態に達する．

ここで，個体あたりの増加率が，個体群密度の増加にともない直線的に減少する場合を想定すると，図4.3のように個体あたりの増加率は，個体群密度がゼロの時に最大の r（環境抵抗がない時の内的自然増加率）となり，個体群密度が K の時にゼロとなる．また，この個体群密度の限界値 K を**環境収容力**（carrying capacity）といい，この密度依存的な個体数の変化は，以下の式で表すことができる．

$$\frac{dN}{dt}=rN\left(\frac{K-N}{K}\right) \tag{4.4}$$

この式において，ある時間における個体数 N が小さいほど，$\left(\frac{K-N}{K}\right)$ が大きくなるため，時間あたりの個体群密度の増加速度は大きくなる．また，N が大きくなると $\left(\frac{K-N}{K}\right)$ の値は小さくなるので右辺は0に近づく．これは時間あたりの個体群密度の増加が止まることを示している．

式（4.4）を積分して，ある時間 t における個体群密度 N_t として表すと，以下のような方程式が得られる．

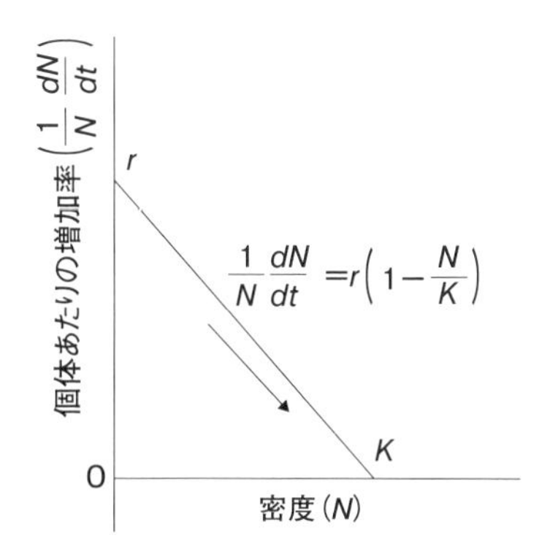

図 4.3　ロジスティック成長モデルで仮定している個体群密度と個体あたりの増加率との関係

このグラフでは，個体あたりの増加率は，個体群密度 0 のとき，最大値の r，個体群密度 K のとき，最小値の 0 となる．この関係は，切片 r，傾き $-r/K$ の関数となり，環境抵抗 N/K で個体群密度の増加が抑制されることを示している．［宮下 直・野田隆史（2003）より改変］

$$N_t=\frac{K}{1+e^{a-rt}} \tag{4.5}$$

ただし，$a=\log_e(K/N_0-1)$ である．

この式は，図 4.2b のような S 字状の曲線になり，十分に時間が経過すると，個体群密度がそれ以上増加しない環境収容力 K に達することを表している．この個体群密度の増加モデルは**ロジスティック曲線**（logistic curve）と呼ばれ，環境に制限のある条件下での個体群成長の最も基本的な理論とされている（図 4.4）．ただし，自然条件下では，このモデルに適合する事例はあまり多くない．その理由としては，個体の移入や移出，環境の時間的変化，種間競争などにより，集団内の密度効果の強さが変動するからである（図 4.5）．

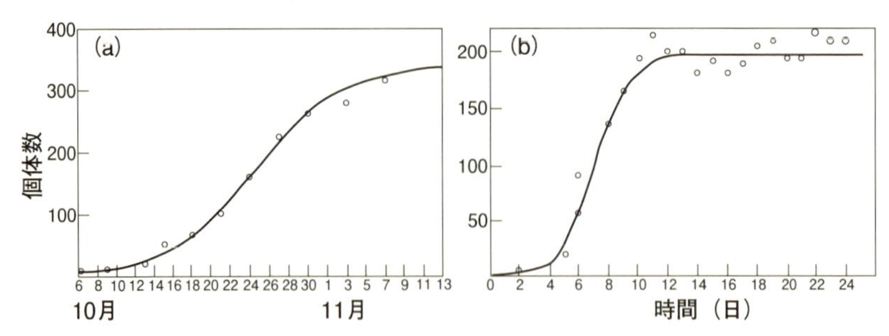

図 4.4　ロジスティック曲線に適合した実験条件下における個体群成長の例

(a) ビンの中におけるキイロショウジョウバエの1種（*Drosophila melanogaster*）の個体群密度の増加の観察値と，(b) 培養液中におけるゾウリムシの1種（*Paramecium caudatum*）の個体群密度の増加の観察値は，どちらもロジスティック曲線によく合っているとされる．なお，○印が観察値，曲線が観察値に当てはめたロジスティック曲線を示す．[(a) Pearl, R. (1927) より改変，(b) Gause, G. F. (1934) より改変]

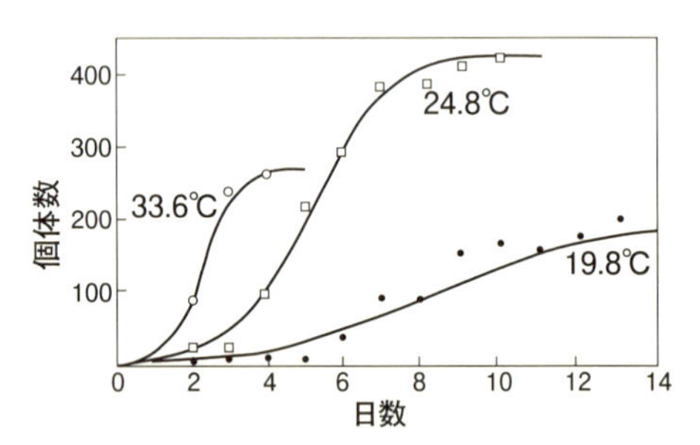

図 4.5　様々な条件におけるタマミジンコ（*Moina macrocopa*）の個体数の増加とロジスティック曲線

3つの異なる水温におけるミジンコの1種であるタマミジンコの個体数の増加（○・□・●が観測値）は，いずれの条件においても，それらをロジスティック式に当てはめた理論値（ロジスティック曲線）とよく一致している．この実験では，水温が24.8℃の条件より高くても低くても環境収容力 K は小さく，また，水温が最も高いときに内的自然増加率 r が大きく，増殖が速いことがわかる．つまり，同じ種であっても異なる環境条件下での個体群の内的自然増加率 r と環境収容力 K の値は様々であり，個体群のロジスティック曲線のパターンはまわりの環境に強く影響されている．[Terao, A., Tanaka, T. (1928) より改変]

4.3　個体群における様々な密度効果

植物個体群における密度効果

個体群の成長モデルで見たように，個体群密度が増加すると個体あたりの資源量は減少し，同一資源を必要とする種内での個体間競争は大きくなる．個体間の競争には，**勝ち抜き型競争**（contest competition）と**共倒れ型競争**（scramble competition）がある（第5章）．

植物は移動できないので，同種個体群が高い密度で生育する場合には，密度効果が強く働き，低い密度で生育する場合より成長速度は遅くなる．また，植物は，多数のモジュール（第3章）から構成されているために，体の部分的なサイズを調整して，密度効果に対して柔軟に対応できる．しかし，それでも密度圧が強く働く場合には，個体の死亡というリスクも起こりうる．一部の植物個体だけが勝ち残るような場合には，これを**自己間引き**（self-thinning）と呼ぶ．また，植物個体群における個体の成長あるいは死亡と密度効果との関係には，**最終収量一定の法則**と**自己間引きの2分の3乗則**が知られている．

最終収量一定の法則

1カ所に多くの本数の同じ種類の植物を植えると，1本あたりのサイズは小さくなる．最初に植える際には，同じ大きさの種子をまくので，個体の大きさと密度との関係はないが，時間が経つにつれて，本数の多い所では，本数の少ない所に比べて，各個体のサイズは小さくなる（図4.6）．この個体群密度と平均サイズ（ここでは個体重とする）との関係は，時間が十分に経つと反比例の関係になり，どのような密度においても，単位面積あたりの個体重の合計（すなわち収量）は一定となる．この規則性は，個体の密度に関わりなく最終的な収量が一定になることから，**最終収量一定の法則**（law of constant final yield）と呼ばれている．

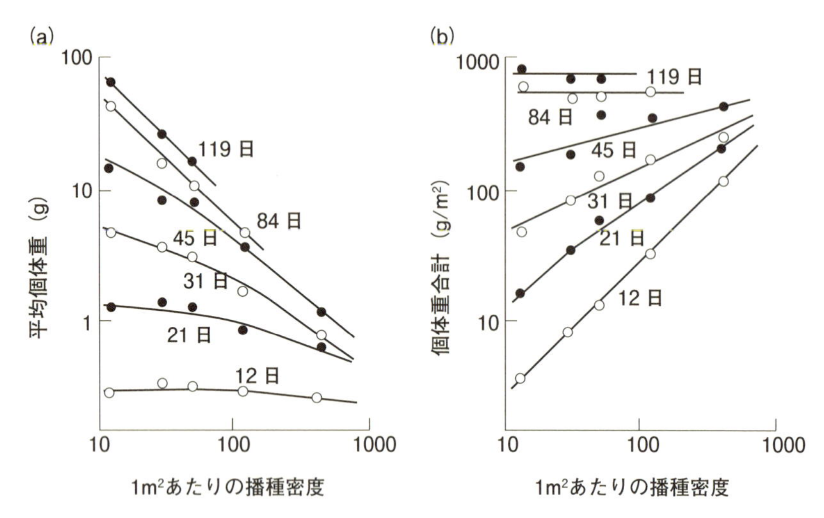

図4.6　ダイズの密度と個体重との関係
ダイズの播種密度の違いによる栽培日数に伴う平均個体重の変化（a）と個体重の合計の変化（b）から，栽培日数が経過すると播種密度が高い実験区では平均個体重は相対的に小さく，逆に低い実験区では平均個体重は大きくなり，ダイズの個体群密度と平均個体重の関係から求められる個体重の合計は，どの区も一定の値に近づく．つまり，播種密度が違っても結果的に最終収量には大きな差はない．［Kira, T. *et al.*（1953）より改変］

自己間引きの2分の3乗則

植物個体群では，ある程度の個体群密度までは，密度効果の影響が各個体のサイズに現れるが，それ以上の高密度の個体群では，成長にともなって枯死する個体が生じる．この自己間引きの起こる植物集団において，その本数と平均個体サイズの関係を見ると，本数を減少させながら，平均個体サイズが大きくなっていく．この自己間引き現象では，平均個体サイズは個体の密度の3/2乗に反比例することが知られており，この関係を**自己間引きの2分の3乗則**（**3/2 power law of self-thinning**）という（図4.7）．

この法則性は，同種の植物個体群における各植物体の形状が相似形であることに関連しており，個体群密度に対する平均個体重が，両対数グラフで傾き−3/2の直線となる関係を用いて，同種同齢個体群である人工林における樹木の間引き作業などに応用されている．

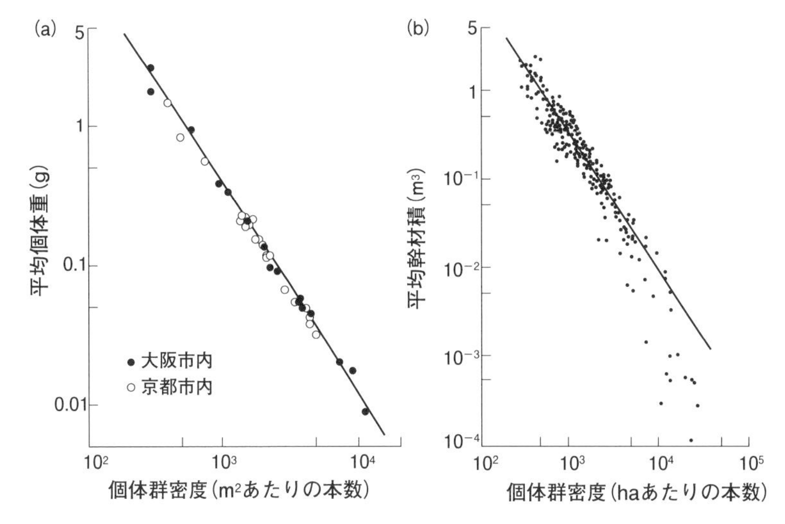

図 4.7 オオバコ群落とアカマツ天然林における個体群密度と平均個体サイズとの関係

(a) オオバコ群落と (b) アカマツ天然林における個体群密度と平均個体重または材積との関係は，どちらも個体群密度が低い集団において平均個体重または材積が大きい．これらの結果は，時間的経過にともない，植物集団の個体数が減少していくと同時に，平均的な個体サイズは大きくなることを示しており，平均個体サイズは個体群密度の 3/2 乗に反比例するという関係が成り立つ．[Yoda, K. *et al.* (1963) より改変]

動物個体群の密度効果

動物においても，閉鎖された環境では，個体群密度が個体増殖に影響を及ぼす例がある．個体群密度と個体群成長との関係が，ショウジョウバエやアズキゾウムシ，コクゾウムシなどの昆虫を材料にして，古くから実験的観察により調べられてきた．ビンの中で飼育されたアズキゾウムシでは，親世代の密度によって子世代の成虫の体重が変化したり，ふ化幼虫数が多いほど羽化成虫の体重が軽くなることがある．体重の重さは産卵数などに影響して，結果として増殖率に影響を及ぼす（図 4.8a）．また，親世代の密度が高くなるにつれて未ふ化卵が増加したり，ふ化幼虫密度が増加すると幼虫や蛹の死亡率も高くなる（図 4.8b）．これらの現象は，個体間の行動上の干渉が同一種内の交尾や産卵などの妨げ合いとなり，動物の個体群密度の変化に伴う個体の増殖における密度

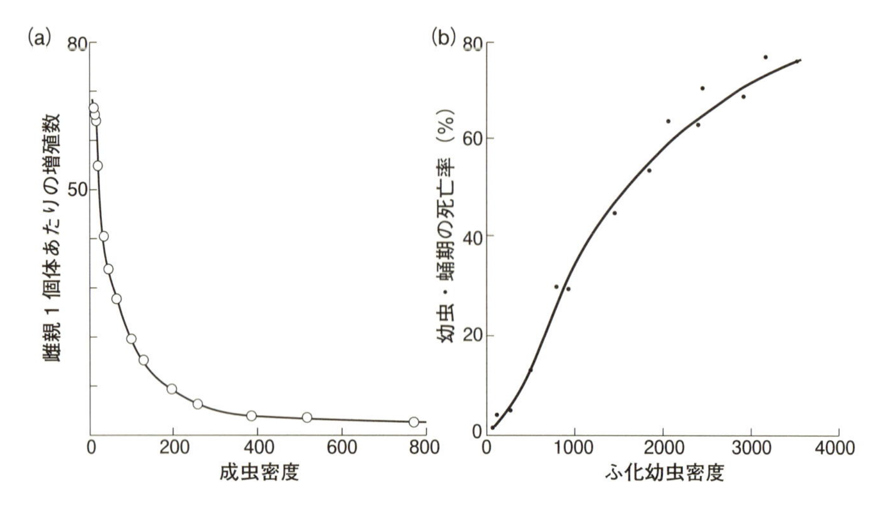

図 4.8　アズキゾウムシ（*Callosobruchus chinensis*）における増殖数や死亡率に対する個体群密度の影響

(a) は成虫密度が増加するにつれて雌親1個体あたりの増殖数（増殖率）が減少することを，(b) はふ化幼虫密度が増加するにつれて成虫前の発達段階での死亡率が増加することを示したものである．[(a) Utida, S. (1941a) より改変，(b) Utida, S. (1941b) より改変]

効果の影響であると考えられている．しかし，野外において，動物個体群の個体の増殖と密度効果との関係を明確に示した例は少ない（図 4.9）．

さらに，まれではあるが，野外における個体群密度が個体重や個体の形態に影響を及ぼす例も知られている．

ニュージーランドに侵入したアナウサギには有力な捕食者がおらず，ウサギの個体群密度が草を食べつくす程度まで大きく増加することがある．ここでは，ウサギの個体群密度が高くなると，産まれてから1年目の秋における平均個体重が小さくなる傾向が見られた（図 4.10）．つまり，これは，個体群密度の増加により餌不足が起こるという密度効果を示していると考えられている．

バッタの仲間には，密度に依存して行動や形態が変化するものが知られている．ワタリバッタ類では，幼虫時に個体群密度が低いと，長い後脚を持つ，太めの体型の個体が現れる（図 4.11）．この型の個体は，移動性が弱く単独行動をして，小さな卵を多く産む．一方，個体群密度が高い状態で育った個体は，短い脚の細めの体型となり，群れて生活する．数世代この状態が続くと，この

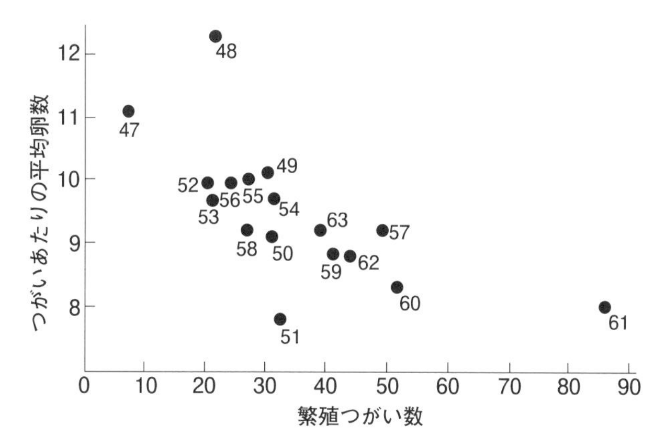

図 4.9 シジュウカラの 1 種（*Parus major*）の繁殖つがい数とつがいあたりの平均卵数との関係

オックスフォードの森において，17 年間（図中の数字は西暦），シジュウカラの 1 種の繁殖つがい数とつがいあたりの平均卵数を調査した結果，つがい数が増加すると，つがいあたりの平均卵数が減少する傾向にあった．この結果は，繁殖鳥の高密度によるなわばりの縮小が餌不足を生じさせるという密度効果の例と考えられる．[Perrins, C. M.（1965）より改変]

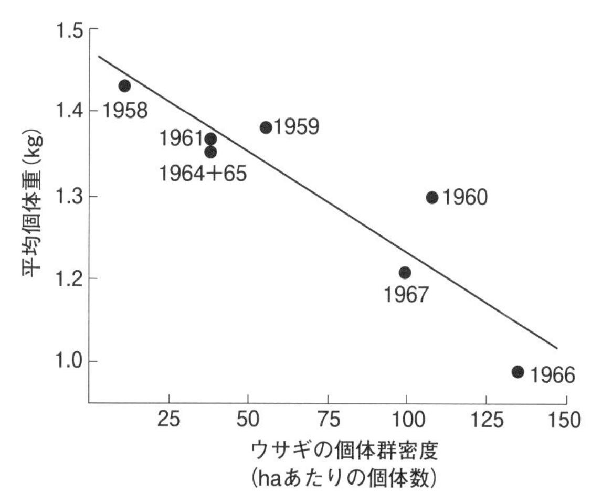

図 4.10 ニュージーランドにおけるアナウサギ（*Oryctolagus cuniculus*）の個体群密度と平均個体重との関係

ニュージーランドに侵入したアナウサギの個体群密度と平均個体重との関係を 8 年間（図中の数字は西暦）調査したところ，個体群密度が高くなると餌となる草が減少して、産まれてから 1 年目の秋における平均個体重は小さくなる傾向があった．[Gibb, J. A.（1977）より改変]

図 4.11　トノサマバッタ（アジアワタリバッタ）の密度の違いによる相変異
単独生活をしている孤独相のバッタは，胸が緑色，前翅と腹は褐色で，相対的に翅が短く，後脚が長いという特徴をもち，ふっくらとした体型になる．一方，高密度で育った集合性をもつ群生相のバッタは，全体的に黒色で，相対的に翅が長く，後脚が短く，やせていて体重が軽いという特徴を持っている（伊藤ほか 1992）．

型の個体は，移動力が大きく，強い集合性をもち，少数の大きな卵を産む（アジアワタリバッタはトノサマバッタの相変異したもの）．個体群密度が低い場合に現れる形態の型を**孤独相**（solitarious phase, phase *solitaria*），個体群密度が高い場合に現れる形態の型を**群生相**（gregarious phase, phase *gregaria*）という．このような個体群密度の違いによって生じる形態の変化を**相変異**（phase variation）という（伊藤ほか 1992）．

密度効果とアリー効果

個体群密度が増加すると，個体の増殖が低下するという負の密度効果が生じる一方で，個体あたりの増殖率が，個体群密度に正比例することもある．この正の密度効果は**アリー効果**（Allee effect）と呼ばれ，個体群密度が低くなるほど個体の増殖率が低下する現象である．この原因には，個体群密度がある程度より低いと，繁殖個体を見つけられにくくなることによる交配機会の低下や，生き残った個体が近親個体であることによる生存率の低下などがある（第13章）．また，群れをつくる動物などでは，天敵の攻撃などにより生存率が低下するようなアリー効果が見られる．このように，個体群の存続のためには，それ以上低くなってはいけない個体数の閾値があり，生物を保全するためには個体群密度におけるアリー効果の影響を把握することが重要となる．

第5章

生物群集と生態系

5.1　生物群集の構造

生物群集とは

　同じ場所の同じ生態系内に，異なる種の個体群が存在する生物の集団のことを**生物群集**（community）といい，異種の個体群は，相互に作用し合いながら生活している．一般に，生物群集は，植物・動物・菌類・微生物などの，多数の生物種により構成され，地域に特徴的な種構成・組成・構造を持つ．なお，特定の**生活型**（life type；生物の生活様式の類型化のことを示す用語）のみで構成される生物群集を表す場合には，動物群集，鳥類群集，植物群集（植生学では一般に植物群落という）などの表現を用いる．

　生物群集の構成種は，他種個体群とだけでなく，物理的環境と固有の相互関係を保ちながら，それぞれの生活を維持している．また，生物群集における異種個体間で起こる現象には，同種個体間で起こる現象とは異なり，資源の獲得や環境への応答の違いが関係している．そこで，生物群集の特徴を把握するためには，異種間における生物間相互作用（本章第2節）や，異なる生物種のすみわけなどの資源の分割の様式（第6章）を理解することが必要となる．

生物群集と優占種

　生物群集は複数の生物種から成り立ち，生物群集を構成する生物種の個体群の大きさも様々である．生物群集を構成する生物種のうち，個体数や**生物体量**（biomass）の最も多い種を**優占種**（dominant species）といい，この生物種が，その生物群集を特徴づける重要な種類となる．植物群集では，構成する植

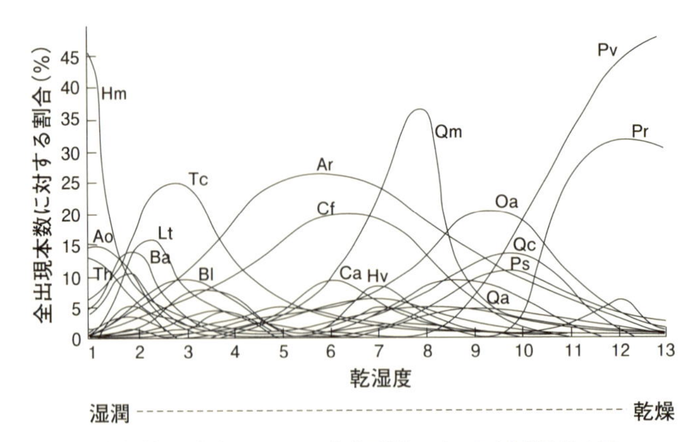

図 5.1　異なる環境条件に成立している生物群集における種組成の違い
グレートスモーキーマウンテンにおける湿った渓谷部から乾燥した南西斜面までの 13 カ所における生物群集の種組成の違いを，主要な 18 樹種の出現本数割合（%）の変化により表した．アルファベットは樹種を示す．
[（Whittaker, R. H.（1956）のデータを基にした Begon, M. *et al.*（2003）より改変]

物のうち背丈が高く，個体数や生物体量も多く，空間を広く覆っている優占種が，その全体の外観（つまり相観）を決定する生物種となっている．また，生物群集に含まれる種数やそれらの個体数・生物体量などから，その群集の種多様性を評価することができる（第 12 章）．

一般に，生物群集は，それを構成する種と，これらの個体数・生物体量・平均的サイズ・占有空間割合などを指標として類別化される．例えば，丘陵地における斜面の位置と方位により乾湿の程度が異なる場所では，それぞれの環境に生育する植物種の構成が，異なっているだけではなく，各生物種における個体数の出現割合も異なっている（図 5.1）．一方で，植物群集の種組成は，環境傾度に伴って連続的に変化するものであり，植物群集を明確に区分できる境界があるわけではない．

5.2　生物間相互作用

種間の様々な関係

すべての生物は，いつも単独で生活しているわけではない．また，どんな生物の活動もまわりの環境に影響を及ぼし，他の個体から直接的・間接的に影響を受けている．つまり，地球上のあらゆる生物は，必ず，他種の生物と関わりをもちながら生活している．

生物と生物との関わり合い方は，互いにプラスになったり，あるいはマイナスになったりと様々で，これらのすべての関係を**生物間相互作用**という．私たちがよく見ることができる生物間相互作用には，“食う–食われる”という関係や，生活に必要な“資源を争う”という関係がある．

一般に，生物間相互作用には，**捕食**（**predation**），**寄生**（**parasitism**），**競争**（**competition**），**共生**（**symbiosis** または **mutualism**），**腐食**（**detritivory**）の5つの生態的なプロセスが存在するが，生物間の関係がいつもこれらのどれかに区分されるとは限らない（Begon *et al.* 2003）．なお，競争は抑圧の関係，捕食・寄生は搾取の関係，共生は恩恵の関係とも捉えることができる．

仮に，異種間の生物間相互関係について，利益を受ける場合はプラス（+），害を被る場合はマイナス（−），影響がない場合はゼロ（0）とすると，2種の生物間の利害関係は，表5.1のように表すことができる．もし，一組の生物間において，互いにどんな影響もなければ，2種の利害関係は，それぞれ0と0となり，これを**中立関係**（**neutralism**）という．また，表5.1においては，競争の関係では負の影響を，捕食や寄生の関係では正・負のどちらかの影響を，共生の関係では正かゼロの影響を，互いの生物が受けることを示している．

さらに，この生物間相互作用の影響の大きさは，関係のある互いの生物種の個体数・生物体量・適応度などを基準として評価できる．特に，異なる栄養段階の種間においては，生物間相互作用は様々な形質への淘汰圧（選択圧）となり，この淘汰圧が種の適応度に影響を与え，互いの種の適応進化（共進化）を発達させる要因となる（第7章）．

表 5.1　2 種類の生物 A と B を例にした生物間相互作用の概念

	生物 A	生物 B
競争	−	−
	−	0
	0	−
捕食・寄生	−	+
	+	−
共生	+	+
	0	+
	+	0

生物間相互作用は，一般に，競争，捕食・寄生，共生（相利または片利）に分類することができる．表中の＋はその種が利益を受けることを，−は抑圧または害を被ることを，0 は利益も害も受けないことを表している．競争では，互いに，または，どちらか一方のみが害を被る場合がある．捕食・寄生では，一方のみが害を被り，他方は利益を得る．共生では，互いに，または，どちらか一方のみが利益を得る場合がある．

捕食と寄生

ある動物が別の動物を殺して食べてしまう**肉食性**や，動物が植物を食べる**植食性**のことを**捕食**（predation）という．一般に，食べる方の生物を**捕食者**（predator）という．草食動物が植物の一部だけを食べて命を奪わないものも捕食であり，この草食動物のことを**植食動物**（herbivore）ともいう．この場合，捕食者は植物の栄養繁殖により再生した部分をまた食べることができる．なお，食べられる方の生物を**被食者**（prey）という．

ある生物が他の生物の体の一部で生活し，その生物から餌資源を得ることを**寄生**（parasitism）といい，地球上の生物種の半分以上は，寄生する生物であるともいわれている．寄生される方の生物を**宿主**または**寄主**（host）と呼び，1 個体の**寄生者**（parasite）に対する宿主は，1 個体か，多くても 2・3 個体である場合が多い．寄生は，相手の生物を何個体も食べて殺す捕食とは異なるが，捕食のプロセスと区別できるとは限らない．例えば，寄生者が，ある期間寄生した後，寄主の命を奪う**捕食寄生**（parasitoidism）というプロセスもある．

捕食者と被食者の個体群密度の変動

捕食者と被食者との関係においては，互いに相手の生物は，捕食者にとっては餌であり，被食者にとっては天敵となる．そのため，相手の個体数や活動が，それぞれの生物種の生存に大きな影響を及ぼす．この影響は，捕食者と被食者の双方の個体群密度の変化に現れることがある．被食者の密度自体は何らかの要因で変動しているものの，捕食者の個体数が，この被食者の個体数の変化を追っているように変動している場合がある．毛皮の資料をもとにした北アメリカの被食者のウサギと捕食者のヤマネコにおける個体数の変動が，共振動しているような現象も知られている（図 5.2）．しかし，実際には，被食者の個体数が変動しても，その捕食者の密度は，かなり一定に保たれている場合が多い．これは，捕食者は複数の生物種を餌とし，被食者には複数の天敵が存在するために，捕食者と被食者の個体数は，互いに関係なく変動しているからである．

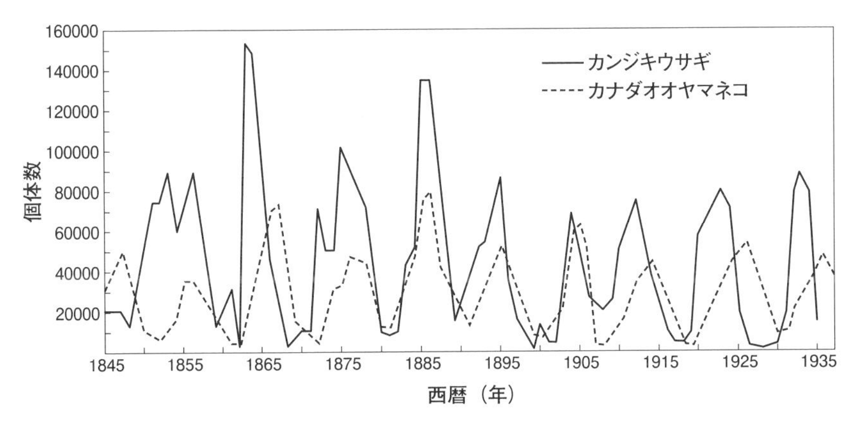

図 5.2 カナダにおけるカンジキウサギ（*Lepus americanus*）とカナダオオヤマネコ（*Lynx canadensis*）の個体数の変動

ウサギとその捕食者であるヤマネコの個体数変動が周期的な振動をしており，捕食者の個体数は，その被食者の個体数の変化を追うように変動している．ただし，これはハドソン・ベイ会社に持ち込まれた毛皮の数から推定されたもので，被食者と捕食者の個体数の共振動は見かけ上対応しているだけという指摘もある．［MacLulich, D. A.（1937）に基づく Odum, E. P.（1971）より改変］

競争

ある生物が資源を消費・妨害して，別の生物がその資源を利用できなくなることにより生じる相互作用のことを**競争**（competition）という．資源の奪い合いの結果，資源を使えなくなった方の生物は，十分に成長できず，子孫をほとんど残せなくなったり死亡したりすることもある．競争は，種内でも種間でも起こり，ある個体が資源を浪費することにより生じる**消費型競争**（exploitation competition）と，生活空間の取り合いや化学物質の影響などの**干渉型競争**（interference competition）とに分けられている（宮下・野田 2003）．また，消費型競争は直接的な影響として，干渉型競争は間接的な影響として捉えることができる．

同種個体間では，同じ資源要求に対して何らかの制限が作用せず，すべての個体が無制限に資源を使用して，資源が急激に枯渇することもある．その結果，同種個体群では，個体あたりの資源配分が最小限度を大きく下回り，ほとんどの個体が生存できないという，共倒れ型の競争となる（第4章）．

一方，異種間では，種による競争能力の差異や資源配分の違いがあり，有利な種だけが生き残るような勝ち抜き型の競争となる．なお，同種個体間でも，遺伝的な差異により個体の競争能力に違いが生じることや，資源の偶然な片寄りにより，個体あたりの資源配分が平等でない場合もある．

共生

2種以上の生物種が同じ空間に生活し，いずれの生物も害を被ることなく，互いにまたは一方のみに何らかの利益があるときの関係を**共生**（symbiosis [*1]）という．この共生関係は，生態的なプロセスとしては認識できる概念であるが，一般には，そのメカニズムを理解することは難しい．

共生には，双方の種が利益を得る**相利共生**（mutualism）と，一方のみ利益を得て他方は利益も害もない**片利**（へんり）**共生**（commensalism）がある．共生関係には，マメ科植物とその根に**根粒**（root nodule）という状態をつくる細菌の例

＊1　symbiosis という意味の共生は，狭義には相利共生のみのことを指すが，広義としては寄生関係まで含める場合もある．

がある．これらの細菌類は，**根粒菌**（leguminous bacteria）と呼ばれ，植物の根毛の組織に形成した根粒内で宿主である植物から根を通して光合成産物を得ながら，自らは大気中の窒素からアンモニウムイオン（NH_4^+）を生成する．宿主の植物は，これを窒素源として様々なアミノ酸を合成することができる．そのため，これらの細菌類を**窒素固定細菌**（nitrogen-fixation bacteria）とも呼ぶ．マメ科だけではなく，ハンノキ属やグミ属などの木本植物は，根粒を形成することにより，土壌中のアンモニウムイオンや硝酸イオン（NO_3^-）などの無機態の窒素化合物が極めて少ない荒れた場所でも生育できる．

また，多くの植物の根には，**菌根菌**（mycorrhizal fungi）と呼ばれる菌類（糸状菌）が，共生している場合がある．この菌根菌が侵入して形成される構造を**菌根**（mycorrhiza）という．菌根は，共生の形態から根の内部に侵入する**内生菌根**（endomycorrhiza）と，根の表面を覆う**外生菌根**（ectomycorrhiza）に大別される．現在，これらの菌類として，地球上で150種程度の種数が知られており，陸上植物の約7割の属に菌根菌が共生しているとされている．菌根菌は，土壌中の栄養塩類や水分を植物に渡し，自らは植物から光合成産物を得ている．

さらに，無脊椎動物であるサンゴと単細胞藻類である褐虫藻との共生は，植物と根粒菌や菌根菌との関係と同様に，独立栄養生物から従属栄養生物への光合成産物の提供を通して成り立っている．

5.3 生態系の概念

生態系とバイオーム

イギリスの生態学者タンスレー（第1章）は，1935年に生物群集と環境要因の相互作用の系（つながり）として**生態系**（ecosystem）という概念を提唱した．一方，アメリカの生態学者クレメンツとシェルフォード（第1章）は，環境要因（特に立地）に関連して成立する植物群集が動物の生活をも取り込み，これらが一体となった有機的な統合体として，**バイオーム**（biome）*2 という考え方を提唱した．バイオームの概念では，動物群集という認識が確立されておらず，動物の集団は，植物群集と有機的に結びついた生物群集の枠内に存在するものであった（斎藤 1992）．すなわち，バイオームは，気候的特徴によって認識される植生（第9章）の相観とそれに影響を及ぼす動物の集団からなる生物の共同体であり，**生物群系**（**biotic formation**）ともいわれている．

なお，一般には，世界の**バイオーム型**（**biome type**）は，サンゴ礁，砂漠，サバンナ，温帯草原，熱帯多雨林などという大きな単位に分けられている（第9章）．

生態系の定義

アメリカの生態学者オダム（Eugene P. Odum, 1913-, USA）は，1971年に（Odum 1971）生態系を「**ある地域の生物のすべて（生物群集）が物理的環境と相互関係をもち，エネルギーの流れがシステム内にはっきりとした栄養段階・生物の多様性・物質の循環（生物部分と非生物部分の間の物質交代）を作り出しているようなまとまり（生態学的な系）**」（Odum 1983, 三島訳 1991）と定義して，生態系の構造だけでなく，エネルギー・物質の流れなどの生態系の機能を重視した考え方を提案した．この概念によれば，熱帯多雨林の中でも，原生林と二次林（第11章）は，異なる生態系として認識されることもある．ただし，生態系の概念が，必ずしも明確に境界のある空間を指すものではなく，生物群集と環境との関係の特徴は，様々な空間的な広がりで捉えることができる．そのため，森林生態系，草原生態系，海洋生態系，湖沼生態系などのように，バイオームの概念に近い大きな単位として用いられることもある（図5.3）．

ここでは，生態系という用語の理解のために，生態系の特徴を，以下のような2つの点に要約した（松本 2003）．

(1) 生態系は，生物的要素と非生物的要素（物理化学的環境要素）の2大要素からなり，それらには様々な要素が含まれる．

(2) 生物的要素と非生物的要素は，等しく重要であり，環境作用と環境形成作用により密接に関係する．さらに，生態系の1つの構成要素の変化は，その

＊2　クレメンツ（Clements 1916）による造語で，そのときは単に生物群集のことを指した．

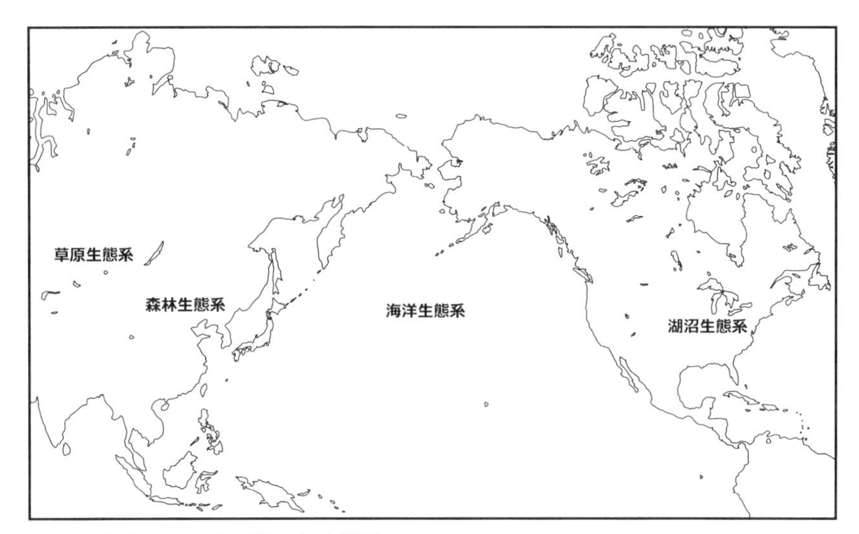

図 5.3 地球上における様々な生態系
生態系の概念には，森林生態系，草原生態系，海洋生態系，湖沼生態系という大きな単位で使用される場合もある．

影響の大小に関わらず，他の様々な構成要素の変化を導く．

生態系の構成要素

生態系を構成している生物（生物的要素）は，生産者，消費者，分解者に分けることができる（図 5.4）．**生産者**（producer）は，光や化学反応などの無機的なエネルギーを生物のエネルギーに転化するという形で，生物生産の基礎的な役割をもつ．また，生態系における生産者のことを**一次生産者**（第 8 章）といい，光合成を行う緑色植物や化学合成細菌などの炭素同化作用を営む，独立栄養生物（第 3 章）がこれに含まれる．

消費者（consumer）は，他の生物により生産された有機物を栄養源として摂取して，自らに必要な有機物質に作り替える従属栄養生物である．消費者には，一次生産者に依存して生活する**一次消費者**，および，一次消費者に依存する**二次消費者**などの**高次消費者**がある．一次消費者には，植物を食する植食動物，死んだ植物体に依存する腐生生物，植物体に共生する寄生生物が含まれる．また，高次の消費者には，動物を食べる肉食動物，動物の死体に依存する

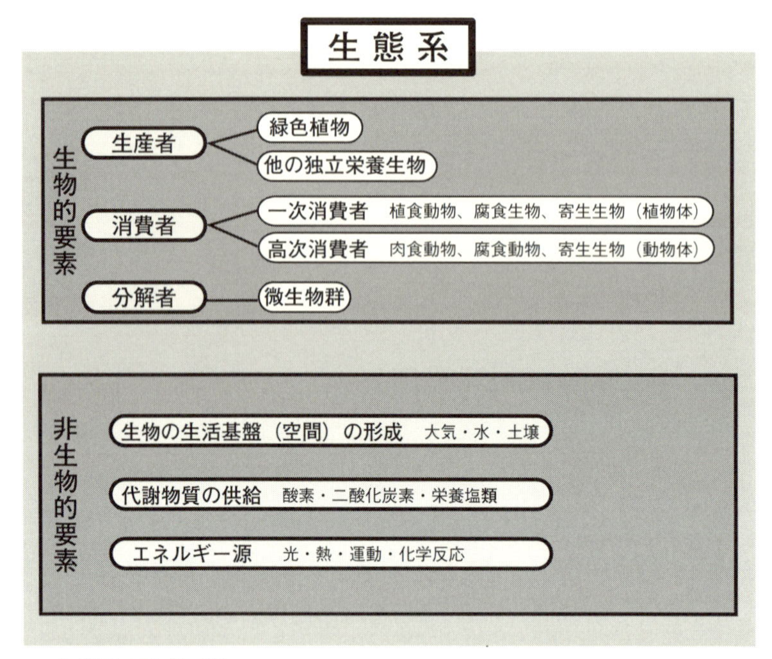

図 5.4　生態系の構成要素
生態系は，生物的要素と非生物的要素（物理化学的環境要素）から成り立っている．生物的要素は，生産者・消費者・分解者から構成される．また，非生物的要素は，生物の生活基盤形成に係わる環境，代謝物質の供給に関する環境，エネルギー源に関係する環境に分けることができる．

腐食動物，動物体に寄生する生物が含まれる．

分解者（decomposer）は，生物の死体やその分解途中の中間生成物を分解して生活するバクテリアや菌類などの微生物群である．分解者は，有機物を完全に無機化して，生態系内の他の生物が窒素化合物の合成に利用できる形に戻す役割を担っている．

生態系における生物に影響を及ぼす環境（非生物的要素）は，生物の生活基盤（空間）の形成，代謝物質の供給，エネルギー源に分けることができる（図5.4）．生物の生活基盤の形成に関わる環境には大気・水・土壌などがある．生物の代謝物質として必要な環境には，酸素・二酸化炭素・栄養塩類などがある．エネルギー源には，光や熱のエネルギーだけでなく，運動・移動や化学反応などから発生するエネルギーも含まれる．

一般に，様々な生物的要素や非生物的要素から形成される生態系の構造は，非常に複雑で多様である．そこで，生態系の構造を理解するためには，生態系内での生物種間のつながりを表す**食物連鎖**や，食物連鎖の各段階の生物の数や量を表す**生態ピラミッド**がよく用いられる．

5.4 食物連鎖と生態系の安定性

食物連鎖と食物網

生態系内では，独立栄養生物（一次生産者）により生産された有機物は，植食動物などの一次消費者に取り入れられ，さらに，肉食動物などの二次・三次の高次の消費者や分解者などに送られる．この有機物の一連の流れを**食物連鎖**（food chain）といい，生態系のなかで食うもの（捕食）と食われるもの（被食）の関係が成り立っている．食物連鎖は，異なる栄養源を利用する生物が位置する，それぞれの段階から構成されており，これを**栄養段階**（trophic level）という．食物連鎖が始まる段階が，緑色植物のような生きた独立栄養生物の場合には**生食連鎖**（grazing food chain）といい，落葉や死骸などを餌にする生物の場合には**腐食連鎖**（detritus food chain）という．また，普通は身体の大きい生物が小さな獲物を捕食するが，寄生関係のように身体や個体数が逆になっている場合があり，前者を捕食連鎖，後者を寄生連鎖という．

生態系における捕食者と被食者との連鎖は，1 対 1 というような単純な関係だけではなく，その連鎖の中に別の連鎖の捕食者や被食者も結びついている．このような複雑に絡み合った状態にある食物連鎖の全体を**食物網**（food web）といい，食物網の構造は，生態系の安定性とも関係している（図 5.5）．最下位の栄養段階に位置する緑色植物の種類が少ない場合や，最上位の肉食者の種類が限られる場合，捕食関係が特殊化した場合などは，不安定な構造の生態系である．一方，複雑な栄養段階が存在し，様々な栄養段階の生物種と相互に連鎖した食物網をもつ生態系の構造は，より安定であるとされている（Wilson, Bossert 1977）．

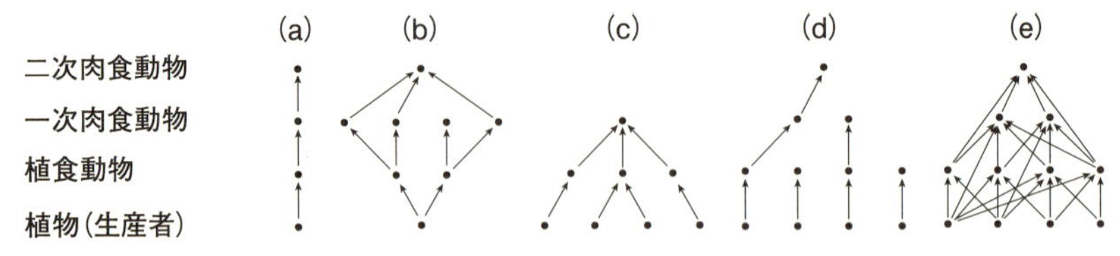

図 5.5　様々な食物連鎖による食物網の構造と生態系の安定性
生態系における食物網の構造には，(a) 最も単純な場合，(b) 植物の種類が少ない場合，(c) 肉食動物の種類が少ない場合，(d) 極端に特殊化した食性の種から構成される場合，(e) 広食性 (雑食性) の種から構成される場合などがある．これらの中で最も安定な食物網の構造は，各栄養段階における種数が多く，複雑な連鎖の結合関係がある (e) の場合であるとされる．[Wilson, E. O., Bossert, W. H. (1977) より改変]

生態ピラミッド

生態系の栄養段階を構成する生物の物質量を下位から高次に積み上げていくと，上位になるにつれて生物の物質量が減少する (図 5.6)．生物の物質量とは，例えば，個体数・生物体量・生産力などのことで，それらの量を栄養段階ごとに表した図を**生態ピラミッド (ecological pyramid)**，あるいは，**群集ピラミッド (community pyramid)** という (Whittaker 1979)．なお，当初は，**栄養ピラミッド (trophic pyramid)** とも呼ばれていた (Whittaker 1961)．一方，生態系における栄養構造が，ピラミッド型にならない場合もある．海洋では，一次生産者の数量や生産力が一次消費者より小さいクリスマスツリー型の栄養構造になる．海洋の生物群集では，栄養段階が上がるごとに，体サイズが極端に大きくなり，また，1世代時間が長くなるために，高次の栄養段階における生物の物質量が下位に比べてかなり大きくなる場合がある．

栄養段階の上昇に伴うエネルギーの生態系内での流れは，太陽エネルギーをスタートとして，呼吸による熱エネルギーとして消えるまでの過程である．植物群集の上部に届く太陽エネルギーは，大気圏外側の 50%ほどで，その 10～20%は植物の表面で反射される．残りのエネルギーのうちの 95%以上が，植物体に吸収されるが，そのうちの 80%は，植物の水分蒸発にともなう熱放散として失われる．そのため，植物に降り注ぐ太陽エネルギーのうち，光合成に用いられるのは，わずか数%にしかすぎない (斎藤 1992)．また，植物体など

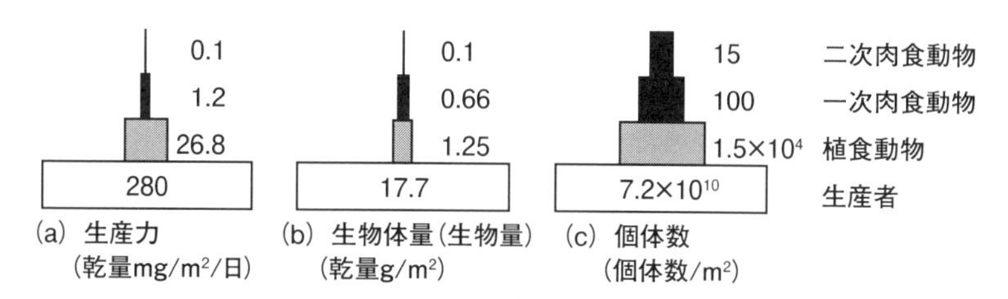

図 5.6 栄養物質に乏しい，浅い実験池における生態ピラミッド
生態系の食物連鎖に沿った各栄養段階における生物の（a）生産力や，（b）生物体量，（c）個体数を，低次の栄養段階から順に積み上げていくと，その形は一般にピラミッド型になる．また，（a）を生産力ピラミッド，（b）を生物量ピラミッド，（c）を個体数ピラミッドともいう．［Whittaker, R. H.（1961）のデータを基にした Whittaker, R. H.（1979）より改変］

の下位の栄養段階に蓄積されたエネルギーは，生物の物質量と同様に，生態系内の高次の栄養段階になるほど小さくなり，上位の生物体に吸収されるエネルギーの割合は，ほんの一部にすぎない．各栄養段階で利用されたエネルギーは，最終的には熱エネルギーとして生態系外に放出される．そのため，生態系内におけるエネルギーの流れは，物質のように生態系内を循環（第8章）するわけではない．

キーストーン種とアンブレラ種

生態系のバランスに影響を及ぼす，構成要素（生物的要素）や食物連鎖の変化の例には，キーストーン種，あるいは，アンブレラ種と呼ばれる生物種の絶滅や，生態系の間接効果という現象がある．**キーストーン種**（**keystone species**）とは，生物の物質量としてはわずかであっても，生態系の維持に欠かせない，要石となっている生物種のことである（Paine 1969；Power *et al.* 1996）．この生物種を失うと，生態系のしくみが大きく変質することがあり，キーストーン種としての北アメリカのラッコの例が知られている（図5.7）．

また，**アンブレラ種**（**umbrella species**）とは，その生物が生存するために，広い生息域を必要とする種で，生態系の最高位に位置し，傘を広げたように，その下位にある多くの生物と相互関係にある生物種のことである（Roberge, Angelstam 2004）．森林や草原などの生態系内で頂点にいるクマやトラ，オオカミなどがその例である．これらの生物種の存在を維持することが，その生物を頂点とする生態系を保障することになる．

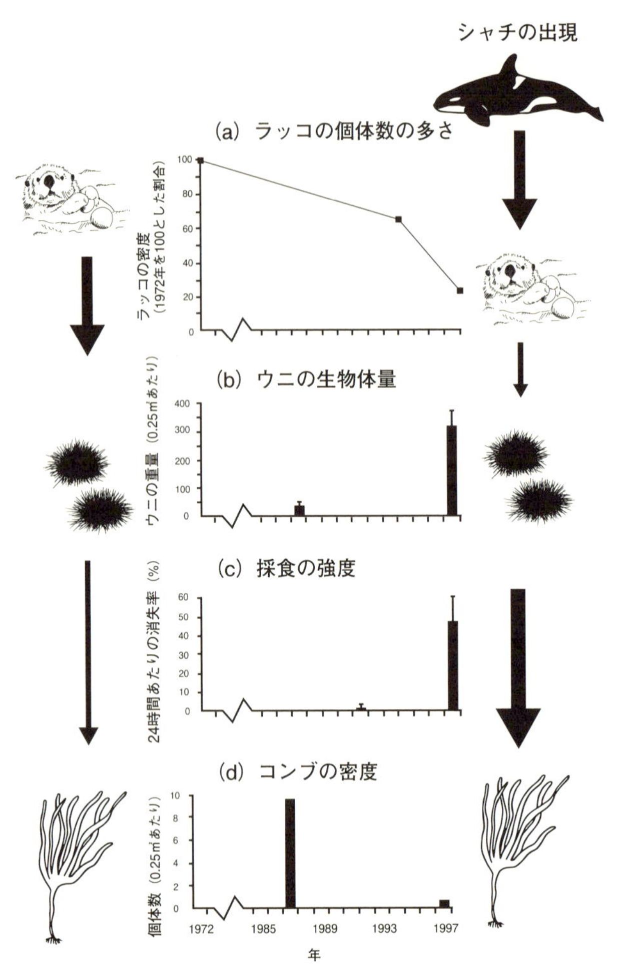

図 5.7　北太平洋におけるラッコの生態系内でのキーストーン種としての役割

この図は，1972 年から 1997 年において，アリューシャン列島での（a）ラッコ（sea otter）の個体数の変化と（b）それに同調して起こったウニ（sea urchin）の生物体量，さらに，（c）コンブ（kelp）群落で測定されたウニによる採食の強度と（d）コンブの密度を表している．グラフの右と左の絵は，その変化について説明したもので，左は，ラッコの個体数が減少する前に，どのようにコンブ群落が維持されていたかを，右は，生態系の頂点に立つ捕食者のシャチ（killer whale）の出現により，コンブ群落がどのように変化したかを描いている．太い矢印は強い捕食または被食の影響を，細い矢印は弱い捕食または被食の影響を表す．ラッコの個体数が減少したことによりウニが大発生してコンブ群落が消失したことから，これは，ある種がその属する生態系の維持に大きく影響を及ぼすというキーストーン種の例を示している．［Estes, J. A. *et al.*（1998）より改変］

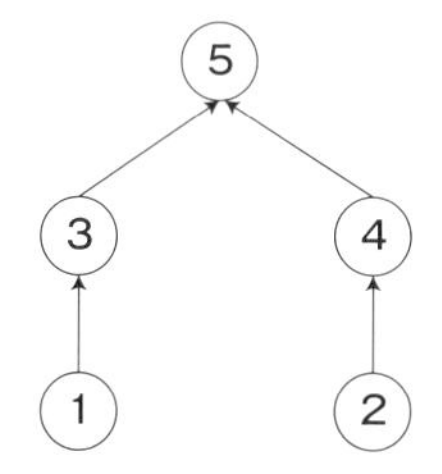

図 5.8　生態系内の間接効果について示した食物網の例
図内の数字は架空の生物種を表し，矢印の方向が捕食作用（矢印の始点にある被食者が終点にある捕食者に食べられる）を示す．この図から，種 1 の個体数の増減が，種 2 の個体数の増減に間接的に影響を及ぼすことが説明できる．[松田裕之（2000）より改変]

生態系における食物網の間接効果

生態系内においては，直接的に関係のない生物どうしでも，第 3 者を介して相互作用があり，無関係ではなく，必ず，食物網での間接効果が生じる．

図 5.8 の例においては（松田 2000），種①と種②の間には直接的な関係はないが，種①の個体数の増減は，食物連鎖を通して種②の個体数の増減に間接的な影響を及ぼす．例えば，種①が増えると，その唯一の捕食者である種③が増え，さらに，その捕食者である種⑤も増える．種⑤が増えると，その被食者である種④が減少し，さらに，その被食者の種②は，捕食圧が低下して個体数が増加する．なお，この例では，種①が減少した場合でも種②の個体数は増加する．このように，ある栄養段階での相互作用が，他の栄養段階の相互作用に次々と影響を及ぼすことを**カスケード効果**（cascade effect）といい，この間接的な相互関係のある食物網を，**栄養カスケード**（trophic cascade）という．また，上位の栄養段階における生物の変動が下位の生物に与える影響をトップダウン効果，逆に，下位の栄養段階の生物により上位の生物が影響を受けることをボトムアップ効果という（宮下・野田 2003）．

第6章

種間競争と種の共存

6.1　種間競争のモデル

ロトカ・ヴォルテラの競争モデル

同一の資源を利用する2種の個体群が，同じ空間内で生活する場合，各個体群の成長過程は，種間競争を含んだ関係式により表すことができる（式6.1と6.2）．この種間競争の関係式は，個体群成長のロジスティック方程式（第4章）を2種の個体群に拡張したもので，**ロトカ・ヴォルテラの競争モデル**（Lotka-Volterra equations）と呼ばれている．この数理モデルは，1925年にアメリカ合衆国のロトカ（Alfred J. Lotka, 1880-1949）と1926年にイタリアのヴォルテラ（Vito Volterra, 1860-1940）により別々に提唱された種間競争の最も基本的な関係式である．

$$\frac{dN_1}{dt} = r_1N_1\left(\frac{K_1-N_1-\alpha N_2}{K_1}\right) \quad \cdots\cdots\cdot (6.1)$$

$$\frac{dN_2}{dt} = r_2N_2\left(\frac{K_2-N_2-\beta N_1}{K_2}\right) \quad \cdots\cdots\cdot (6.2)$$

ここで，N_1とN_2はそれぞれ種1と種2の個体群密度，r_1とr_2はそれぞれ種1と種2の内的自然増加率，K_1とK_2はそれぞれの環境収容力，tは時間である．また，αとβは**競争係数**（competition coefficient）といい，他種の1個体の密度効果が，その種の1個体の密度効果と比較して，どれくらい大きいか，または，小さいかを指す係数である．この係数が1より大きい場合には，他種の競争効果が強いことを表す．また，1個体の密度効果が，種内でも種間でも同じ場合には，どちらの係数も1となる．

同一資源を必要とする2種の生物が，同一閉鎖空間において，増殖を続けると，時間の経過とともに，どちらの個体群も，密度効果の影響を受けて，いずれ個体群密度は飽和状態に達する．どちらの種の個体数も，増加しない，あるいは，減少しない平衡状態になったときが，2種間の競争による結果となる．

2種の個体群密度が飽和状態のときは，個体数の変動（個体群密度の変化速度）$\frac{dN_1}{dt}$，$\frac{dN_2}{dt}$ がどちらも0であり，式（6.1）と（6.2）から，それぞれ次の2つの関係式が導かれる．

$$K_1 - N_1 - \alpha N_2 = 0 \quad \cdots\cdots\cdot (6.3)$$

$$K_2 - N_2 - \beta N_1 = 0 \quad \cdots\cdots\cdot (6.4)$$

ここから，種1の個体群密度 N_1 および種2の個体群密度 N_2 を表す式，$N_1 = K_1 - \alpha N_2$ と $N_2 = K_2 - \beta N_1$ が，それぞれ導かれる．これらの式を，x 軸に種1の個体群密度 N_1，y 軸に種2の個体群密度 N_2 として，それぞれグラフにすると，式（6.3）は種1の個体数が増加しない，式（6.4）は種2の個体数が増加しない直線的な等値線（これをゼロ等値線という）を描くことができる（図6.1）．なお，グラフの x 軸と y 軸の切片は，それぞれ以下のように求めることができる．

式（6.3）の $N_1 = 0$ となる時の N_2 の値を求めると $N_2 = K_1 / \alpha$ となり，これは y 切片の値となる．また，式（6.3）の $N_2 = 0$ となる時の N_1 の値を求めると $N_1 = K_1$ となり，これは x 切片の値となる（図6.1a）．

同様に，式（6.4）の $N_1 = 0$ となる時の N_2 の値を求めると $N_2 = K_2$ となり，これは y 切片となる．また，式（6.4）の $N_2 = 0$ となる時の N_1 の値を求めると $N_1 = K_2 / \beta$ となり，これは x 切片となる（図6.1b）．

どちらの関係においても，一方の個体数が0であるとき，他方の個体数は，x 軸または y 軸の切片の値となり，種1と種2の個体群密度は，互いに反比例の関係になる．

平衡状態と共存

種2の個体数が K_1 / α のとき種1の個体数の変化速度 $\frac{dN_1}{dt}$ が0以下ならば，種1は常に減少する（図6.1a，左方向矢印）．同様に，種1の個体数が K_2 / β

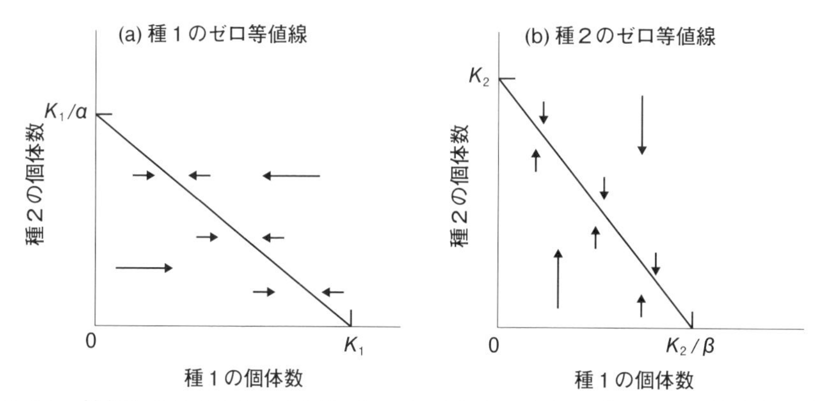

図 6.1　競争関係にある2種の個体群密度の変化とロトカ・ヴォルテラ方程式から仮定される関係

(a) は式 (6.3) から導かれる N_1 の変化速度が0になるような種1の個体群密度の変化（→または←）を，(b) は式 (6.4) から導かれる N_2 の変化速度が0になるような種2の個体群密度の変化（↑または↓）を表す．また，それぞれのグラフの直線はその種の増加率がゼロになる等値線を示す．どちらかの種の個体数の変動がゼロになると，他方の種の個体数が決まる．

のとき種2の個体数の変化速度 $\frac{dN_2}{dt}$ が0以下ならば，種2は常に減少する（図6.1b，下方向矢印）．それゆえ，種2が種1の個体数の増加を抑制することができる場合の条件は $K_1/\alpha < K_2$ となる（図6.1a 左矢印と図6.1b 上矢印）．同様に種1が種2の個体数の増加を抑制することができる場合の条件は $K_2/\beta < K_1$ となる（図6.1a 右矢印と図6.1b 下矢印）．一方，$K_1/\alpha > K_2$ あるいは $K_2/\beta > K_1$ のときはそれぞれ他方の種の個体数の増加を抑制できない条件となる．このように，2つの直線（等値線）の切片の大小関係から，次の4つの組合せの2種の平衡状態における競争の結果を示すことができる．

互いに抑制し合う $K_1/\alpha < K_2$ かつ $K_2/\beta < K_1$ の条件の時には，共存状態は不安定であるために，どちらか一方が生き残る（図6.2d）．逆に $K_1/\alpha > K_2$ かつ $K_2/\beta > K_1$ の場合には，どちらも他方を抑制することができないので，共存状態が成り立つ（図6.2c）．$K_1/\alpha < K_2$（種1は種2に抑制される）かつ $K_2/\beta > K_1$（種1は種2を抑制できない）の条件の時には種1が絶滅し，種2が生き残る（図6.2b）．また，$K_2/\beta < K_1$（種2は種1に抑制される）かつ $K_1/\alpha > K_2$（種2は種1を抑制できない）の条件の時には種2が絶滅し，種1

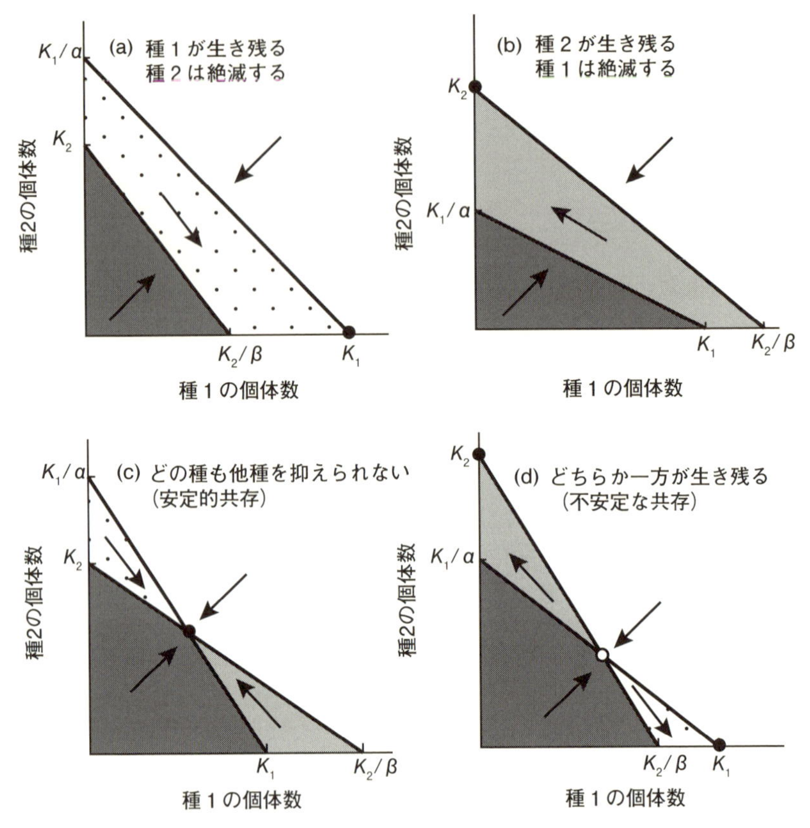

図6.2 ロトカ・ヴォルテラ方程式から仮定される2種の競争関係がもたらす4通りの結果

黒丸は安定な平衡点を，白丸は不安定な平衡点を，矢印は個体群密度の移動方向を示し，黒色で示した部分はどちらも増加する条件，点のある部分が種1のみが増加する条件，灰色の部分が種2のみ増加する条件，色のない部分はどちらも減少する条件の範囲を示す．(a) $K_2/\beta < K_1$ かつ $K_1/\alpha > K_2$ のときは種2が絶滅し，種1が生き残る．(b) $K_1/\alpha < K_2$ かつ $K_2/\beta > K_1$ のときは種1が絶滅し，種2が生き残る．(c) $K_1/\alpha > K_2$ かつ $K_2/\beta > K_1$ のときは安定な共存状態になる．(d) $K_1/\alpha < K_2$ かつ $K_2/\beta < K_1$ のときは不安定な共存状態を少しでも外れると，最終的にはどちらか一方のみが生き残る．[Krebs, C. J. (2001) より改変]

が生き残る（図6.2a）．

なお，ここで示したロトカ・ヴォルテラの競争モデルは2種間の競争関係の理論的な説明であり，その後，ゾウリムシなどを使った実験的な研究により，このモデルの検証が行われている（次節）.

種間競争と種内競争

ロトカ・ヴォルテラの競争モデルが示す2種間の競争効果は，どの場合でも平衡状態に収束する方向に作用する．しかし，先に示したように，2種が共存する平衡状態には，安定な場合と不安定な場合がある．

図6.2dでは，$K_2 > K_1/\alpha$ かつ $K_1 > K_2/\beta$ である時，すなわち $\alpha K_2 > K_1$ かつ $\beta K_1 > K_2$ の状態では，両種とも自種に対する個体群密度を抑制する効果よりも他種に対して強く競争効果を及ぼす．つまり，この場合は，両種とも，自種個体間よりも他種個体間と強く競争している．

一方，図6.2cの $K_1/\alpha > K_2$ かつ $K_2/\beta > K_1$ である時，すなわち $K_1 > \alpha K_2$ かつ $K_2 > \beta K_1$ の状態では，他種から受ける競争効果が，自種を抑制する競争効果より弱いために，互いに自種の個体群密度が平衡になる状態で収束する．

これらの違いは，種間競争と種内競争の相対的な強さに関係する．種間競争が種内競争より重要な場合には，競争の結果は，初期密度の違いにより決まり，不安定な平衡状態になる．一方，種内競争が種間競争より重要な場合には，どちらの個体数も安定点に収束する．したがって，ここから，「種内競争に比べて種間競争が，弱い時には2種は共存できるが，極めて強い時には共存できない」ということができる．

ティルマンの競争モデル

ロトカ・ヴォルテラの競争モデルは，2種の個体群密度の平衡状態から競争の結果を表したもので，種間競争のメカニズムを十分に説明していない．また，動物では，様々な種類の餌資源を潜在的に利用できるが，植物では，光・水・栄養塩類という必須な資源が共通しており，植物個体群の種間競争と共存のメカニズムを説明することは，ロトカ・ヴォルテラの競争モデルでは難しいと考えられてきた．

ティルマン（David Tilman, 1949-, USA）は，植物種による2つの資源の利用率が異なることに注目して，種間競争のメカニズムを説明するモデルを提唱した（Tilman 1982）.

このティルマンの競争モデルでは，植物種が必要とする2つの資源を2軸に表すと，どちらかの資源が少ない時には，植物が成長できず，個体群密度は減少し，どちらの資源も多い時には，植物の成長速度が大きくなり，個体群密度は増加する．植物成長量の増加と減少の境界である純成長速度が変化しないゼロ等値線をグラフに示すと，ここから個体群を維持できる資源の供給量が決定できる（図6.3）．また，植物の成長による各資源の消費量を，左下方向へのベクトル（これを資源消費ベクトルという）の傾きで表すことにより，それぞれの資源の利用可能量が決まる．

同じ2つの資源を競争する2種のゼロ等値線が交差せず，どちらかの種のゼロ等値線が，一方の種の2つの資源のゼロ等値線より大きいときには，一種のみが生き残る（図6.4aとb）．一方，2種におけるゼロ成長線が交差するときには，2種の共存可能な条件は，資源の状態により異なる（図6.4cとd）．さらに，2種の資源消費ベクトルの傾きの違いにより，安定平衡になるか不安定平衡になるかが決まる．

一方の種が，他方の種より，自らを制限する一方の資源をより速く消費する場合（図6.4c）で，2種の資源利用ベクトルで囲まれた条件では，利用可能な

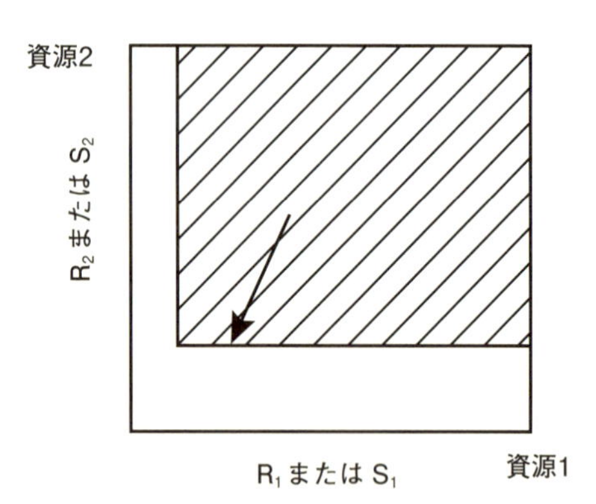

図6.3　2つの資源利用の変動に対する植物の増加量の変化
R_1，R_2は，ある種による2つの資源の消費量に伴う資源利用可能量，S_1，S_2は，生育環境におけるそれぞれの資源の全供給量である．植物の利用による2つの資源量の変動に伴い，斜線の領域では，植物の量は増加し，白色の領域では減少することを示す．また，図中の矢印は，2つの資源の消費ベクトルを示す．この場合は，横軸の資源1より，縦軸の資源2の消費速度が大きい．［Tilman, D. (1982) より改変］

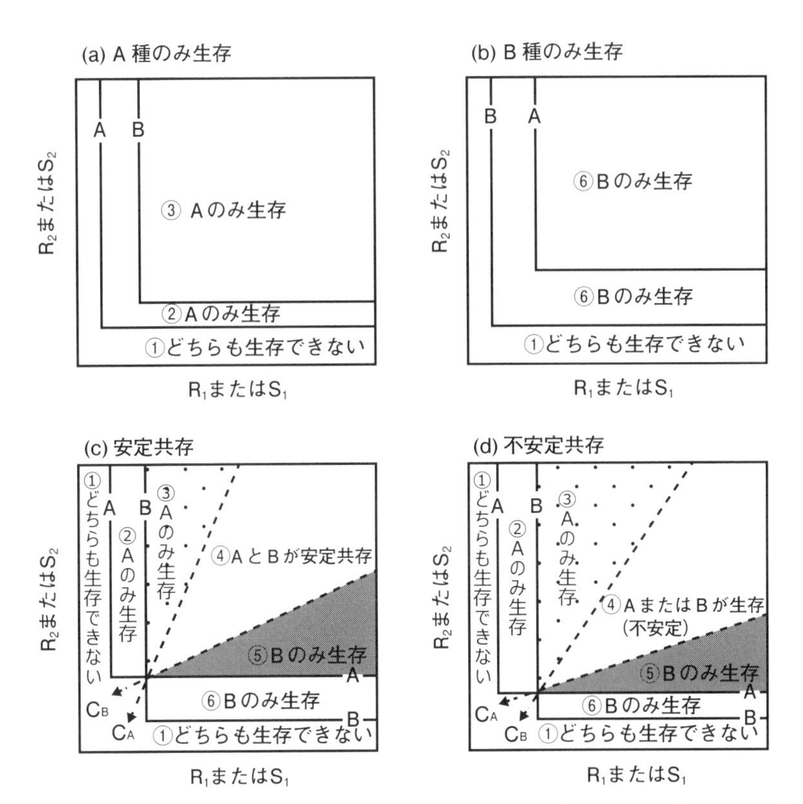

図 6.4 2つの資源の消費と供給から説明した2種間の競争と共存に関する4通りの結果

図中で S_1, S_2 はある生育環境における資源1, 2(例えば, 光や土壌中窒素)の全供給量である. R_1, R_2 はそれぞれの資源の利用可能量である. AおよびBの線は, 種Aおよび Bの純成長速度が0になるようなアイソクライン(資源量の関数として表現したゼロ等値線)である. これらのアイソクラインと種Aと種Bの資源消費ベクトル C_A, C_B の位置関係からそれぞれの領域での2種の競争の結果が決まる.

(a) 種A, B単独ではともに生存できるような資源量のすべての場所において, 双方の資源に関して種Aは優勢な競争者である. この場合, この2種は共存できず, 種Aが必ず種Bを排除する. (b) 種Bが優勢な競争者であり, 種Aを排除する. (c) アイソクラインは2種の平衡点で交わる. 2種の資源消費ベクトルとこれらのアイソクラインの関係で, 種Aだけが生き残るか, 種Bだけが生き残るか, 2種が共存するかの条件が決まる. それぞれの生育場所は2種類の資源供給量(S_1, S_2)の座標点で表されている. それぞれの領域での競争の結果が図の中に示されている. この場合, 平衡点は安定である. (d) 資源消費ベクトルはcの場合と逆転している. この場合, 2種の平衡点は不安定である. この領域では初期条件に依存して, 2種のうちどちらかが最終的に生き残るかが決まる. [Tilman, D. (1988) を基にした原 登志彦 (1995) より改変]

資源量が平衡点に移動して，2種の安定な共存が可能となる．これは，ロトカ・ヴォルテラの競争モデルによる「種内競争のほうが種間競争より強い状態」という共存の条件と同じである（宮下・野田 2003）．

一方，図 6.4c と図 6.4d の③の領域では，両種における2つの資源の消費により，資源利用可能量が②の領域に向かうので，A 種だけが生き残る．同様に，⑤の領域では，資源利用可能量が⑥の領域に向かうので B 種のみが生き残る．

このようにティルマンのモデルは，資源の消費速度の種間での違いと利用可能な資源量から，植物群集における2種の共存のメカニズムを示している．しかし，実際には，自然界における多種の共存には，より複雑な現象があることが知られている（本章第3節，第12章）．

6.2　種間競争の実例

ガウゼの種間競争の実験

ロトカ・ヴォルテラの競争モデルを最初に実験的に検証したのは，ロシアの生態学者ガウゼ（Georgii F. Gause, 1910-1986）による研究である（Gause 1934）．彼は，原生生物のゾウリムシ属（*Paramecium*）3種を使った室内での実験から，個体群の成長過程や種間競争の存在を検証した（図 6.5）．

この実験では，どの種も，単独では，試験管内の培養液中で十分に増殖し，それらの個体群成長の過程は，一定の環境収容力までの個体群密度に達するというロジスティック曲線によく合うパターンを示した．

次に，ゾウリムシ（*P. caudatum*）とヒメゾウリムシ（*P. aurelia*）の2種を混合して飼育すると，ゾウリムシの増殖は，ロジスティック成長を示さず，結果的に，ゾウリムシは絶滅という程度まで減少した．これとは対照的に，ゾウリムシとミドリゾウリムシ（*P. bursaria*）を一緒に培養すると，単独で飼育した場合に比べて，それぞれ個体群密度は低下したものの，両種とも絶滅するほどは減少せず，この条件における環境収容力の個体群密度で共存することができた．これら2種が競争関係にありながら共存できた理由としては，次の

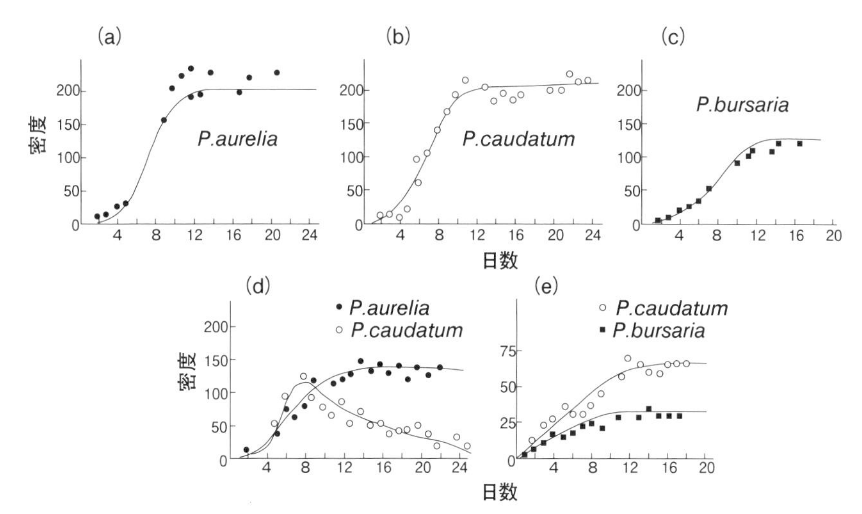

図 6.5　ガウゼによるゾウリムシ属（*Paramecium*）3 種の種間競争の実験結果
(a)，(b)，(c) は，ゾウリムシ属の *P. aurelia*，*P. caudatum*，*P. bursaria* を，それぞれ培養液中で単独で飼育した場合の個体群密度の増加を示す．(d) は，*P. aurelia* と *P. caudatum* を混合して飼育した場合には，*P. aurelia* の個体群密度は飽和状態まで増加したが，*P. caudatum* の個体群は絶滅したことを示している，(e) は，*P. caudatum* と *P. bursaria* を混合して飼育させた場合には，単独で飼育したときよりどちらも低密度であるが飽和状態まで増加して，2 種が共存したことを示している．［Gause, G. F. (1934) を基にした Begon, M. *et al*. (2003) より改変］

ように考えられている．ゾウリムシは培養液中に浮遊するバクテリアを主に食べる傾向にあり，ミドリゾウリムシは試験管の底の酵母菌を主に摂食していた．つまり，これらの 2 種間では，餌資源をめぐる競争が弱かったことが 2 種の共存を可能にし，この実験の結果は，ロトカ・ヴォルテラの競争モデルの説明と一致していた．また，ガウゼは，この実験結果から，「生態的に類似した 2 種は同じ場所では共存できない」という**競争排除則**（competitive exclusion principle）を唱えた．

自然界における種間競争とその証拠

ガウゼの実験では，環境条件が少しでも異なると，先ほどの結果は得られなかったが，この実験結果は，餌資源が同じであると種間競争が生じることや，生息場所が異なると種間競争が弱まることを示した重要な証拠であった．

一方，自然界では，2つの種の分布パターンが異なるだけでは，競争排除則が働いている証拠とはならないことが指摘されている（伊藤ほか 1992）．種間競争の存在を明確にするためには，「種間の分布の違い」や「資源利用の重複」に加えて，「ある種の資源利用により他種の資源が減少する」，さらに「それにより他種の個体群に負の影響を与える」という直接的な根拠が示されなければならない（Wiens 1989）．現在では，野外における操作実験などから，様々な生物群集において，種間競争が広く存在することが明らかになっている（宮下・野田 2003）．

6.3　生態的地位と種の共存

生態的地位の概念

生物群集は，多様な種から構成されており，生活に必要な資源が類似した種間では，様々な相互作用が起こる．種間競争が激しい場合には，それぞれの種は，互いに同じ群集内では共存することは難しいかもしれない．そのため，どのような場合であるなら，自然界において，多種が共存できるかを説明することは，生態学の最も中心的な話題となってきた．

ある種が必要とする様々な資源の全体から，その種の属する生物群集内での位置を示す概念に**生態的地位**（**ecological niche**）*1 という用語がある．この生態的地位は，単に**ニッチ**と呼ばれ，この概念の説明として，ハッチンソン（George Evelyn Hutchinson, 1903-91, イギリス）に従ったニッチの模式図がある（図 6.6）．ハッチンソン（Hutchinson 1957）は，ニッチを「生物に影響するすべての環境要因を軸とする多次元空間のなかに占める特定の領域」と定義した（宮下・野田 2003）．ニッチは，決して目に見えるようなものではないが，ある種が生存のために必要とする資源のひとつひとつの条件をニッチ軸で

＊1　生態的地位 ecological niche は，生態学の用語として古くから使用されていたが，エルトンの 1927 年の著書『動物の生態学』の中で，ニッチを生物群集の中での動物の果たす役割を指す用語として，「生物的環境におけるそれぞれの位置，すなわち，その種の餌と天敵に関する諸関係」と明確に定義された．その後，このエルトンの考え方が現在のニッチの基本的な概念になった（安田 2003）．

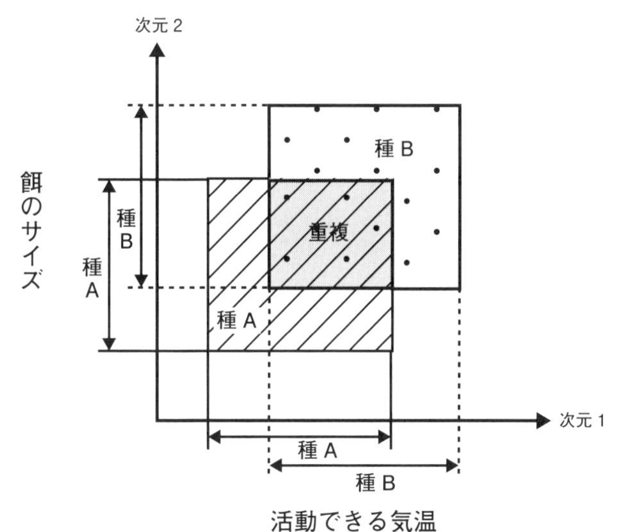

図 6.6　2 次元空間におけるニッチの概念を表す模式図
活動できる気温と餌のサイズという 2 つの資源軸により規定される空間での 2 種のニッチを模式化すると，斜線の部分が種 A の基本ニッチを，点のある部分が種 B の基本ニッチを示し，斜線と点のある部分が 2 種の基本ニッチが重複する領域である．この重複した部分を 2 種間でどのように分割するかにより互いの実現ニッチの領域が決まる．［伊藤嘉昭ほか（1992）より改変］

表すことができる．また，この多次元空間における種間のニッチの重複程度は，競争関係の大きさを示している．つまり，互いのニッチの重なりが大きい種間では競争が激しく，共存は困難であるとされている．

基本ニッチと実現ニッチ

ある生物の生存に適している環境条件が，すべて備わっている場所において，競争種や捕食者がいなければ，その種は，潜在的に大きなニッチを持つ．しかし，その種が他種から負の相互作用を受けている時には，その種の使用できる資源が制限され，潜在的なニッチが十分に表現されていない場合がある．そのため，ニッチは，固定的なものではなく，競争者の存在により変わるものであり，次のように区別されている．

ある種において他種の競争者がいない場合のニッチを**基本ニッチ**（fundamental niche）という．一方，競争者の存在下で，その種が存続できる環境条件の範囲を示したものを**実現ニッチ**（**realized niche**）という．（図6.6）．ハッチンソンは，競争関係にあるにも関わらず，共存している種間では，実現ニッチはほとんど重ならないと考えた．一方，ニッチの重複程度が大きいと，競争関係にある種は共存できないという考え方を，**ニッチ類似限界説**（**limiting similarity of niche**）という（MacArthur, Levins 1967）．

ニッチとすみわけ

種間競争が存在すると，基本ニッチのなかに生存や繁殖ができない部分が生じ，基本ニッチのその部分が欠落して，実現ニッチが生じる．また，競争の弱い種は，競争の強い種に資源を完全に奪われると，実現ニッチを失うことになる．一方，ガウゼの実験で見られた2種類のゾウリムシが共存した場合，一方のゾウリムシと他方のゾウリムシの実現ニッチは重複していないか，または，互いの資源が分割されていた（2種間の資源利用の方法が異なる）．一般に，競争種のニッチが異なることを，“ニッチが分化している”という*2.

しかし，競争する種が，ある時点で共存している時，過去に実現ニッチを持てなかった別の種の消滅の結果として，あるいは，互いの競争による進化的な効果として，共存が成り立っているかもしれない．

例えば，**すみわけ**をしている生物において，競争しながら共存している場合にはニッチが分化していると考えられるが，必ずしも，すみわけしている種が競争関係にあるとは限らない．ニッチが分化しているならば，一方の種の不在によって，他方の種のニッチが変化するという現象が見られる．

なお，食べ物の種類を違えることで共存している場合は，これを**食いわけ**という．北海道の標津川における，生活様式がよく似た近縁のイワナ類3種の同じ生息場所における食性の違いは，食いわけによる共存の例である．

ニッチ分化と共存

ニッチ分化には，競争種の特異的な資源利用の違いによる，資源の分割があ

＊2　ニッチの分化という概念の表現には，ニッチ分化（niche segregation：生物学辞典）やニッチ分割（niche partitioning：生態学事典）がある．また，英語では niche differentiation（Begon *et al.* 2003）という場合もある．

る．生息場所・餌・時間はニッチの主要な軸とされ，特に生物にとって，生息場所という空間は食物や時間より様々な役割をもっている．そのため，これらのニッチ軸のなかで，生息場所が最も頻繁に分割されやすいとされている．そのような現象を**ニッチの圧縮**（niche compression）といい，新たな種の侵入によって，餌の種類には変化がなくても，生息場所の範囲が狭められることがある（宮下・野田 2003）．

また，共存する競争種間では，ある次元のニッチでの重複が大きいと，別の次元でのニッチの重複が小さくなることがある．この現象を**ニッチ次元の相補性**（niche complementarity）という．例えば，2 種類のアノールトカゲ（*Anolis*）の生息場所の重複度と餌の重複度との関係には，負の相関があった（Schoener 1974）．また，7 種類のマガモ（*Anas*）の生息場所の重複度と餌の重複度の関係には，餌の乏しい冬季では負の相関が見られたが，餌が豊富な夏季にはそのような関連性はなかった（DuBowy 1988）．これらの事実は，餌をめぐる競争種の共存には，ニッチ次元の相補性が必要であったことを示している．

ニッチの類似限界説によれば，競争種の共存を可能にするためには，種間でニッチがある程度以上異なる必要がある．野外において，これを実証するためには，潜在的な競争種がいる場合といない場合で，それぞれの種のニッチに違いがあることを示す必要がある．このニッチの変化の証拠には，次のニッチ転移と形質置換という現象がある．

競争者からの解放

競争種との同所的分布と異所的分布における生息域の差異は，競争者の不在による互いの種のニッチの変化を説明しているかもしれない．つまり，一方の種が単独で存在するときの基本ニッチが，他種との同所的分布により，実現ニッチに変化しているならば，互いの生息域の分布は，種間競争作用の結果であると推測できる．この生息域の違いから，種間競争の証拠の可能性を示唆する現象を，**ニッチ転移**（niche shift）または**ニッチ拡大**（niche expansion）という．

ニューギニア島の 3 つの山における 2 種類のミツスイ（*Ptiloprora*）の標高別の分布（Diamond 1973）は，競争者がいる場合といない場合では異なっている（図6.7）．2種のミツスイが共存している山では，標高に依存してそれぞれの生息域が分化しているが，一方の種のみしか生息しない山では，標高にかかわらず，どの場所にも生息している．これは，共存する競争者とのニッチの分化と競争者からの解放（競争者が存在しない）によるニッチの拡大を示している．ただし，この例は，他の環境条件（例えば，それぞれの鳥の住みやすい環境が異なり，単独で生息する山ではどの高度でもそれぞれが住みやすい環境であった）についても検討しなければ，種間競争によるニッチ分化の証拠であるとはいえず，この因果関係を証明するためには，野外における操作実験が必

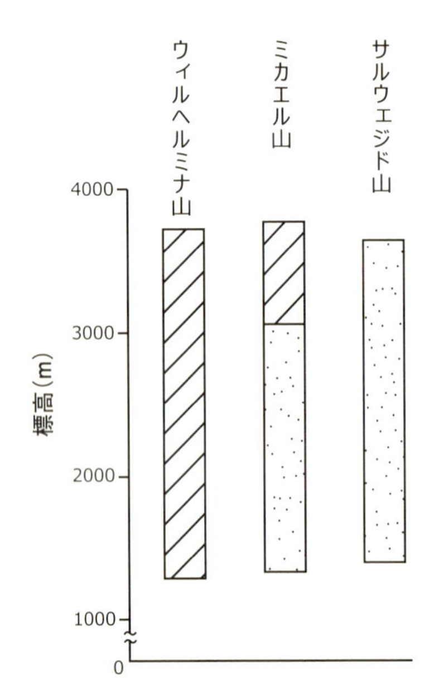

図6.7　ニューギニアの3つの山における2種類のミツスイ（*Ptiloprora*）の標高にともなう分布

斜線の部分はオオセスジミツスイ（*Ptiloprora perstriata*），点の部分はセスジミツスイ（*Ptiloprora guisei*）の分布範囲を示す．ミカエル山ではどちらの種も存在するために標高によるすみわけが見られる．ところが，ウィルヘルミナ山とサルウェジド山では，どちらかのミツスイしか分布していないので，一方の種が，他方の分布しない標高の範囲まで分布を拡大しており，この2種間には競争が存在し，両種が分布する場所ではすみわけというニッチ分化が起こっている可能性が考えられる．ただし，3つの山の生息環境がまったく同じというわけではないので，この2種のミツスイにおける競争とニッチ分化との因果関係を証明することは難しい（伊藤 1994）．［Diamond, J. M.（1973）より改変］

要である．

形質置換

近縁種による同所的な個体群の実現ニッチが，異所的な個体群とは変化して，それらの種の形質の変化をも伴う場合を，**形質置換**（**character displacement**）と呼んでいる．2種類の巻き貝（*Hydrobia*）の形態を同所的に出現した個体群と異所的に出現した個体群で比較した研究（Fenchel 1975）による

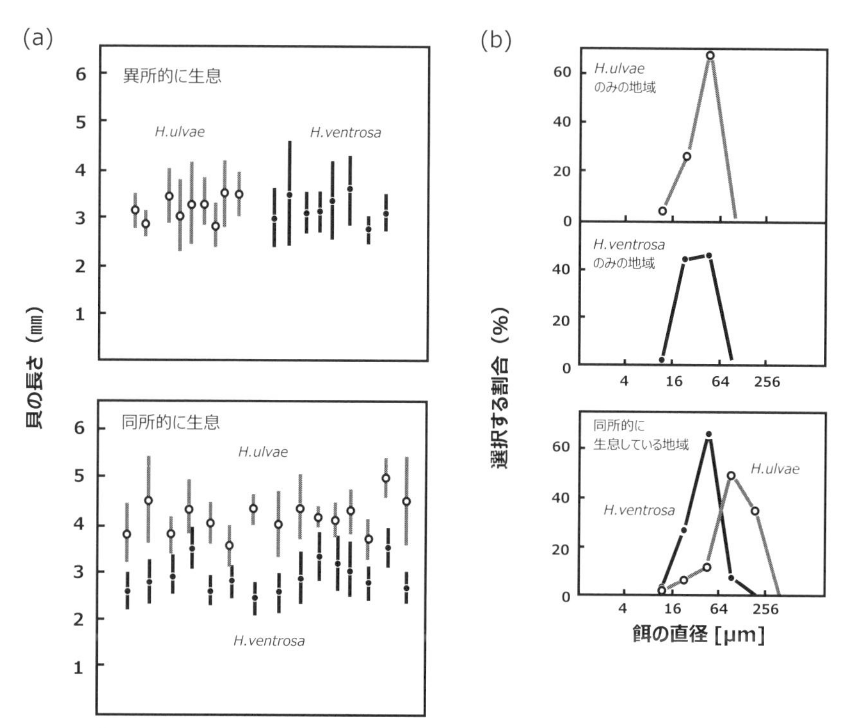

図 6.8 デンマークの河口の泥における2種類の巻き貝（*Hydrobia*）の生息状態と貝の長さおよび餌の大きさとの関係

(a) は各調査地点における貝の平均の長さ（丸印）と標準偏差（縦棒）を，(b) は選択する餌のサイズの頻度分布（%）を示す．白丸で表した *Hydrobia ulvae* と黒丸の *Hydrobia ventrosa* において，単独で生息している地域では，両種とも貝の長さや餌のサイズには差が見られないが，同所的に生息する地域では *H. ventrosa* より *H. ulvae* の方が貝の長さが大きく，また，そのような貝の長さに対応して *H. ventrosa* より *H. ulvae* の方が大きいサイズの餌を食べていることが示されており，種間競争の結果によるニッチ分化が近縁種の形質置換として現れた現象とされている（伊藤ほか 1992）．［Fenchel, T.（1975）より改変］

と，異所的な場所に出現した個体群では，2種間の貝のサイズに大きな違いはなく，同所的な個体群では一方の種の貝のサイズが大きかった（図6.8）．また，このサイズの違いは，餌の大きさにも関係していた．これは，共存する種が餌資源を分割して，互いに体のサイズを変化させた結果である．

また，競争者の存在による形質の変化を伴うニッチ分化は，種間の共進化（第7章）の結果として起こることもあり，近縁種の形質の変化が自然淘汰の結果として生じた場合のニッチ分化を，**生態的形質置換**という．

第7章

生活史の進化と多様性

7.1　生活史の進化

生活史の構成要素

生活史（life history）とは，生物個体の生存や繁殖に関する時間的な過程を指す概念であり，受精から出生・成長・生殖・死亡に至る一生の生活様式のことである．また，生物の生活史は，生物種の系統により様々である．この生活史の多様性は，温度・水・光などの無機的環境要因に対して，また，生物間相互作用が関わる複雑な有機的環境要因に対しての適応進化の結果でもある．一方で，大きな単位での分類群では，生活史の基本的なパターンが類似しており，例えば，種子植物では，開花・受粉・種子の成熟や散布という繁殖の様式や，発芽・成長・展葉・枯死という個体維持の様式から生活史の特徴を見ることができる．

個体維持努力と繁殖努力

生物は環境に適応するための様々な戦略をもっており，生活史に関する戦略を**生活史戦略**（life history strategy）という．生物種の生活史戦略は，個体の適応度を最大化する方向へと進化して形成されたものである．生物の基本的な生命活動は，個体を維持する努力と子孫を増やすための**繁殖**（reproduction）への努力の2つの要素から成り立っている（図7.1）．個体の維持に関する努力には，基礎代謝，成長，防御対策などがある．また，繁殖活動の努力には，配偶子生産・配偶者獲得や繁殖体に対する保護などがある（松本1993）．

生物にとって繁殖活動は多くの資源（時間やエネルギーなど）を必要とする

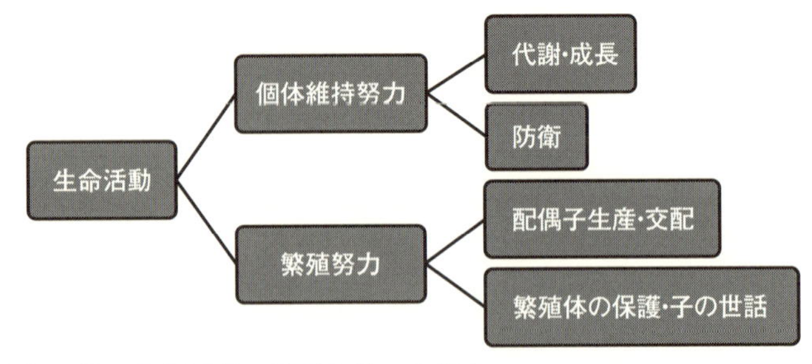

図 7.1　生物個体が生命活動に必要な様々な努力
生物の生命活動は，基本的には個体を維持する努力と子孫を増やすための繁殖努力から成り立っている．

だけでなく，自らの個体の生存のための活動を犠牲にしなければならない．個体の生存率や寿命が，繁殖によって低下するという損失を**繁殖のコスト**（cost of reproduction）という．生物が成長・生存と繁殖に資源を投資する割合は，その生物種の生活史の最も基本的な特徴を決定し，様々なパターンが存在する．それぞれの生物種は，出生・成長・繁殖・死亡のどの段階においても，様々な環境圧に耐えるための戦略を持っている．つまり，どの生物も，次世代に残す子孫に含まれる遺伝子数の指標である**適応度**を可能な限り大きくする方向に進化してきた（第2章）．そうでなければ自然淘汰により絶滅したであろう．しかし，適応度を高くすることには限界があり，様々な形質の維持とのバランスが必要となる．このように，すべての生物は，適応度を高めるためのある形質を大きく進化させると，他方の形質をある程度犠牲にしなければならない．この形質間の拮抗的な関係を**トレードオフ**（trade-off）という．

繁殖への資源の投資

出産や産卵などの繁殖への資源投資と繁殖のコストとのバランスを考えると，どのような方法でどのような子を残すかという戦略は，適応度を高めるためには重要である．そのような戦略には「大卵（子）少産と小卵（子）多産」や「1回繁殖と多回繁殖」などの例がある．

大卵（子）少産と小卵（子）多産という繁殖様式の違いは，1個体が産むことができる卵（子）の数とその大きさの間にはトレードオフが存在するという例である（図7.2）．1個体の母親が摂取することのできる栄養資源量には限りがあるので，そこから卵（子）へ投資する資源にも制約が生じる．もし，産む卵（子）の数を多くするためには，卵（子）1個体あたりの大きさを小さくしなければならない．逆に，多くの資源量を卵（子）1個体に配分するとなると，産む卵（子）の数を制限しなければ，親個体の生存を維持することはできない．つまり，産む卵（子）の数が多いほど，次世代に自分の遺伝子をより多く伝えることができるという点では，進化的に有利な戦略と考えられる．一方，環境条件によっては，産まれたばかりの個体の体が小さいほど，その生存率は低いので，卵（子）の数は少なくても，大きなサイズの卵（子）を残すほうが適応度を増加させる進化的戦略といえる．なお，産まれた卵（子）の世話が必要な場合には，やむを得ず少産の繁殖様式の方向に進化したという考え方もある．

1回繁殖と多回繁殖では，生涯のうち1回の繁殖活動だけで終わるものと，生涯の間に何回も繁殖をくり返すという違いがある（第3章）．1回繁殖型の生物は，繁殖活動後に生涯を終えるため，一見すると多回繁殖のほうが有利であるように思われる．実際には，これらは繁殖への資源配分における戦略の違いであると考えられている．体内に保有する資源をすべて繁殖に使い果たす戦略と，一部の資源を繁殖に使い，残りの資源を個体生存にまわし，将来の繁殖のために資源を温存するという戦略である．しかし，将来に繁殖できるまで確実に生存できるとは限らない．また，どちらの繁殖様式の進化も，個体群の増加率を高めるためには，繁殖開始齢が早いほど効果があるとされている．

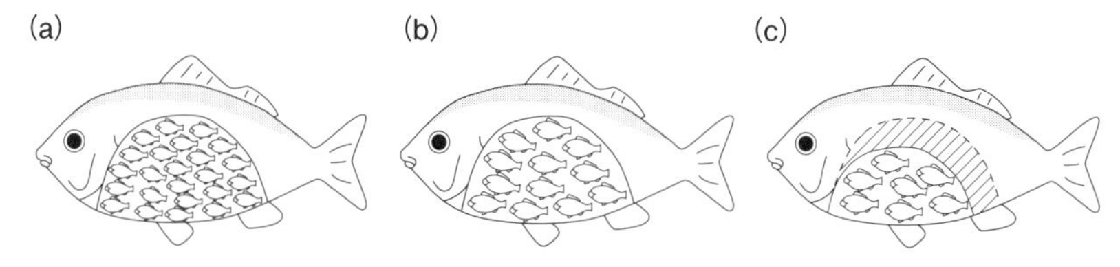

図7.2 小卵（子）多産と大卵（子）少産との違い
親が卵（子）を作るために割けるエネルギーは決まっているため，(b) ではより大きな卵（子）を産むためには卵（子）の数を減らさざるをえない．(c) は親が卵（子）の保護もする場合で，そのためのエネルギー（斜線部）を要するので産卵（子）数はさらに減る．［伊藤嘉昭（1994）より改変］

繁殖と生存のトレードオフ

多くの生物にとって繁殖への資源投資は，自己生存のために必要な採餌などの活動や外敵から身を守る行動を制限する重要な要因となる．それゆえ，繁殖をすることは，親個体の生存率や寿命を低下させる傾向がある．一般的には繁殖への投資が小さいときには，常に繁殖を促進する方向への淘汰が働き，逆に，繁殖への投資が大きいときにはできるだけ繁殖の機会を抑制して，将来の繁殖のために個体の資源量を増加させるほうが有利である．

繁殖のコストが生存率を低下させる例として，十数種類のトカゲの雌の期間あたりの総産卵数と成体の年間平均生存率との関係を調べた研究がある（Tinkle 1969）．これによると，一度に多くの卵を産む種は年間の平均生存率が低く，少ししか産まない種では年間の平均生存率が高い傾向があった（図7.3）．

一方，現時点での繁殖の有無にかかわらず，厳しい環境条件により将来の生存が見込めない場合には，繁殖のコストという考え方は成立しないことがある．例えば，樹木の中には，環境条件が悪くなると雄から雌に性転換するとともに，繁殖後の雌個体の死亡率が極めて高くなるという種が見られる（Nana-

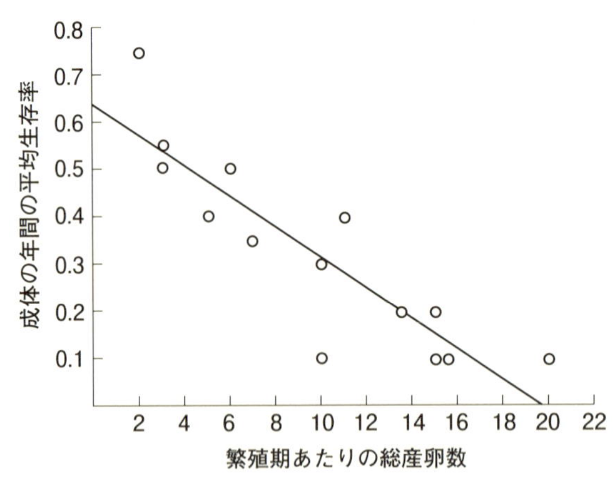

図 7.3　十数種類のトカゲの繁殖期あたりの総産卵数と成体の年間の平均生存率との関係

様々な種類のトカゲの繁殖と成体の生存との関係を示すと，雌トカゲ1匹の総産卵数が多くなるほど，年間の平均生存率は減少する．［Tinkle, D. W.（1969）より改変］

mi *et al.* 2004). このような植物では，厳しい環境の中で子孫を残すために，繁殖への資源投資が個体群全体としてコストにはならないという戦略を持っていると考えられている．

生殖における戦略

有性生殖をする生物では，性表現や交配などの生殖の方法において，様々な様式が見られる．一般に，子・卵を産む動物の雌や，種子を生産する植物の雌株の繁殖への資源投資は，雄や雄株に比べて大きい．そのため，生物の性表現や交配様式は，種として繁殖コストをどのように分配させるかという重要な生活史戦略の一つである．

動物界では，ほとんどの生物が，雄と雌に分化した**雌雄異体**である（第3章）．また，ミミズのように同じ個体のなかに両性の生殖器を持っている**雌雄同体**の生物でも繁殖のために自分自身では交配せず，他個体と交配することが多い．多くの被子植物では，1つの花に雄しべと雌しべをもつ**両性花**が見られる．一方，雄花と雌花という性が分化した**単性花**をつける場合がある．また，個体により異なる性をもつ**雌雄異株**では，個体ごとに雄花または雌花しかつけない場合が一般的であるが，1つの個体の中に雄花または雌花と両性花が混在するような複雑な性表現をする植物も存在する．

両性花あるいは両性の単性花をもつ個体では，**自家受粉**[*1]（self-pollination）により交配することがある．これを**自殖**（selfing）といい，自殖では正常な個体が発達しないことがある（他個体との交配を**他殖** outbreeding という）．そのため，自殖を防ぐ生理的なしくみとして，**自家不和合性**（self-incompatibility）という，受粉しても受精が正常に行われない現象がある．また，血縁関係が近い個体同士の**近親交配**（inbreeding）では，子の生存率が悪い**近交弱勢**（inbreeding depression）が起こる．このような自殖や近親交配による適応度の低下を防ぐために，雌雄異株などによる空間的な性の分離だけでなく，両性花における雌雄の時間的な異熟性など，植物では様々な送粉戦略

＊1 雌雄同体の動物で，同一個体に生じた精子と卵子の間での受精を自家受精（self-fertilization）といい，これに対して，植物では，自分自身の花粉が雌しべの柱頭に受粉して受精に至ることを自家（自花）受粉という．

が進化してきた．

繁殖と性淘汰

生物には体の大きさや形態・色彩などが，雌雄間で大きく異なっている種が存在する．この雌雄間での形質の違いを**性的二型**（**性的二形，sexual dimorphism**）という（図 7.4）．また，繁殖活動を通じてより多くの子孫を残すための同種内の生殖上の競争を**性淘汰**（**性選択，sexual selection**）という．性淘汰には**同性内淘汰**と**異性間淘汰**がある．

生物のなかには，より多くの雌を獲得するための雄同士の競争が存在する．例えば，大きな角や牙などの闘争に必要な器官が発達するような淘汰が生じて，闘争に勝った雄が，多数の雌との間に子孫を残すことができる．この配偶行動による適応度の進化を**同性内淘汰**（**intra-sexual selection**）という．同性内淘汰では，雌に比べて雄の体長が大きくなるような性的二型が現れる場合がある．

一方，交配相手の性の選好に有利となる色彩・模様・飾り・行動などの形質が発達して，どちらかの性における交配相手の選好性（これを配偶者選択という）をめぐる競争を**異性間淘汰**（**inter-sexual selection**）という．一般には，雌による雄の選好性が強いため，特殊化した形質は，雄側に現れることが多い．また，その形質のなかには，闘争のための武器として，同性内淘汰の役割

(b) ライオン

図 7.4　動物の性的二型の例
いずれも左が雄，右が雌を示す．

を果たす形質もある.

7.2 生活史戦略の分類

r 淘汰と K 淘汰

個体の増殖に対して密度効果が作用するロジスティック成長過程を決定するパラメータには，内的自然増加率 r と環境収容力 K があり（第 4 章），これらのパラメータは，自然淘汰により増大する方向へと進化する．また，生物の個体数は環境の変動に大きく影響され，資源の獲得や環境圧への耐性が競争している他種より劣り，個体数が一定の割合を維持できず，減少するほうへと進むならば，その種は絶滅に向かう．

マッカーサーとウィルソン（MacArthur & Wilson 1967）は，自然界における生物には，自然淘汰に関係する生活史の特徴から，2 つのタイプがあると考えた．個体群密度の変動が激しい種のことを**オポチュニスト種**（**opportunistic species**）といい，これは，人為の影響を受けて大発生する害虫など，個体数が大きく減少することがあっても回復力が大きい種のことである（Wilson 1983，松本 1993）．一方，環境の変動に関わらず，個体群密度が安定している種のことを**平衡種**（**stable species**）といい，森林やサンゴ礁の生物種は，長期間，ある程度の個体群密度を維持できるが，いったん個体数が極端に減少すると容易には回復できない．

さらに，これらの両極端の生物の個体群成長の特徴は，ロジスティックモデルの r と K の進化に対応させることができ，それぞれ ***r* 戦略者**（***r*-strategist**）と ***K* 戦略者**（***K*-strategist**）という．つまり，r 戦略者は，内的自然増加率を最大にするように進化した種で，一方，K 戦略者は，環境収容力を最大にするように進化した種である．

また，この r 値や K 値を進化させる仮説を ***r/K* 淘汰**（***r/K* 選択**）**説**といい，それぞれ ***r* 淘汰**（***r* 選択**，***r*-selection**）と ***K* 淘汰**（***K* 選択**，***K*-selection**）と呼んでいる．r/K 淘汰説では，種内競争が激しい場合には，言い換えると，個体数が K 値付近の限界値に到達している場合には，K 値を引き上げようとする種内競争が作用する．一方，個体数が最大になる前にくり返し環境変化が起こる場合や，強い捕食圧などで個体数の増減が頻繁に起こる場合では，個体の潜在的な増殖能力 r を高めるような作用が働く．このように r と K の戦略を「種内競争」と「環境の変化」の2つの要因から以下のようにまとめることができる．

(a) 環境が安定な場合には，種内競争は強く，個体数の限界値（K）を進化させる方向に淘汰圧が働く．

(b) 環境が不安定な場合には，種内競争は弱く，個体数の増殖能力（r）を進化させる方向に淘汰圧が働く．

この考え方から，ピアンカ（Pianka 1970）は，r/K 淘汰に関連する生活史特性を，主に動物の特徴から，2つの対照的なタイプに分類した（表7.1：Pianka 1988）．なお，この表からわかるように **r 戦略**（***r*-strategy**）と **K 戦略**（***K*-strategy**）の特徴の間には，トレードオフが存在する場合がある．

植物では，r/K 淘汰説の実証例が，Begon ら（Begon *et al.* 2003）によりまとめられている．森林のような安定した環境は，K 淘汰的な種の生育場所であり，荒れ地のような開けた場所は，撹乱を受けやすい r 淘汰的な種の生育場所である．K 淘汰的な森林植物は，個体サイズが大きく，寿命が長くかつ成熟が遅い（繁殖開始が遅い），相対的に種子サイズが大きく，多回繁殖かつ繁殖への資源配分が小さい，という傾向がある．逆に，r 淘汰的な荒原植物は，小さな個体サイズをもち，寿命が短くかつ繁殖開始が早い，1回繁殖で種子は小さい，という特徴がある．さらに，荒れ地では，茎・根などの栄養生殖を行う多年生植物が，高い頻度で出現する．つまり，r 戦略者は，様々な繁殖体により，個体群を迅速に回復するための能力を持っている．一方，K 戦略者は，極相林（第11章）の高木種のように，長い間，特定の場所を占有し，安定した環境を形成する能力を持っている．ただし，植物の場合，r 淘汰と K 淘汰を区別する基準は明確ではなく，すべての種をこの生活史戦略から比較することは難しいが，種内変異や近縁の種間での相対的な比較には有効とされる．

植物の生活史戦略

動物とは異なり，ある一定の間，同じ場所で生育しなければならない植物の

表 7.1　ピアンカによる r 淘汰と K 淘汰の特徴とその対応関係

	r 淘汰	K 淘汰
気候	変わりやすく，または（あるいはそれに加えて）不規則に変化する	かなり安定しているか，または（あるいはそれに加えて）規則的に変化する
死亡	破滅的に起こることが多い，方向性がない，密度に依存しない	方向性がある，密度に依存する
生存曲線	Ⅲ型が多い	普通はⅠ型かⅡ型
個体数	時間的に変化が大きく，平衡状態とはならない；通常は環境の収容能力よりずっと低いレベルにある；飽和していない群集あるいはその一部の中にある；生態的空白；毎年再侵入する	時間的にかなり安定し，平衡状態にある；環境の収容能力と同じ，あるいはそれに近いレベルにある；飽和した群集中にある；再侵入の必要はない
種内競争と種間競争	様々であるが，おだやかなことが多い	通常はきびしい
淘汰された形質	1. 速い発育 2. 高い内的自然増加率 3. 早い繁殖 4. 小さい体 5. 1回の産卵で全部の卵を産む性質 6. 小さい子を多産する	1. ゆっくりした発育 2. 高い競争能力 3. 遅い繁殖 4. 大きい体 5. 何回も繁殖する性質 6. 大きな子を少し産む
生存期間	短い，通常1年未満	長い，通常1年以上
エネルギー利用の方向	生産性	効率性
生態遷移の段階	遷移初期	遷移後期または極相

[Pianka, E. R.（1970）を修正した Pianka, E. R.（1988）より改変]

場合，適応度に対する環境圧の影響を小さくするような生活史戦略が必要となる．そこで，Grime（1977）は，植物の環境圧に対する生活史戦略を，攪乱（第 11 章）とストレスの程度をもとに分類できることを示した．

ストレスと攪乱という 2 つの環境圧は，植物の成長や生存を抑制する一方で，ストレスや攪乱がない場所は，環境が好適であるために，多くの植物が繁茂して資源をめぐる競争が激しくなる．そのような場所で生き残るためには，競争に対する戦略が必要となる．当然，ストレスあるいは攪乱が大きいところでは，それぞれの環境圧に対する戦略が必要である．例えば，光は，通常の環境では植物に必要なエネルギーであっても，低温下では強いストレスになり，それに耐える戦略をもつ植物が存在する．また，撹乱が頻発する場所では，植物体は常に破壊されるため，成長が速く繁殖が早いという戦略をもつ植物が見られる．ここから，植物の生活史戦略は Grime（1979）によって，以下の3つに整理されている．

（C）資源をめぐる競争に有利な戦略（**競争戦略 competitive strategy**）

（S）生産や繁殖を抑制する物理的ストレスに耐える戦略（**ストレス耐性戦略 stress-tolerant strategy**）

（R）植物個体を破壊する撹乱に依存する戦略（**荒地戦略 ruderal strategy**）

また，競争・ストレス・撹乱の相対的な重要度を示した3つの頂点をもつ三角ダイアグラムの中に（図7.5），ある植物種が優占する環境を示すことによ

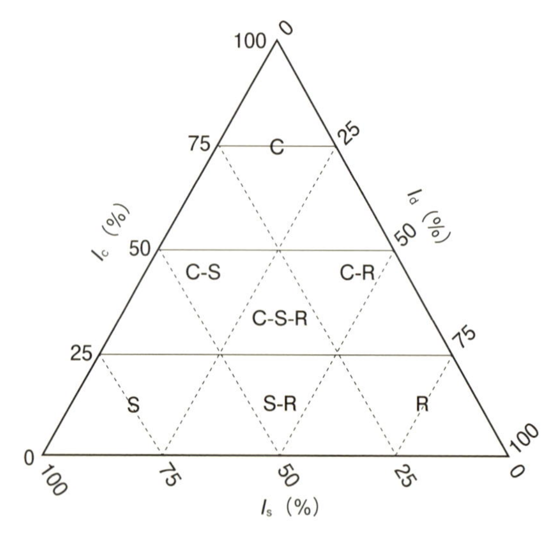

図7.5　植物における生活史戦略の C-S-R モデル

この図は，植物における競争（C），撹乱依存（R），ストレス耐性（S）の3つの生存戦略を示した三角ダイアグラムである．I_C，I_d，I_S は，ある種における，それぞれ競争，撹乱，ストレスに対する相対的な重要度（%）である．1つの頂点の戦略から他2つの頂点の戦略の方向に平衡状態が変化することにより，C，S，R の各戦略の重要性が決まる．ここから，その種の C，S，R，C-S，C-R，S-R，C-S-R という戦略を特徴づけることができる（Grime 1979 を引用した本文を参照）．［Grime, J. P.（1977）より改変］

り，その植物種の生活史戦略を決定することができ，競争戦略をもつ種を**競争者**（**competitor**），ストレス耐性戦略をもつ種を**ストレス耐性者**（**stress-tolerator**），荒地戦略をもつ種を**撹乱依存者**（**ruderal**）という．この3つの戦略の重要性を示したダイアグラムによる植物種の生活史戦略を分類する方法を，**C-S-R モデル**（または**三角分類法**）と呼んでいる．

さらに，C-S-R モデル（C-S-R ダイアグラム）では，それぞれ中規模の強度のストレス・撹乱・競争に対応した植物種の生活史戦略をも分類できる．これには，競争的な荒地植物（C-R），ストレス耐性のある荒地植物（S-R），ストレス耐性のある競争者（C-S），C-S-R 戦略者の4つのタイプがある．例えば，C-S-R 戦略者は，中程度の強度のストレスと撹乱により競争が制御された場所に適応した種で，ミネラル養分の不足によるストレスと中程度の被食圧がある草原などの環境では，C-S-R 戦略をもつ種が優占種となるとされる．

7.3 様々な生活史戦略

スペシャリストとジェネラリスト

生物の形態や習性は，たとえ系統の近い種であったとしても，様々な特徴がある．これは，生息環境に適応した特殊な生活史戦略に関係している．コアラはユーカリの葉だけを餌としており，極めて限られた環境に適応し，特定の資源だけを利用している．この特殊化した戦略を持つ種を，**スペシャリスト**（**specialist**）という（斎藤 1992）．一方，必ずしも特定の資源に頼らず，自らの必要な資源を獲得するために，柔軟に順応できる形態や習性のある生物がいる．この一般化した戦略をもつ種を，**ジェネラリスト**（**generalist**）という．

植物の送粉の戦略と**ポリネータ**（後述）という昆虫などの動物との関係において，ジェネラリストとスペシャリストの違いをみることができる．スペシャリストの植物は，特定の動物だけに好まれる花の形態や開花特性を持ち，同種の蜜を集めるポリネータにより確実に効率よく他個体に花粉を送る．一方，ジェネラリストの植物は，さまざまな動物が訪れるようにするために，蜜や花粉を露出させ，特定の種類のポリネータに頼ることなく送粉を行っている．

ジェネラリストの受粉の効率は，必ずしもよいとは限らないが，環境の変化などにより，特定の動物がいなくなるリスクを避けることができる．つまり，環境が不安定な場合には，スペシャリストに比べて，ジェネラリストとしての適応進化が起こるとされている．

植物の送粉と種子散布

植物は，子孫を残すための送粉や種子散布の様式において，積極的に動物を利用していることがある．

例えば，植物は，花粉を運んでもらうために，ミツバチやハエ類などの昆虫，ハチドリやヒヨドリなどの鳥類，コウモリ類などの行動習性を利用している．動物が植物の花粉を媒介する現象を**ポリネーション**（**花粉媒介**；**pollination**）といい，これらの動物を**ポリネータ**（**花粉媒介者**；**pollinator**）と呼ぶ．ポリネータは，花の蜜や花粉を食料としている．一方，植物は，蜜や匂い，色彩により動物を誘引して，花粉を動物に運んでもらう．

また，植物の種子は，花粉よりかなり重く，簡単に遠くまで分散できない．かなり軽い種子なら風で分散させることもできるが，発芽後の生存率を高めるためには，できるだけ大型の種子のほうが有利である（第9章）．そこで，植物の**種子散布**（**seed dispersal**）では，動物を利用することがある．種子のまわりに果実などの誘引物質を用意して，種子を含んだ果実は鳥や哺乳類に摂食されるが，中の種子は消化されずに排泄されることにより，別の場所に運ばれて発芽できる．

ギルド

ギルド（**guild**）とは，同じような方法で類似した環境資源に依存している種のグループのことを指す概念であり（Root 1967），生物群集の構造パターンを表すための用語である．系統的には異なっている生物でも，似たような資源利用を示す種は，同じギルドに含まれる．そのため，ギルドとは，栄養段階（第5章）より細かく，**ニッチ**（第6章）よりはおおまかな，両者の中間に位置する概念とされている．

生物が利用する環境資源には餌や生息場所などがある．同じ餌を利用する種

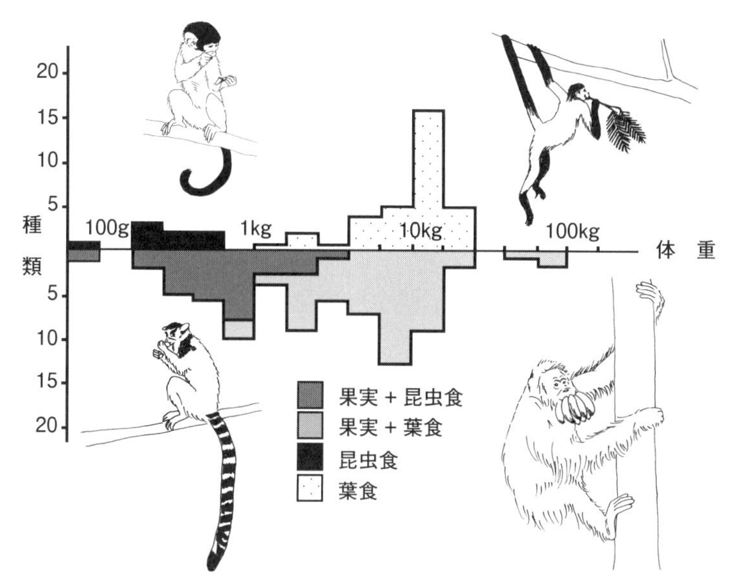

図 7.6　アフリカにおける 100 種類以上の霊長類の食性の違いと体重との関係
この図は霊長類の様々な種類における平均的な体重（一目盛は $0.2\log_{10}$）に対して，それぞれの食性（果実食，昆虫食，葉食）の区分ごとに該当する種数を示したものである．このような霊長類の体重と食性において分類された 4 つのグループは食性ギルドであると考えられる（松本 2007）．［Kay, R. F., Simons, E. L.（1980）より改変］

のグループを餌ギルド，同じ生息域を利用するグループを生息場所ギルドなどという．例えば，植物を食べる昆虫と種子を食べる昆虫は異なるギルドに属している．

アフリカにおける 100 種類以上の霊長類の体重と食性について調べた研究によれば，形態的な特徴に関係した異なる食性ギルドが存在し，昆虫食，葉食，それらに果実食を含む雑食の 4 つのグループが確認された（Kay, Simons 1980）．体の小さな種類は昆虫食，大型の種類は葉食というように，それぞれの食性ギルドに属する種類により体の大きさが異なっていた（図 7.6）．食性ギルドにより体の大きさに違いが見られるのは，消化器官の機能と関係していると考えられている．葉などの消化の悪い餌の場合は，昆虫などの高タンパクの餌に比べて，長い消化器官が必要となり，そのための大きな体も必要となる（松本 2007）．

共進化

生物の進化は，無機的な環境に対する適応により起こるだけでなく，種間の相互作用により起こる場合もある．その関係にある双方の種には，相互に影響を及ぼし合う淘汰圧がはたらき，その結果，一方，または，両者に適応的な進化が起こる．この種間の相互的な進化を**共進化**（coevolution）という．

共進化の例として，虫媒の花と訪花昆虫の口吻の形態との関係がある．ランの蜜を吸うスズメガでは，長い口吻が有利である．そのため，この口吻は，長くなる方向に進化した（Nilsson 1992）．一方，ランにとっては，スズメガの口吻より，距が短いと蜜を吸われるだけになる．ランは，子孫を残す可能性を高くするために，スズメガの体に花粉を付着させなければならない．そこで，ランの距を長くさせる自然淘汰が働き，スズメガとランの形態の共進化が起こったとされる（図7.7）．

図7.7　ランとスズメガの共進化

マダガスカルのランの一種であるアングレカム・セスキペダレ（*Angraecum sesquipedale*）は，花の後ろに非常に長い（20～30cm）距を持っている．他の種と異なる特異な形質の長い距を持つこのランは，距の奥に溜まった花蜜を長い口吻で吸い取るガとの相互作用により進化したと考えられている．キサントパンスズメガ（*Xanthopan morganii*）というガの一種は，距の奥の花蜜を吸い取ろうとする際に，その頭部や体に花粉塊を付着させて，ランの花粉を運ぶ役割を持っている．また，ランは花蜜を分泌させることで，スズメガを呼び寄せ，受粉を成功させる確率を高めている．しかし，ランの距がスズメガの口吻より短いと，ランは花蜜を奪われるだけで，スズメガを送粉者として利用できない．そのため，長い距をもつランほど送受粉に有利となる．一方，スズメガは蜜を吸いやすいように長い口吻を持ったほうが有利である．このように，ランとスズメガは互いに相手の進化に対抗しながら，それぞれの距と口吻が長くなる自然淘汰を受けて，共進化してきた関係にあると説明されている（東樹 2008）．

また，他の生物から身を守るための**擬態**（後述）は，捕食者に対する適応の結果として進化した形質である．例えば，毒をもたない種が，毒をもつ別の種と同じような形態や色彩をもつという戦略は，互いの種が捕食者に食べられるリスクを低減できるという共進化の結果である．

捕食者と被食者の生存戦略

被食者は捕食者から逃れるために，捕食者は被食者を捕獲するために，様々な戦略をとっている．例えば，昆虫などでは，自らの色彩を背景に似せる保護色または**隠ぺい色**（**concealing coloration または cryptic coloration**）と呼ばれる戦略がある．また，体に毒を持つ生物が，そのことを捕食者に知らせるために，わざわざ目立った色彩や模様をもつことがある．このような色彩や模様のことを**警告色**（**warning coloration または alarming coloration, aposematic coloration**）あるいは警告模様という．さらに，ある生物が捕食者から逃れるために，あるいは，被食者を捕獲するために，別の種の色彩や模様に似せることを**擬態**（**mimicry または mimesis**）という．擬態には次のようなものがある．

(a) 毒やまずい味などを知らせる警告色や警告模様を持った生物の色や模様だけを模倣する擬態を**ベイツ型擬態**という．

(b) 警告色や警告模様を持っている生物が，互いに模様や色彩を類似させる擬態を**ミュラー型擬態**という．

(c) ベイツ型擬態やミュラー型擬態とは逆に，捕食者が被食者を捕らえるために，被食者にとっては捕食者ではない別の生物の形態や性質などに似せて，被食者が逃げないようにする擬態を**攻撃型擬態**という．

第8章

生態系における物質の生産と循環

8.1　植物と光合成

光合成のしくみ

二酸化炭素を取り込み，エネルギーを使って炭水化物などの有機物に作り替える生物の働きを**炭素同化**（carbon assimilation）または**二酸化炭素固定**（carbon dioxide fixation）という（以前は炭酸固定や炭酸同化とも呼ばれた）．二酸化炭素固定に光エネルギーを利用する場合を**光合成**（photosynthesis）と呼ぶ．つまり，光エネルギーは，有機物のなかに化学エネルギーとして蓄えられる．緑色植物の光合成による炭素の固定は，化学合成を行う微生物に比べて圧倒的に多く，生態系における生物生産の大部分は，太陽エネルギーを有機物として固定する過程である．

緑色植物の光合成は，細胞内の葉緑体で行われ，大気中の二酸化炭素 CO_2 を葉緑体内に取り込み，光から得られたエネルギーにより化学反応を経て，グルコースを生成する過程である．なお，光合成の全体の反応は，次のような化学反応式で記述される．

$$12H_2O + 6CO_2 + \text{光エネルギー（688kcal）} \rightarrow C_6H_{12}O_6 + 6H_2O + 6O_2$$

一般に，光合成の一連の過程は，葉緑体の**チラコイド**（thylakoid）という内膜状の構造で行われる光エネルギー変換反応と，葉緑体の液状部分の**ストロマ**（stroma）における CO_2 固定反応の2つに分かれている（図8.1）．

はじめに，光エネルギーは，チラコイドにあるクロロフィルなどの光合成色素により吸収される．光エネルギーを取り込む経路には，**光化学系 I** と**光化学系 II**（一般にそれぞれ PSI と PSII と表される）という2つの反応がある．こ

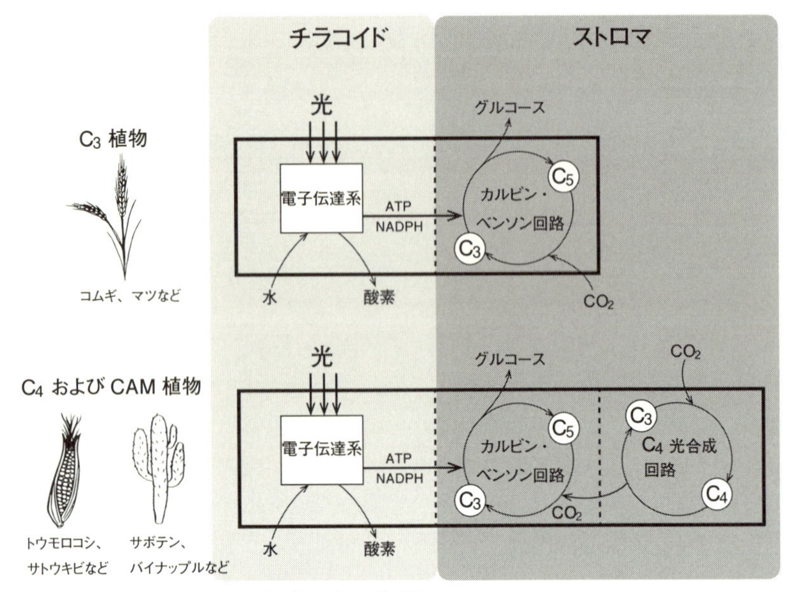

図 8.1　緑色植物における光合成反応の模式図

光合成反応は，葉緑体内のチラコイドで行われる光化学系と，ストロマで行われる CO_2 固定反応の2つの過程に分けられる．光化学系では光エネルギーを利用して代謝エネルギー物質の ATP と CO_2 を還元する H^+ を生成し，これらの物質を利用して，カルビン・ベンソン回路において CO_2 からグルコースを生成する．一般に，C_3 植物ではカルビン・ベンソン回路により CO_2 を取り込む作用が行われるが，C_4 や CAM 植物では，一時的に CO_2 を C_4 化合物として取り込む C_4 回路を利用して，カルビン・ベンソン回路により CO_2 が固定される．

れらの光化学系では，水 H_2O の分解により生じた電子を利用した**光合成電子伝達系**（photosynthetic electron transport system）と呼ばれる酸化還元反応が進行する．この光エネルギーを利用した一連の反応から，最終的に NADPH（ニコチンアミドアデニンジヌクレオチドリン酸 NADP と水素 H が結合した物質）と ATP が生成される．

次に，ストロマでは，CO_2 を固定する様々な酵素による化学反応が，チラコイドで生産された NADPH と ATP を使って進行する．そのため，ストロマは化学反応に欠かせない物質などを蓄積する光合成基質としての役割を持っている．このストロマでの CO_2 を固定する反応を，**還元的ペントースリン酸回路**（reductive pentose phosphate cycle）といい，発見者にちなんで**カルビン・ベンソン回路**（Calvin–Benson cycle）またはカルビン回路とも呼ぶ．

多くの植物では，CO_2が細胞内の葉緑体のストロマに直接流れ込み，カルビン・ベンソン回路に取り込まれると，最初に生成される産物は，炭素原子3個（C_3）を持つ3-ホスホグリセリン酸（3-PGA，3-phosphoglycerate）という物質である．また，この反応を触媒する酵素を**リブロース1,5-ビスリン酸カルボキシラーゼ／オキシゲナーゼ**（**ribulose1,5-bisphosphate carboxylase/oxygenase**），通称**ルビスコ**（**Rubisco**）という．ルビスコは，分子量の極めて大きい酵素であり，カルビン・ベンソン回路の他の酵素に比べて，反応速度が非常に遅いという特性がある．そこで，光合成反応の効率を高めるためには，ストロマ内に多量のルビスコが必要となる．したがって，葉緑体内におけるストロマの占める割合は，チラコイドの光エネルギー吸収とストロマの化学反応との相対的な重要性を決定している．

C_3・C_4植物とCAM植物

多くの植物では，カルビン・ベンソン回路でのCO_2の固定により，最初に生成される産物は，C_3化合物である3-PGAである．これを起点として多くの中間産物が生じる経路をもつ植物を，**C_3植物**（**C_3 plant**）という．一方，高温環境や乾燥環境での，CO_2の吸収時に起こる気孔からの水分の蒸発への耐性として，C_3植物とは異なるCO_2を固定する経路をもつ植物が見られる．この植物群を**C_4植物**（**C_4 plant**）といい，C_4植物では，CO_2固定の初期産物が炭素原子3個の分子ではなく，炭素原子4個をもつ有機酸である．C_3植物とC_4植物の炭素の取り込みには，CO_2を取り入れて濃縮する場所があるかないかという違いがあり，C_4植物では，CO_2の固定過程と炭水化物の生成過程が行われる組織が空間的に分かれている（図8.1）．

C_4植物は，全植物の10%程度であると推定されている．また，高温や乾燥が厳しくなるほどC_4植物の割合が高くなる（図8.2）．一方，気温の低い高緯度地方や標高が高い場所ではC_4植物の分布は少ない（図8.3）．さらに，弱光でのC_4植物の光合成効率はC_3植物より低いとされる．

乾燥地帯などに生育する植物のなかには，極度の乾燥条件に適した光合成機構をもつ**CAM**（**crassulacean acid metabolism，ベンケイソウ型有機酸代謝**）**植物**（**CAM plant**）と呼ばれる植物群が見られる．CAM植物は，C_4植物

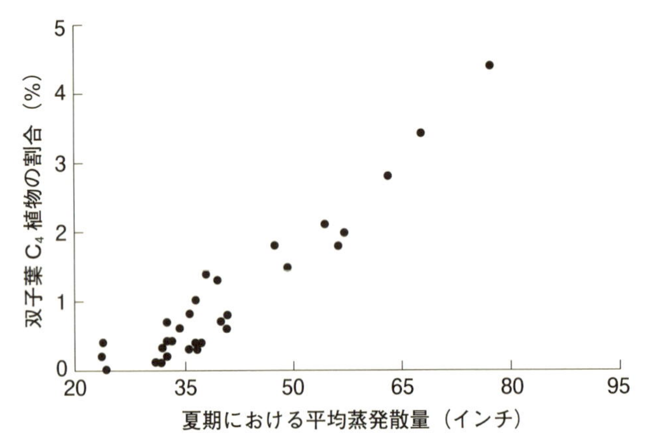

図 8.2　北アメリカの 31 地域における双子葉 C_4 植物の出現割合と平均蒸発散量との関係

北アメリカ大陸においては，5〜10 月の期間の平均蒸発散量が多い地域ほど，双子葉 C_4 植物の出現割合が高いことから，これは高温乾燥した場所ほど C_4 植物種の出現が多くなることを示唆している．［Stowe, L. G., Teeri, J. A.（1978）より改変］

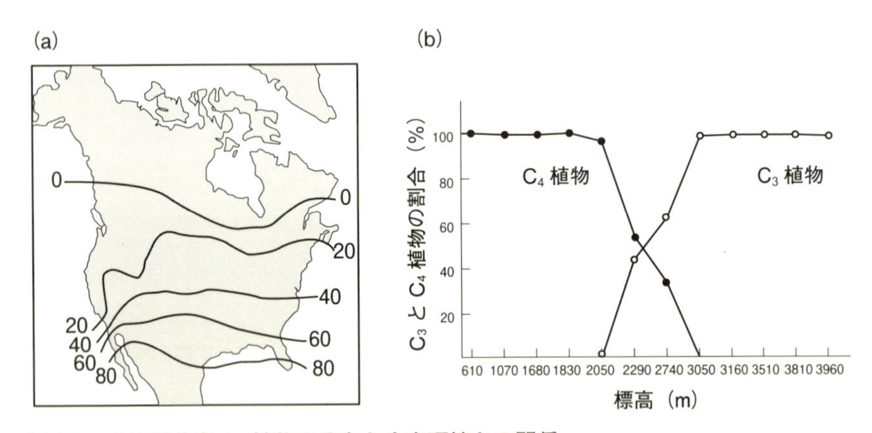

図 8.3　イネ科草本 C_4 植物の分布と生育環境との関係

(a) 北アメリカ大陸における緯度に沿ったイネ科草本 C_4 植物の割合を示した等値線．高緯度の寒冷な地域ほどイネ科草本 C_4 植物の割合は小さくなる傾向がある［Teeri, J. A., Stowe, L. G.（1976）のデータを基にした Ehleringer, J. R.（1979）より改変］

(b) ケニアにおける標高にともなうイネ科草本 C_3 と C_4 植物の割合の変化．標高が高くなるにつれてイネ科草本 C_4 植物の割合は小さくなる傾向がある［Tieszen, L. L. *et al.*（1979）より改変］

と同様に，葉肉細胞内の C_4 光合成回路を使って二酸化炭素を取り込む．また，CAM 植物は，気孔からの水分の損失が少ない夜間に，二酸化炭素の固定を行ない，リンゴ酸などの有機酸として葉肉内の液胞に貯蔵しておき，昼は気孔を閉じて夜間に生成した有機酸から二酸化炭素を遊離して光合成を行う．

なお，C_3 植物には，イネやダイズ，マツなど，C_4 植物には，トウモロコシやサトウキビなど，CAM 植物には，サボテンやパイナップル，アロエなどがある．

光合成に及ぼす環境要因

光合成速度は，一般に光強度に依存しており，植物体への CO_2 の取り込みから測定することができる．また，暗黒下では光合成が行われないために，呼吸による CO_2 のみが，植物体から放出される．この状態から光強度を徐々に高くすると，光合成速度が上昇して，見かけ上は CO_2 の出入りがない**光補償点**（**light compensation point**）になる．さらに，光強度に比例して光合成速度は大きくなるが，それ以上光を強くしても，光合成速度が上昇しない状態を**光飽和**（**light saturation**）といい，このときの光合成速度がその植物の最大光合成速度である．この光強度と光合成速度の関係を描いた曲線を，**光－光合成曲線**（**light response curve of photosynthesis**）と呼ぶ．

光－光合成曲線の特性は，植物種や生育環境などにより異なる．強光を受ける環境条件下での生育を好む植物では，光補償点が高く，最大光合成速度が高いという傾向がある（図 8.4）．このような植物を，**陽生植物**（**sun plant**）という．逆に，陽生植物に比べて光補償点が低く，林床などの暗い場所に生育することができる植物を，**陰生植物**（**shade plant**）という．しかし，陰生植物では，最大光合成速度が低いために，陽生植物に比べて成長は遅い．なお，C_3 植物・C_4 植物・CAM 植物，陽生植物・陰生植物，草木植物・高木性樹木という光合成特性の違いによる植物の類別を，機能的グループ（functional group）または機能型（functional type）という（Larcher 1995）．

また，光合成速度は CO_2 濃度に依存しており，加えて気孔の開閉も CO_2 濃度の影響を受ける．一般には，CO_2 濃度が高いほど光合成速度は高くなるが，光合成産物の消費速度や貯蔵速度が，光合成産物の供給速度に追いつかない場

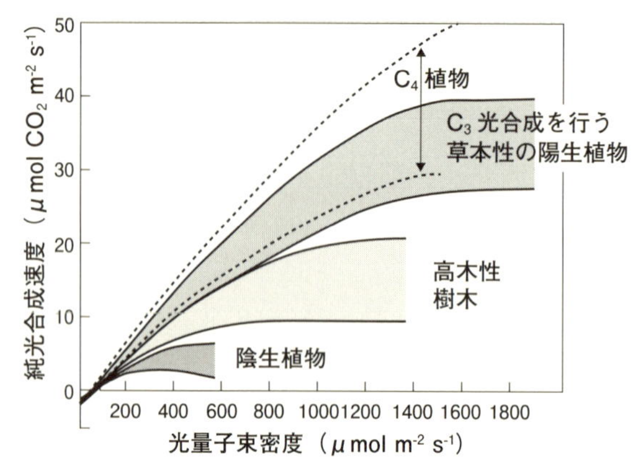

図 8.4　様々な機能的グループに属する植物の光 - 光合成曲線
このグラフは，複数の研究をもとに Larcher（1999）によりまとめられた，植物の機能的グループ（陰生植物，樹木，C_3 陽生植物，C_4 植物）ごとの光 - 光合成曲線のパターンを比較したものである．C_3 陽生植物や C_4 植物は，他の機能的グループに比べて強光での最大光合成速度が高い．また，C_4 植物は，中程度以上の光強度では，C_3 陽生植物より高い光合成速度を持ち，強い光の下でさえ光飽和に達しない．[Larcher, W.（1999）より改変]

合などでは，CO_2 濃度が高くなっても，光合成速度が低下することがある．

そのほか，光合成速度は温度の影響を受ける．光合成全体の温度依存性は酵素活性に関係し，光合成速度は，低温や高温では低くなり，最適な温度域が存在する．なお，C_3 植物では，光強度が十分である時には約 25〜30℃付近が最適であるとされている（Larcher 1999；Vogelmann 2002)．

陰葉と陽葉

多くの植物は，様々な環境に順応して形態や生理機能を変化させることができる．強い光環境下で育った葉は厚くなり，そのような葉では光補償点における光強度や光飽和時における光合成速度が高い．これを**陽葉**（sun leaf）という．一方，弱い光環境下で育った葉は薄く，そのような葉では光補償点の光強度や最大光合成速度は低い．これを**陰葉**（shade leaf）という．葉の置かれている光環境が異なると，同じ個体内でも陽葉と陰葉が観察され，群落内で被陰されている下部の葉は，一般に陰葉となる．

明るい環境下では，光合成速度を増加させるために，より多くの葉緑体を細胞内で垂直方向に配置させるほうがよい．その結果，陽葉の垂直方向の断面

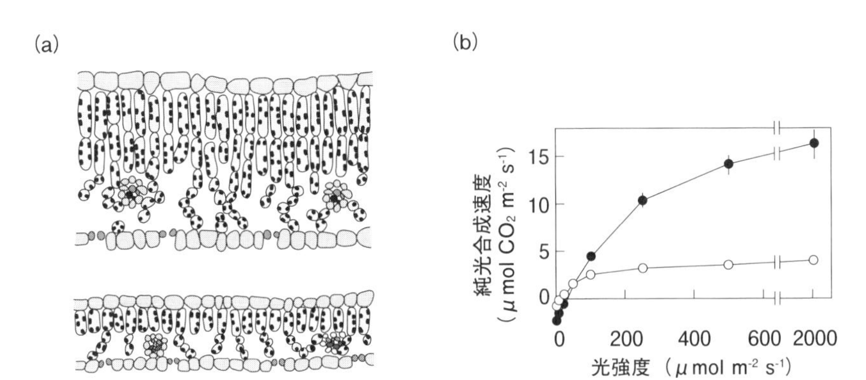

図 8.5 陽葉と陰葉の断面の模式図と単位面積あたりの光 - 光合成曲線
(a) ヤマグワにおける陽葉（上）と陰葉（下）の断面を比較すると，陽葉は陰葉に比べて厚く，柵状組織が縦列した構造になっている．黒丸は葉緑体を示す．
(b) 陽葉（●）と陰葉（○）の単位面積あたりの光 - 光合成曲線を比較すると，強い光のもとで育った陽葉は，陰葉に比べて飽和光強度における光合成速度が高く，呼吸速度や光補償点も高い
[(a) 舘野正樹（2009）より改変，(b) Tateno, M., Taneda, H.（2007）より改変]

は，細胞の大きさや配列により厚くなる（図 8.5a）．同時に，細胞の生体活動を維持するための呼吸量も増加する．この理由から，陽葉に比べて，陰葉の呼吸速度が低くなり，結果的に弱光下での単位面積あたりでの陰葉の光合成速度は高くなると考えられる（図 8.5b）．ただし，単位重量あたりの光合成速度で比較すると，陽葉と陰葉には大きな違いはなく（舘野 2009），陽葉と陰葉の光合成機能に必要な組織への“投資”と光合成により得られる“利益”とのバランスは類似している．

光呼吸

葉緑体のある組織では，光が存在する条件において，カルビン・ベンソン回路を阻害する物質の代謝が起こっている．この過程では，ミトコンドリア内で起こる呼吸代謝のように，O_2 を消費して CO_2 を放出する現象が見られる．このミトコンドリア呼吸とは異なる代謝過程を，**光呼吸**（photorespiration）という．光呼吸では，CO_2 の固定酵素**ルビスコ**（前述）のオキシゲナーゼ活性で生成されるホスホグリコール酸の代謝回路が関係しており，これらの反応経

路は，**グリコール酸経路**とも呼ばれる．

光呼吸は，ミトコンドリア呼吸とは異なり暗所では起こらない．また，この過程は，ルビスコの特性（この酵素はCO_2のみならずO_2も基質にする）と関連して，光合成過程におけるCO_2の利用効率を低下させる原因の1つとされている．一方で，C_3植物とはCO_2固定系が異なるC_4植物やCAM植物では，光呼吸はほとんど見られないことも知られている．

光阻害

葉が吸収する光エネルギーは，光の強さにともなって，ほぼ直線的に増加し，光合成速度はやがて光飽和に達する．光飽和に達した以上の光エネルギーは，植物にとって様々な障害を引き起こすことが明らかとなっている．必要以上に強い光は，光化学系に損傷を与えて，葉緑体の機能を低下させる．この現象を（強）**光阻害**（photoinhibition）という．

光過剰条件では，光化学系で生成される電子の働きにより過還元状態となり，極めて反応性の高い種類の活性酸素が生成される．この環境下では，葉緑体内のタンパク質などの生体物質の機能が低下して，光化学系が傷害を受けると考えられている．一方，多くの植物では光阻害を回避し，葉緑体の機能を保護する様々な仕組みを持っている．光阻害を防ぐ機構には前述した光呼吸などがあり，CO_2固定反応以外のしくみにより，エネルギー消費が行われる機能が必要である（向井 2004）．

8.2　生態系における物質生産

独立栄養生物による一次生産

大部分の緑色植物は，太陽からの光エネルギーを利用して光合成を行うことにより，二酸化炭素などの無機物から有機物を生産している．生態系内におけるこの最初の有機物の生産過程を，**物質生産**（matter production または dry matter production），あるいは，**一次生産**（primary production）という．

緑色植物のほかに，独立栄養生物に分類される**光合成細菌**や**化学合成細菌**による炭素同化も一次生産に含まれるが，これらの量はわずかであり，一般に，緑色植物の生産した有機物量が，生態系の物質生産量とされる．生態系や群集における物質生産量は，一般に，単位面積あたり単位時間内に生産した有機物量（乾燥重量）で表され，**一次生産力**（primary productivity）と呼ばれている．なお，一次生産力は，有機物を固定する速度を表す指標であり，ある場所ある時点に存在する有機物量（つまり，生物体量のこと）とは区別して用いられる．なお，植物体の場合には，この生物体量より**現存量**（biomass または standing crop）という語がよく使用される．

一方，緑色植物は，生産した有機物の一部を自分自身の呼吸基質として消費している．呼吸で使われる有機物を含めた光合成生産の総量を，一次総生産力（gross primary productivity）といい，ここから呼吸で消費された有機物量を差し引いた残りの部分を，一次純生産力（net primary productivity）という．ただし，本書では慣例的によく使用される“総一次生産力”と“純一次生産力”という語を使用する．また，一次生産力の考え方については，単位時間あたりの有機物量として，次のような関係に示すことができる（図 8.6）．

純一次生産による有機物量＝総一次生産による有機物量－呼吸量

さらに，緑色植物の純一次生産により蓄積された有機物は，枯れた部分などの脱落や一次消費者の被食により失われる．純一次生産による有機物量からそれらを差し引いた残りの部分が，生産者の生物体量の増加分，すなわち成長量となり，この関係は次のようになる．

植物の成長量＝純一次生産による有機物量－（枯死脱落量＋被食量）

なお，植物の成長量，枯死脱落量，さらに，動物の被食量は，野外で測定できることから，陸上生態系における純一次生産力は，この関係から推定できる．

従属栄養生物による二次生産

動物や細菌，菌類などの従属栄養生物は，純一次生産による有機物を使用して，新しい有機物を作り出す．この消費者段階での有機物の生産速度を，**二次生産力**（secondary productivity）という．また，一次消費者が，生産者から摂取した有機物の一部は，不消化のまま体外に排出されるため，摂食量から不

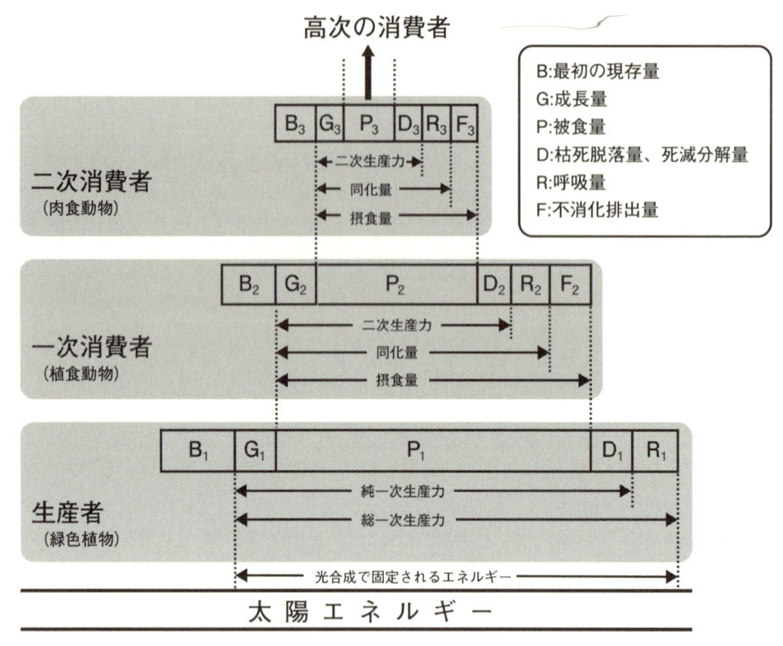

図 8.6　生態系における各栄養段階の有機物の収支
この図は，生産者の総一次生産量をもとにした，各栄養段階における有機物の収支から見た生態系における物質生産に関わる流れを表している．

消化排出量を差し引いたものを消費者の**同化量**（assimilation）といい，次式で表される．

同化量＝摂食量－不消化排出量

さらに，この消費者の同化量から，消費者自身の呼吸量や死滅分解量，高次消費者による被食量を差し引いた部分が，次式で表されるように消費者の成長量となる．

成長量＝同化量－(呼吸量＋死滅分解量＋被食量)

緑色植物の一次生産力とは異なり，消費者の二次生産力を推定することは一般には困難である．単純に，消費者が体内に取り込んだ有機物の同化量から，自らの呼吸量を差し引いたものを二次生産力とすると，陸上生態系では，この値は，生産者である緑色植物の一次生産力の1%以下と非常に小さい．

表 8.1 世界の様々な生態系における純一次生産と現存量

生態系のタイプ	面積 10^6 km^2	単位面積あたりの純一次生産 g/m^2/年	世界の純一次生産 10^9 t/年	単位面積あたりの現存量 kg /m^2	世界の現存量 10^9 t
熱帯多雨林	17.0	2200	37.4	45	765
熱帯季節林	7.5	1600	12.0	35	260
温帯常緑樹林	5.0	1300	6.5	35	175
温帯落葉樹林	7.0	1200	8.4	30	210
北方針葉樹林	12.0	800	9.6	20	240
疎林と低木林	8.5	700	6.0	6	50
サバンナ	15.0	900	13.5	4	60
温帯イネ科草原	9.0	600	5.4	1.6	14
ツンドラと高山荒原	8.0	140	1.1	0.6	5
砂漠と半砂漠	18.0	90	1.6	0.7	13
岩質および砂質砂漠と氷原	24.0	3	0.07	0.02	0.5
耕地	14.0	650	9.1	1	14
沼沢と湿地	2.0	2000	4.0	15	30
湖沼と河川	2.0	250	0.5	0.02	0.05
陸地合計	149.0	773	115	12.3	1837
外洋	332.0	125	41.5	0.003	1.0
湧昇流海域	0.4	500	0.2	0.02	0.008
大陸棚	26.6	360	9.6	0.01	0.27
藻場とサンゴ礁	0.6	2500	1.6	2	1.2
入江	1.4	1500	2.1	1	1.4
海洋合計	361	152	55.0	0.01	3.9
地球合計	510	333	170	3.6	1841

純一次生産と現存量は乾燥重量で表してある．［Whittaker, R. H.（1979）より改変］

生態系の純一次生産力と現存量

地球上における純一次生産力の分布は，地域的に極めて不均一である．また，ある場所の純一次生産力は，1 年の気象の変化によっても様々である．代表的な生態系における純一次生産力について調べた研究（Whittaker 1979）によると，世界全体の年間の純一次生産力は 170×10^9 トン / 年と推定され，その約 70%が陸域生態系によるものである（表 8.1）．純一次生産力が最も高い陸域生態系は熱帯多雨林であり，低温あるいは乾燥条件下にある陸域生態系はど単位面積あたりの純一次生産力は低い傾向にある．また，地球表面積の70%が海洋であるにもかかわらず，陸域生態系の純一次生産力の合計は，海洋の2倍以上にもなっている．

緑色植物は，空気中のCO_2を固定し，有機物を生産し，成長する過程において，生態系内に物質を蓄積するという役割を果たしている．生物体量の乾燥重量によって表された地球全体の現存量の合計は，1841×10^9トンと推定されている（表8.1）．また，陸地の現存量の合計は，1837×10^9トンであり，これは地球全体の約99.8%を占めている．さらに，熱帯多雨林から北方針葉樹林を合計した森林生態系の現存量の合計は，1650×10^9トンと推定され，これは地球全体の約90%にも達する．

生産構造と植物群落

植物の物質生産は，おもに同化器官である葉で行われるので，一次生産の機能的な特徴は，葉の付き方と密接な関係がある．この物質生産の面から見た植物群落（ここでは慣例に従って植物群集のことを植物群落とする）の構造を，**生産構造**（**production structure**）という（Monsi, Saeki 1953）．また，一定面積の区画内に存在する植物を上方から順番に一定の厚さの層に切り分け，各層の同化器官（葉）と非同化器官（茎や幹・枝，繁殖器官）の重量を測定する方法を，**層別刈取法**（COLUMN 8：1）という．この方法により得られた各層の値を描いた図を**生産構造図**といい，一般に，草本群落では，**イネ科型**と**広葉型**の2つの型の生産構造図に大別される（図8.7）．

アカザやダイズなどの広葉型の植物は，上部に水平に広い葉を着ける．そのため，この群落では比較的上部層に光合成が集中する．また，光が群落の上部で遮られるために，群落内部の光の減衰は急激である．一方，ススキやチカラシバなどのイネ科型の草本は，ななめに細い葉を出している．この群落では光は内部まで届き，下層でも光合成が十分に行われる．また，イネ科型の群落では，低い層でも葉が多くつき，全体的に非同化器官の割合が小さくなることから，物質生産の効率は比較的高い．

森林では，草本群落におけるイネ科型を針葉樹型に，広葉型を広葉樹型に対応させた生産構造図が見られる．しかし，森林の生産構造図は，草本群落のよ

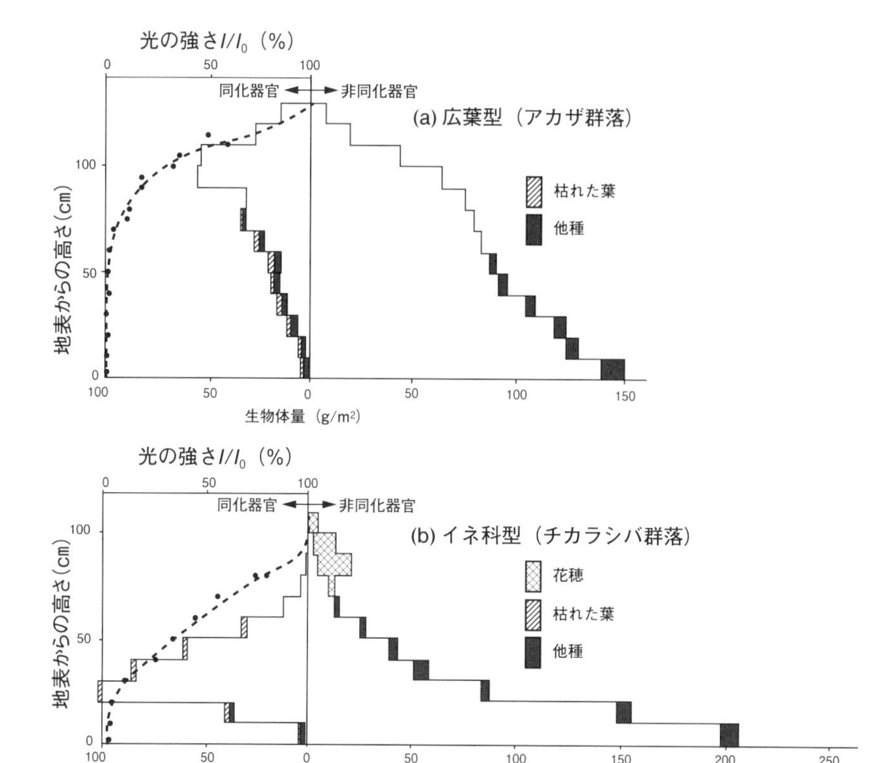

図 8.7　異なる 2 つの草本植物群落の生産構造図
(a) 広葉型（アカザ群落），(b) イネ科型（チカラシバ群落）．曲線は最上部で 100%とした光の強さ（I/I_0 は相対光強度を表し，次ページ参照）を示す．生産構造図は，層別刈取法による植物の生物体量をもとに作成される（COLUMN 8：1）．[Monsi, M., Saeki, T.（1953）より改変]

うに明確に分けることができず，針葉樹型も広葉樹型も中層から下層での非同化器官が非常に大きいという特徴がある（依田 1971）．また，広葉樹型では，葉層が上部だけに集中する場合が多いが，針葉樹型では，スギ林のように葉層の垂直分布が幅広い森林もある．

葉群による光の吸収

群落の表層に受けた光は，植物の葉や茎・幹などによってさえぎられ，徐々に減衰しながら地表に達する．この群落内の光の減衰は，物質による光の吸収を定式化した**Lambert-Beer（Beer-Lambert）の法則**という物理法則に従うとされ，これは次の式で表される．

$$I = I_0 e^{-KF}, \quad \text{または,} \quad \log(I/I_0) = -KF$$

I_0は群落への入射光の強さ，Iは群落内のある高さにおける光の強さ，Kは吸光係数，Fは光を吸収する層の厚さである．いろいろな植物群落内部で測定されたI/I_0とFとの関係を調べた結果，植物群落内の光の減衰は，この法則に従うことが確かめられている．

I/I_0は生産構造図にも示すことができ（図8.7），例えば，うっぺいした森林における地表のI/I_0は，5%以下になる場合が多い．また，Fは光を遮る葉の面積密度に関係する指数として群落内で実測でき，単位面積あたりの積算された葉面積指数（leaf area index, LAI）で表される．なお，一般に，葉面積指数は，葉の面積を調査区面積で割った値（葉面積指数＝葉の面積÷調査区面積）から求められる．

この法則から推定される吸光係数Kは，群落の種類により比較的決まった値になることがわかっている（依田1971）．草本群落のKの値は，イネ科型群落では0.3～0.5前後，広葉型群落では0.7～1.2である．また，森林のKの値は，常緑広葉樹林で0.5前後，落葉広葉樹林で0.3～0.4程度である．群落のタイプによりKが類似する理由として，群落内における光の減衰が，植物種に特有な葉の配列や反射・透過，葉の傾きなどに影響されるためである（COLUMN 8：2）．また，吸光係数が小さいと，光が群落の内部まで到達することを意味しており，この値が大きいと最上部の葉が吸収する光が多くなる．ただし，吸光係数と群落全体の光合成量との関係については，様々な要因により一定の傾向を見いだすことは難しい．

COLUMN 8:1

層別刈取法（stratified clipping method）

層別刈取法とは，植物群落の生産構造を明らかにするために，Monsi らにより開発された調査方法である（Monsi, Saeki 1953）．これは，植物群落を垂直方向に一定の厚さの水平層に切り分け，各層の葉面積や，同化器官（光合成器官）と非同化器官（非光合成器官）の重量を測定する方法である（図）．

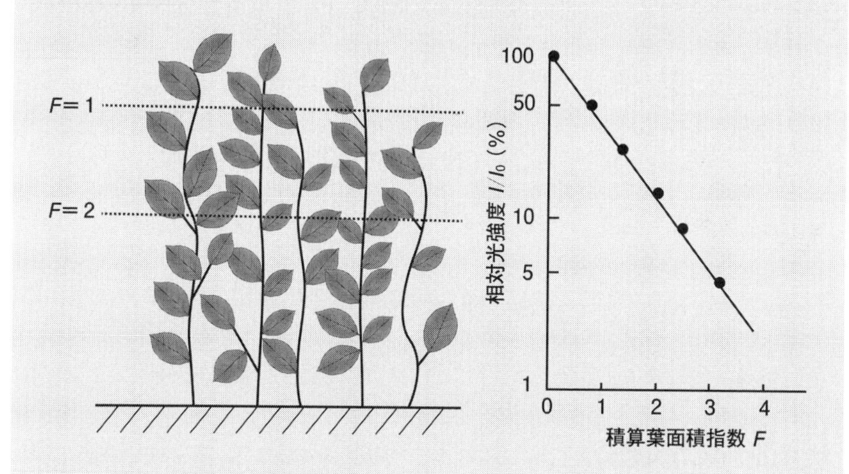

層別刈取法と積算葉面積指数の変化
[寺島一郎（2013）より改変]

まず，植物群落内に一定面積の方形区（一般に草本群落では一辺が 50cm ～ 1m 程度の大きさ）を設置する．次に，地表から一定の高さの間隔（10～50cm）で，群落の最上部まで群落内部の光の強さ（照度計や光量子計などを使用）を測定する．この測定された各層の光強度を，最上部の光の強度を 100 とした相対値（この値が I/I_0 となる）にする．

その後，上層から各層の植物を順次刈り取り，層ごとに植物の同化器官と非同化器官に分けて重量を測定する．各層の同化器官と非同化器官の重量を左右に分けてグラフにすると，どの層にどのような器官が多いかということが考察できる．その際には，各層の上部で測定した光の強さを同じグラフに描くと，光環境と植物の生産構造の関係がわかりやすい（図 8.7）．

COLUMN 8:2

フィトクロム（phytochrome）

植物は，光合成に利用する光とは別に，様々な条件の光を吸収して種々の制御反応を行っている．光屈性（屈光性）や光発芽などと同様に，成長を制御する応答の１つとして，植物は，隣接個体の存在を知り，背丈を調節する視覚の役割を果たす受容体を持っている．この光受容体となる色素を，フィトクロム（phytochrome）という．フィトクロムは，1959年にバトラーら（Butler *et al.* 1959）により分光学的に検出され，その後，phyto（植物）とchrome（色素）を組み合わせて命名された色素タンパク質である．

緑に見える植物の葉は，緑色域の光を多く反射する．一方，赤色光は，葉緑体内のクロロフィルにより吸収されるために，反射された光の中での赤色域の割合は小さくなる．さらに，植物は，遠赤色（far-red light）域の光も多く反射する．太陽光を多く受ける場所と植物に被陰された場所では，葉に吸収される赤色光と反射される遠赤色光の比率が大きく異なる．

光受容体であるフィトクロムには，赤色光吸収型（Pr型）と遠赤色光吸収型（Pfr型）の２つの吸収型がある．また，これらの吸収型は，光吸収により，相互に可塑的にくり返し変換される．例えば，赤色光吸収型が，赤色光を吸収して，遠赤色光吸収型に変換されると，このフィトクロムの作用により，種々の遺伝子の発現が制御される（図）．群落内では隣接個体が接近すると，赤色光／遠赤色光の比率が低下して，それをフィトクロムが感知することにより，茎などの伸長を制御する生理応答が引き起こされる．

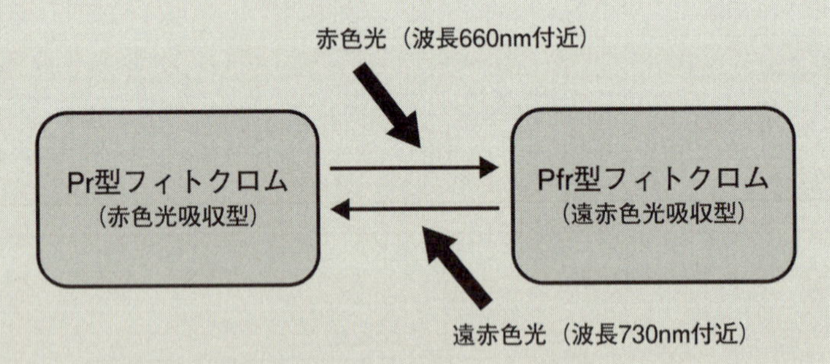

フィトクロムの光応答に関する模式図

8.3 地球規模での炭素と窒素の循環

生物地球化学的物質循環

生態系内では，いろいろな物質が，食物連鎖を通して生物の間を，また，生物と無機的環境との間を循環している．これを生態系過程における**物質循環**（**material cycle または material cycling**）といい，生態系生態学（ecosystem ecology）では，**生物地球化学的物質循環**（**biogeochemical cycle**）ともいう（和田 2003）．生態系内には，それぞれの化学元素の循環において，コンパートメントという構成区分があり，それを化学元素のプールと考えることができる．また，これらのプールの物質は様々な方向へと移動し，生態系内のコンパートメント間では，これらの物質の交換が絶えず行われている．

CO_2 中の炭素 C や，ガス態窒素 N のような元素は，大気圏のコンパートメントに自然に存在する．炭酸カルシウム中のカルシウム Ca や長石中のカリウム K などは岩石圏に，リン酸中のリン P などは水圏中に，比較的多く存在する．このように，大気圏，地圏，水圏，生物圏は，生態系の物質循環過程におけるコンパートメントとして重要な要素であり，地球のサブシステムの相互作用と生態系の物質循環過程は密接に関係している．そのため，近年では，生態学においても生物地球化学的物質循環という用語が使用されるようになった．

生態系内での生物要素や環境要素の各コンパートメントは，様々な経路において，栄養塩類を獲得したり失ったりする．その収支により，各コンパートメントに蓄積される栄養塩類の状態が決定される．コンパートメント内の栄養塩類の収支が釣り合っている場合は，流入量＝流出量である．また，栄養塩類の流入量が上回る場合には，流入量－流出量＝蓄積量となり，逆に，栄養塩類の流出量が上回る場合には，流出量－流入量＝損失量となる．このため，生物が必要とする有機物の主要な元素であり，生物体への取り込みに際して容易でない炭素，窒素，リンの物質循環過程の理解には，各コンパートメントの収支に影響を及ぼす要因を明らかにすることが重要とされる．

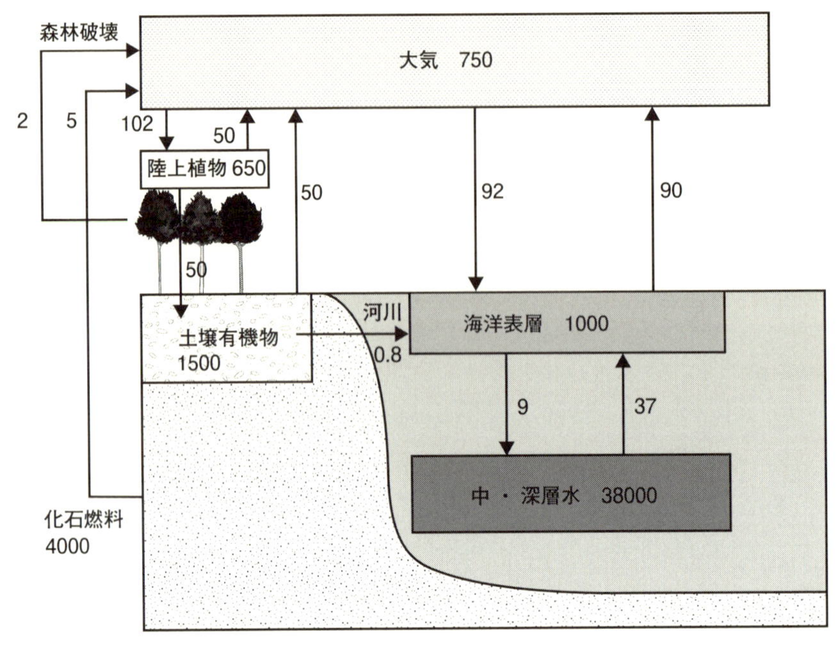

図 8.8　地球規模での炭素の循環と炭素蓄積
図中の箱内にある蓄積量の単位は，炭素（C）量に換算されたギガトン炭素（10億トン炭素）で，矢印で示した移動量の単位は，年あたりのギガトン炭素（10億トン炭素／年）である．なお，これらの数値は Denman *et al.*（2007）および半田（1999），O'Neill（1998）をもとに作成した．

地球規模での炭素循環

炭素は生態系の最も基礎となる物質であり，有機物を構成するために必須な元素である．生態系内での炭素の循環は，大気圏に存在する濃度がわずか 0.04％の二酸化炭素を生産者が取り込んで，生産者から消費者や分解者へと有機物が移動するなかで炭素が交換されていく過程である．生物要素間での炭素の受け渡しは，エネルギーを得る過程でもあり，最終的には，ほとんどすべての炭素は，エネルギー獲得のための呼吸などの作用により，二酸化炭素として大気中に放出される．

海洋も含めた地球全体での炭素量をみると，地中深く埋蔵している化石燃料をのぞき，海洋中の炭素量が最も多く，次に，土壌中の有機物などに含まれる炭素量が多い（図8.8）．また，陸上の植物体には650ギガトン，大気中には750ギガトン，土壌中には1500ギガトンの炭素量が存在すると推定され，大気中の炭素量と植物体の炭素量はそれほど大きくは違っていない．

化石燃料の消費や森林破壊を原因とする大気中への炭素排出量は，おおよそ年間7ギガトンである．一方，陸上生態系と海洋には，年間4ギガトン程度（それぞれ吸収量と排出量の差を計算）が吸収される．その結果，年間3ギガトン程度の炭素が大気中に放出されており，これが近年の急激な地球環境変化の原因の1つとされている（第13章）．

その他の地球規模での炭素循環の過程には，以下のような特徴がある．

(a) 生態系への光合成による炭素の取り込み量と生物の呼吸などによる大気中への炭素排出量は，ほぼ釣り合っている．

(b) 毎年，大気中の炭素量の14%程度が，生産者により有機物に変換され，生態系に流入している．

(c) 化石燃料にはおおよそ4000ギガトン程度の，海洋には表層と中・深層をあわせて39000ギガトン程度の炭素量があり，これらの炭素量は，他の場所に比べて非常に多い．

生態系における有機物の生産速度と分解速度

森林や草原などの陸上生態系では，動物により直接食べられる有機物量は，純一次生産の10%程度でしかない．純一次生産の約9割以上は，すぐに消費・分解されるわけではなく，これらの大部分は，植物体の一部として，また，植物遺体として，生態系の物質循環過程において一時的に滞留する．また，微生物などの分解者は，生態系内に固定された有機物を無機物や栄養塩類として大気中や土壌中に放出する役割を持つ．つまり，生産者による有機物の生産の速度と分解者による有機物の分解の速度の差が，生態系における有機物の集積量となる．

生物要素による有機物の生産と分解の温度に対する反応は同じではない．光合成による有機物生産の最適温度は25℃付近であるが，微生物などによる有機物の分解の最適温度は30～35℃である（図8.9）．また，微生物による有機物の分解は，微生物の活動のための栄養源の獲得でもある．そのため，炭素と

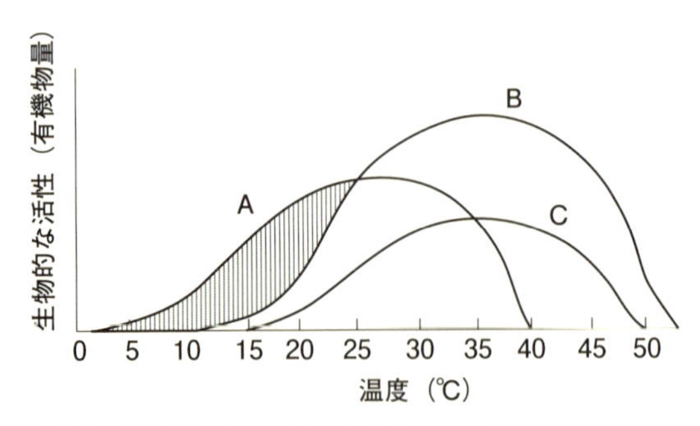

図 8.9　有機物の生産量および分解量と温度との関係
A は植物の生産量と温度との関係を，B は適湿な場所における微生物による有機物の分解量と温度との関係を，C は過湿地などの酸素供給が不良な場所での有機物の分解量と温度との関係を模式的な曲線で示したものである．A の生物的な活性に関連した有機物の生産量の変化を見ると，最適温度は 25℃前後である．B と C の微生物活性に関連した有機物の分解量を見ると，最適温度は 30～35℃である．このため，温度が 25℃以下の場合には，線で示した部分のように，有機物の生産速度に比べて分解速度が低いために，土壌中に有機物が集積する結果となる．[Mohr, E. C. J.（1930）より改変]

窒素の割合が適当でないと分解速度は遅くなる．さらに，半乾燥地では，微生物の活動に必要な水分が不足し，湿地では，微生物の活動に必要な通気量が確保されず，有機物の分解速度は遅くなり，有機物の集積量が比較的多くなる．例えば，北方林では，温帯林などの他の湿潤な森林生態系に比べて一次生産力は低いが，低温環境にあるために，有機物の分解速度が遅く，北方林の土壌中の炭素蓄積量は，陸域生態系のなかでは多い傾向にある．

地球規模での窒素の循環

窒素は，生体の構成や維持に不可欠なタンパク質や核酸などに含まれ，それらを構成するアミノ酸やヌクレオチドの必須元素である．しかし，大気組成の約 80% を占める空気中の窒素（N_2）を直接利用できる生物はわずかである．一般に，植物体に取り込み可能な窒素態は，硝酸イオン（NO_3^-）などの**無機（態）窒素化合物**である．一方，動物は，植物体などを構成する**有機（態）窒素化合物**を直接摂取して窒素を体内に取り入れている．

生産者の緑色植物や分解者の菌類は，土壌中や水中に溶けている硝酸イオン（NO_3^-）と糖を原料とした有機酸から，**窒素同化**（nitrogen assimilation）と

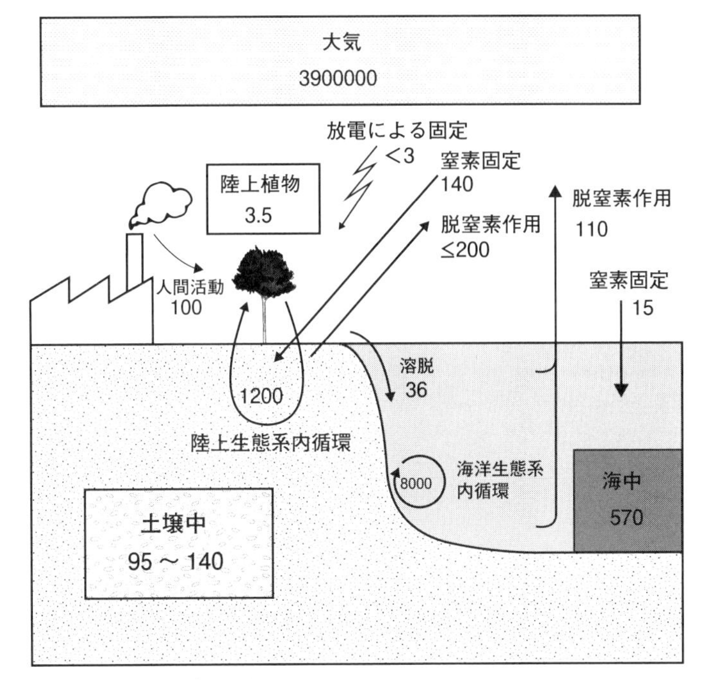

図 8.10　地球規模での窒素の循環
図中の箱内にある蓄積量の単位は，窒素（N）量に換算された 10^9 トン窒素で，矢印で示した移動量の単位は，窒素（N）量に換算された年あたりの 10^6 トン窒素である．［Schlesinger, W. H.（1997）より改変］

いう過程により，有機（態）窒素化合物を合成する．逆に，動植物の遺体や排泄物に含まれる有機（態）窒素化合物は，分解者によりアンモニウムイオン（NH_4^+）にされる．再び，植物が土壌中の無機（態）窒素化合物を利用するためには，硝酸イオンへの変換が必要となる．生態系内では，**硝化菌**（nitrifying microbes：亜硝酸酸化菌など）によりアンモニウムイオン（NH_4^+）は，亜硝酸イオン（NO_2^-）を経て硝酸イオン（NO_3^-）に変えられる．これを**硝化作用**（nitrification）という。

地球規模で見ると，生態系内への窒素の主な流入経路は，大気中の塵埃に付着した硝酸態化合物（NO_x）や火山から出るアンモニア（NH_3）を含んだ雨などである．また，**窒素固定細菌**（第５章）によって，大気中の窒素が取り込まれる場合がある．一方，生態系内の窒素は，**溶脱**（leaching）という作用により系外に流出したり，微生物（脱窒素細菌）の**脱窒素作用**（denitrification）によって大気中に窒素ガスとして放出される（図8.10）．なお，大気中に供給される N_2 の大部分は，火山活動に由来するものである．

一般に，溶脱作用や脱窒素作用により生態系から放出される窒素量に対して，降下物などでの系内への流入は少ない．また，他の生態系からの窒素の流入や生態系外への流出は，生態系内で循環する窒素量に比べて極めて少なく，生態系内の構成要素間での収支が，窒素循環過程の大部分を占めている（COLUMN 8：3）．このため，窒素をめぐる生物間の競争，特に，植物における種間競争は，生物群集の成り立ちに深く関係している．なお，窒素の循環は，半閉鎖系の循環と呼ばれており，リンなどの栄養塩類もこの半閉鎖系の循環である．

COLUMN 8:3

湖沼の富栄養化

窒素やリンなどの栄養塩類の濃度が低い湖を**貧栄養湖**といい，貧栄養湖では，植物プランクトンや動物プランクトンは，十分に増えることができず，これらを食べる魚類も少ない．一方，生活排水などに含まれる栄養塩類の流入が増えると，これらの栄養塩類を水生植物が，十分に吸収できるとは限らず，水面には植物プランクトンが大量に発生することがある．この状態になると，水中に光が十分に届かなくなり，水生植物の生育も悪くなる．この現象を**富栄養化**（eutrophication）といい，栄養塩類の濃度が高い湖を**富栄養湖**という．

富栄養化は，陸上や水域の生態系の構造や物質循環のバランスが崩れることにより起こる．硝酸態窒素は，多くの植物が利用できるが，アンモニア態窒素や亜硝酸態窒素を利用できる植物は限られている．また，硝化菌の活動の低下によりアンモニア態窒素や亜硝酸態窒素が，生態系内に過剰に蓄積することがある．この状態の生態系から多量の栄養塩類が河川に流入して，湖沼の富栄養化が進む．

第9章

世界の生物の分布とバイオーム

9.1　生物の地理的分布

生物相と生物地理学

ある地域に見られる生物の種類はそれぞれ異なっており，一定の場所での生物の種全体を**生物相**（biota）という．生物相が違うならば，その場所の生物群集は，異なった種から構成されていることになる．生物相のなかで，植物の種全体を**植物相**（flora）といい，動物の種については**動物相**（fauna）という．植物や動物の分布には地理的な特徴があり，各地の生物相を比較して，その類似と相違から世界的・地域的な生物相の区分がなされている．また，生物の地理的な分布とその成因に関連した学問分野を，**生物地理学**（biogeography）という．生物相の地理的な区分において，植物を対象とした場合と動物を対象とした場合では，地域の分割の扱いが異なっており，それぞれ**植物区系**（floristic region）と**動物地理区**（zoogeographic region）と呼んでいる（浦本 1993）．

生物相の地理区・区系には，界，区，亜区などの階級が用いられる．これらの階級は，各地域に生息・生育する種や属を比較して，出現する分類群の差の程度から設定されている．生物相の地理区・区系の高位（界が最高位）になるほど，地域間に出現する分類群には大きな差がある．また，動物相と植物相とでは，界や区レベルにおいて違いが大きい（図9.1）．これは，地球上の陸地の変遷に伴う隔離の影響と動物と植物の種分化が生じた時期の違いなどに関係している．

植物相の地理的な区分は，大きく6つの植物区系界に分けられており，それ

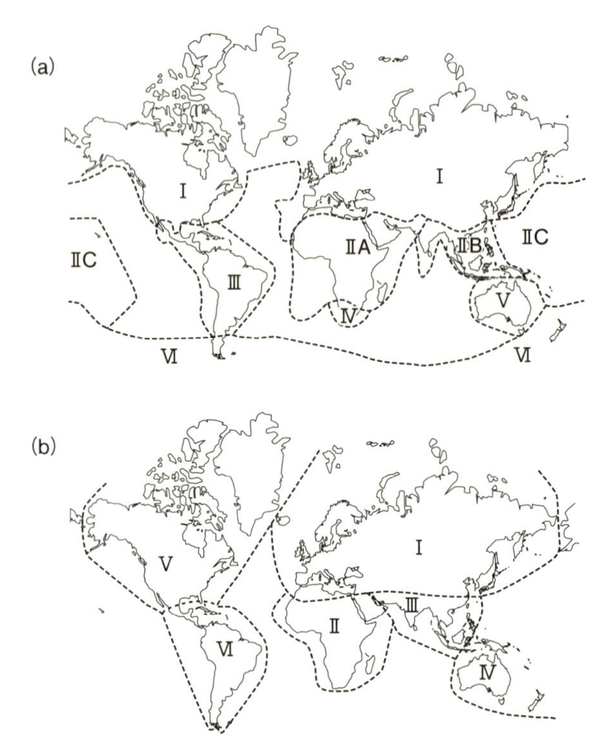

図 9.1　世界における植物区系と動物地理区

(a) 顕花植物の分布を基準に区分された世界の6つの植物区系界．Ⅰ：全北植物区系界，Ⅱ：旧熱帯植物区系界（A：アフリカ亜区，B：インド・マレーシア亜区，C：ポリネシア亜区），Ⅲ：新熱帯植物区系界，Ⅳ：ケープ植物区系界，Ⅴ：オーストラリア植物区系界，Ⅵ：南極植物区系界．

(b) 動物地理学者により区分された動物地理区における6つの区域．Ⅰ：旧北区，Ⅱ：エチオピア区，Ⅲ：東洋区，Ⅳ：オーストラリア区，Ⅴ：新北区，Ⅵ：新熱帯区．

[(a) Good, R.（1964）を基にした Odum, E. P.（1971）より改変，(b) de Beaufort, L. F.（1951）より改変]

らは，一般に全北植物区系界，旧熱帯植物区系界，新熱帯植物区系界，オーストラリア植物区系界，ケープ植物区系界，南極植物区系界とされている（図9.1a）．さらに，それらは35以上の区系区に分割されている（Good 1964；林 1990；Takhtajan 1986）．一方，動物地理区には様々な学説があり（黒田 1972），ここでは，旧北区，新北区，エチオピア区，東洋区，オーストラリア区，新熱帯区の6つに区分（de Beaufort 1951）された動物地理区を示した

(図 9.1b). なお, 動物地理区の最高位にも界がみとめられており, 現在, 一般的な考え方として, 世界の動物地理区を北界, 南界, 新界に分ける 3 界方式がある.

世界の植物区系の特徴

全北植物区系界には, ユーラシア大陸と北アメリカ大陸が含まれ, **第三紀北極要素**(Arcto-Tertiary element)と呼ばれる植物群が分布している. 現在, この地域を代表する植物分類群には, マツ属, トウヒ属, ブナ属, クリ属, コナラ属, カバノキ属, カエデ属などがある.

旧熱帯植物区系界は, アフリカ大陸, インド半島, 東南アジア, インド洋・太平洋の諸島からなり, この区系界には, ヤシ科, コショウ科, バショウ科, タコノキ科, フタバガキ科などの植物群が分布している. バナナは, 旧熱帯植物区系界の最も有名な植物である.

新熱帯植物区系界は, 南端のパタゴニア地域を除いた中部アメリカ以南の南アメリカ大陸を中心とした地域で, サボテン科やパイナップル科が, この区系界の代表的な植物分類群である.

オーストラリア植物区系界は, オーストラリア大陸とタスマニア諸島を中心とする地域で, この区系界にはユーカリ属やアカシア属などの分類群が見られる.

ケープ植物区系界は, アフリカ大陸南端のケープ地域に限られた区系界であり, 地史的に早くから隔離状態にあったため, その植物相は極めて特異である. ツツジ科エリカ属や, 耐乾燥適応のあるアロエ属に属する多肉植物が, この区系界の代表的な植物である.

南極植物区系界は, 南米南端のパタゴニア地域とフエゴ島, ニュージーランド, 南極大陸, 南太平洋と南インド洋の諸島を含む地域である. この区系界では, ナンキョクブナ科やナンヨウスギ科に代表される植物群が特徴的である.

世界の動物地理区の特徴

旧北区はインド半島と東南アジアを除くユーラシア大陸すべてとサハラ砂漠以北のアフリカ大陸に位置し, 動物地理区のなかで最も広大で多様な環境が存在する地域である．旧北区を代表する動物には，ラクダ，ヒツジ，ウシなどの種類が生息している．

新北区は北アメリカ大陸の大部分を含み，ここではアライグマやビーバーなどの種類が特徴的な動物である．また，鳥類や爬虫類には固有種が多い．

エチオピア区は，サハラ砂漠以南のアフリカ大陸の地域である．ここでは哺乳類や鳥類の半分以上が固有種で，なかでもチンパンジーやダチョウは，この区の特徴的な動物である．

東洋区は，ヒマラヤ以南の南アジアと東南アジア，南中国と台湾，琉球諸島を含み，この区を代表する動物にはオラウータンやクジャクなどの種が見られる．

オーストラリア区は，オーストラリア大陸とニューギニアを含む地域である．早くから隔離されたため，ユーラシア大陸とは極めて異なる動物相が見られ，カモノハシ，カンガルー，エミューなどの多くの固有種，特に，有袋類の動物類が特徴的である．

新熱帯区は，南アメリカ大陸全体と中央アメリカにあり，オマキザル科，アリクイ類，ナマケモノ類，アルマジロ科などの動物群により特徴づけられる．

大陸移動と生物相の形成

地球上の生物相，特に植物相の相違性と類似性は，大陸の分裂や移動によって共通の祖先から分かれた植物種の隔離に関係している．現在の大陸の分布は，ウェゲナーらが提唱した大陸移動説により説明されている．植物は，動物とは異なり，自力での移動手段を持っていないため，植物区系の特徴は，大陸の変遷の歴史に大きく影響されている．また，各地域の生物相は，地史的な影響だけではなく，共通の祖先種が異なる環境に適応して多様な形質に進化する**適応放散**（第2章）の影響を受けて形成されている．

異なる地域に生息する系統の違うグループの生物種が，同じような環境に適応するために，その形態や習性においてよく似た特徴をもつ**収斂**（第2章）がある．オーストラリア大陸の有袋類のなかには，他の大陸に生息する有胎盤類とよく似た形態や習性などの生態的特徴を持っている生物がいる．さらに，フクロオオカミとオオカミや，フクロモグラとモグラのように，類似した形態・

習性をもっているだけでなく，まったく異なる生態系のなかで，同じような生態的地位を占めている生物が見られる．異なる生態系において，同じ生態的地位を占める系統の違う生物種のことを，**生態的同位種**（ecological equivalent）という．

植物の分散と分布域

生物群集のなかでも植物群集の成り立ちは，生態系の一次生産機能としての基盤を形成し，これに依存する動物群集だけでなく，生態系全体の特徴に影響を及ぼす．そのため，植物群集の成立要因を知ることは，生物的自然に関する様々な自然法則の理解の基礎となる．

植物群集は，多くの植物種により構成されている．植物は，種子や胞子などの**増殖体**（migrule）を散布する方法により移動することができる．植物相の形成には，植物の分散の役割が関係している．また，種子や胞子の散布様式は，それらの発芽・定着・成長を大きく左右する．

植物の種子や胞子は，風・重力・動物・水などによって散布される（第7章）．シダ植物の胞子や，タンポポなどの冠毛をもつ種子，マツなどの翼のある種子は，風によって数km以上も移動することがあり，これらの植物種は，広範囲に迅速に移動できる．一方，植物の種子には動物に好まれるように果実に包まれた状態のものがあり，これらの種子は，動物が食べて体内を通って散布される．また，動物の体表に付着して，動物の移動により散布される種子もある．さらに，ナラやブナなどのブナ科樹木の種子（一般に堅果という）は，ほとんどが母樹の下に落下する．このような種子の散布範囲は狭く，散布距離も短いため，それらの植物種の移動はゆっくりである．なお，ブナ科の樹木の種子は，齧歯類や鳥類により遠くまで散布されることもある．

植物は，種子などの散布により，その分布域を拡大することができ，交配の可能な限りにおいては連続的な分布になることが多い．一方，海洋や海峡，大きな山脈などが障害となり，その分布域が拡大できないこともある．そのため，植物種では，その分布域の特徴から，汎存種，固有種，遺存固有種などの区別がなされている．

世界的に広い地域に分布する種（特に2大陸以上にまたがっている種）を**汎**

存種（cosmopolitic species；普遍種ともいう）といい，狭い範囲に分布が限られる種を**固有種**（endemic species）という．さらに，古い地質年代においては，広い分布域を持っていたが，気候変動などの影響により，現在では一部の狭い範囲に分布が限られる種を**遺存種**（relic species）という．日本のような大陸から隔離された地域では，固有種のみならず，遺存種であることもあり，気候変動の影響により分布域が限られた種を**遺存固有種**（relic endemic species）という．このような植物種では，生育する範囲が，地形や地勢などの影響を受けて不連続な分布を示すことがある．

9.2　植生と環境

植物群落の相観と植生

地球の地勢の変化（大陸移動など）は，大陸レベルでの植物相の差異をもたらし，植物区系という植物の地理的な区分を形成した．また，それぞれの植物区系において類似した気候のもとに出現する植物種は，その形態や外観が異なっていても遺伝的には近縁な場合がある．

一方，植物集団の種組成や相観にとらわれず，その場所における植物群落を総称する区分のことを，**植生**（vegetation）という．一般には，同じ気候環境下で，植物群落の相観が同じようならば，構成する植物種が異なっても，これらは類似した植生とみなされる．

例えば，温暖で雨が多い熱帯や温帯では，常緑広葉樹の発達した植生が，冬に冷涼な温帯では，落葉広葉樹の優占する植生が見られる．寒冷な高緯度では，常緑針葉樹や落葉針葉樹で構成される植生が成立する．さらに，アメリカ大陸のサボテン科とアフリカのトウダイグサ科のように系統上近縁関係は遠いが，これらの植物種が優占した場所では，相観が類似した乾燥地に特徴的な植生が見られる．

生活形と階層（成層）構造

植生を構成する植物の形態的な類似性は，生育場所の環境に適応するための形質によるものである．固着性である植物は，特に，冬季や乾季などの環境の厳しい時期に，生き残るための戦略を必要とする．その１つが休眠という戦略である．

デンマークのラウンケル（Christen Raunkiaer，1860～1938）は，陸上の植物を休眠の形態による**生活形**（**life form**）という概念から分類する方法を提唱した（図 9.2）．この生活形の様式は，一年生や二年生・（越年生）・多年生という植物の生活史の長短とも関連している．一年生植物は，種子以外に休眠の方法を持たない．二年生や多年生植物は，環境の厳しい期間には，次の生育期間に伸長する休眠芽を形成し，休眠芽の位置が低いほど厳しい環境に耐えることができる．休眠芽が地表の高さ 20～30cm 以下にある植物は，地表植物，半地中植物，地中植物に分けられている．また，それ以上の高い場所に休眠芽を形成する植物を地上植物という．地上植物は，2m 以下の高さに休眠芽を形成する矮型地上植物と，2 m以上の高さに休眠芽を形成する大型地上植物（30m 以

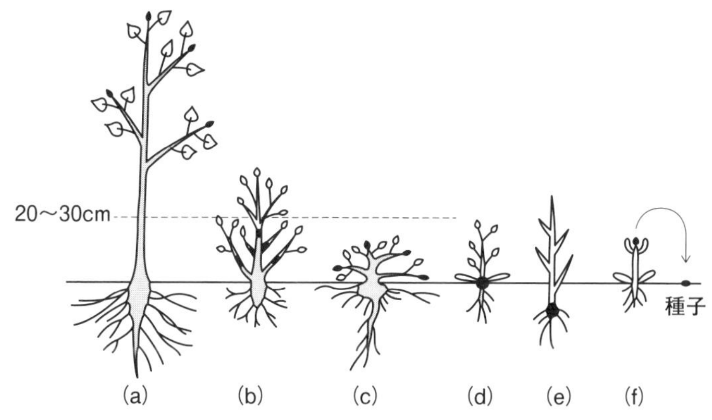

図 9.2　ラウンケルによる植物の生活形の概念

越年生組織（芽や種子）がある高さを基準に生活形の区分を描いたもので，黒色の部分は越年生組織を，白色の部分は越年しない脱落性の組織を，灰色の部分は木質性の組織を表す．
(a) 地上植物で，地上 20～30cm 以上に芽をもつ木本植物
(b) 地表植物で，地上 20～30cm 以下に芽をつける丈の低い低木
(c) 地表植物で，地上 20～30cm 以下に芽をつける亜低木性の植物
(d) 半地表植物で，地表に芽をもつ多年生草本植物
(e) 地中植物で，地表より下に塊根や越年生の芽を持つ草本植物
(f) 一年生植物で，環境が不適な時期は種子で耐える草本植物
[Raunkiaer, C.（1934）を基にした Whittaker, R. H.（1979）より改変]

上）・中型地上植物（8～30m）・小型地上植物（2～8m）に区分されている（藤田 2003）．一般に，地上植物は木本性であり，休眠芽を植物体の先端付近に形成する．

植物群落は多様な生活形の植物により構成されるため，構成種の生活形に関連した垂直的な分化が見られる．植物群落の垂直的な構造を**階層構造**（stratification：**成層構造**ともいう）といい，植物群落の階層構造の発達には，植物の生活形と環境要因が関係している．例えば，多様な生活形の植物が出現する森林の階層構造は，一般には複雑となり，温帯林では4～5層の階層が見られる．また，垂直方向に到達する葉群の高さは植物種により様々である．樹木の上部に集まった葉群の一定の厚さの層のことを**樹冠**（crown）といい，高木の樹冠は森林の最上部を構成し，これを**林冠**（canopy）という．一般に，森林の階層構造は，林冠から地表へと順に，高木層，亜高木層，低木層，草本層，地表層（コケ層）という階層に区分されている（只木 1996）．

世界の気候と植生との関係

植生の分布に影響する気候要素には，温度と乾湿の程度が特に重要である．温度は，すべての生物にとって不可欠な環境要素であり，生物種ごとに生理的活性を維持するための最小温度が存在する．ある一定以下の低温が続くと，植物は生存できない．一方，光合成の最適温度は呼吸の最適温度より低いため，呼吸速度が光合成速度を上回る温度域が長期間続くと植物の成長は悪くなる．

また，植物は水の供給を土壌から得ている．しかし，土壌水分の状態は，降水量が多いか少ないかだけではなく，植生や土壌からの水分の蒸発にも関係する．つまり，植生の成立は“降水量に影響される”という単純なものではなく，土壌水分から見た乾湿の程度（これを乾湿度という）に影響される．

ケッペン（Wladimir P. Köppen, 1846～1940，ドイツ）は，降水の集中する時期を高温期と低温期に区別して，植生に及ぼす降水の効果が異なることを考慮した乾湿度の指数を提案した．このケッペンの**乾湿度指数** K は，彼の気候分類の学説の基礎ともなり，年平均気温 T（℃）と年間降水量 P（mm）から次のように計算される（吉良 1976；石塚 1977）．

1年中多雨の場合 $K = \dfrac{P}{2(T+7)}$

夏期に雨が多い場合 $K = \dfrac{P}{2(T+14)}$

冬期に雨が多い場合 $K = \dfrac{P}{2T}$

Kの値が5以下では砂漠気候，5〜10ではステップ気候，10以上で森林が成立する気候と定義されている．なお，よく使用されるケッペンによる世界の気候区分は，この乾湿度指数に関連させて，次のA〜Eの5つに分類されている．Aは**熱帯気候**，Bは**乾燥気候**，Cは**温帯気候**，Dは**冷帯（亜寒帯）気候**，Eは**寒帯気候**であり，これらはさらに小区分の気候区に分けられている．このなかで自然環境が厳しく，森林が成立しない気候区としてはBの乾燥気候とEの寒帯気候であり，砂漠気候やステップ気候はBの乾燥気候に属する．

一般に，植生の外観の特徴は，その場所を優占する植物により決まる．Whittaker（1979）は，植生分布に対応した世界のバイオーム型を気温と降水量から分類した（図9.3）．この分類によれば，世界のバイオーム型は，森林，サバンナ，草原，ツンドラなどに大別されている．さらに，世界の森林は，熱帯多雨林，熱帯季節林（雨緑樹林），温帯多雨林，温帯林（照葉樹林，夏緑樹林），針葉樹林に分けられる．一方，降水量が少ない地域では森林は成立せず，熱帯にはサバンナが，温帯にはステップやプレーリーなどの広大な草原が見られる．また，寒帯にはツンドラという背丈の低い草本やコケ・地衣類などからなる植生が見られる．水分が制限とならない範囲では，植生分布は温度条件により決まり，特に，ユーラシア大陸東岸では，B気候やE気候がほとんどないため，南方の熱帯気候から北方の亜寒帯気候に属する森林が帯のように見られる．

また，植物の生育は年平均気温のような単純な温度条件ではなく，生育期間中の温度の積算値に影響される．そのため，1年間の気温による積算温度が，植生の違いに関係している．吉良（1945，1949）は，比較的湿潤な地域での植生分布の違いを，植物が生育する最低温度を5℃とした積算温度の指数により表した．この指数を温量指（示）数といい，一般に，**暖かさの指数**（**warmth**

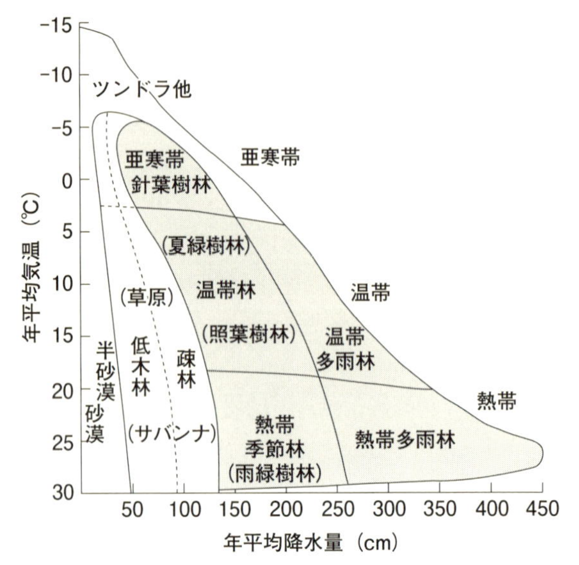

図 9.3　降水量および気温と世界のバイオーム型との関係
灰色で示した部分は比較的湿潤なバイオーム型（生態系）で，世界の主要な森林植生の成立する水分・温度条件の範囲を表す．これによれば，世界の主要な森林植生として，熱帯林（熱帯多雨林・熱帯季節林），温帯林（夏緑樹林・照葉樹林・温帯多雨林），亜寒帯針葉樹林の３つの大区分がみとめられる．
[Whittaker, R. H.（1979）より改変]

index；WI）とも呼ばれている．暖かさの指数は，月平均気温が5℃を超える月について，それぞれの月平均気温 t から5℃を差し引いた積算値である．

$$\mathrm{WI} = \sum^{n} (t-5)$$，n は1年のうち $t > 5$ である月の数

さらに，吉良（1948）は，植生に影響を及ぼす冬期における寒さの積算温度の指数として**寒さの指（示）数**（**coldness index；CI**）を考案した．この寒さの指数は，月平均気温 t が5℃を下回る月について，5℃からの差を積算してマイナス符号をつけた値である．

$$\mathrm{CI} = -\sum^{n} (5-t)$$，n は1年のうち $t < 5$ である月の数

日本を含むユーラシア大陸東岸において，暖かさの指数と植生分布との関係を示すと，暖かさの指数が240以上の時には熱帯多雨林が，180-240では亜熱帯多雨林が，85-180では暖温帯常緑広葉樹林（照葉樹林）が，45-85では冷温帯落葉広葉樹林（夏緑樹林）が，15-45では亜寒帯針葉樹林が見られる．な

お，暖かさの指数が15以下の時には，森林は成立しない．また，北アメリカ東部における森林植生の分布は，暖かさの指数と比較的よく対応していることが明らかとなっている（吉良 1976）．

植生と土壌

土壌は，気候とともに陸上植物の重要な環境要因の1つである．自然状態の土壌は垂直方向に層状の構造が形成されており，それぞれの層は，母岩の風化作用を受けてできた母材の物理的・化学的・生物的な性質から分化（一般にA～C層に分ける）している．土壌層位の最上層である土壌表面には，植物の遺体が集積している部分（これを A_0 層という）がある．その下には，動植物や微生物の影響が加わり，**腐植質**（**humus：コロイド状高分子物質群**）という土壌有機物を多く含んだ黒色を呈するA層が，土壌の下層には無機的な母材からなるC層がある．また，A層とC層の間には，中間的な土壌層位のB層がある．

土壌の生成過程において，大気候とそれに規定される植生の影響が，ほかの因子よりも強く作用する場合には，その土壌を**成帯土壌**（**zonal soil**）という．また，成帯土壌の生成作用には，ポドゾル化作用，ラテライト化作用，砂漠化作用（塩類集積作用）などがある（松井 1978）．

寒冷湿潤な気候では，針葉樹の分解されにくい落葉から**腐植酸**（**humic acid**）が生成され，A層からCaやFe，Alが溶解する**ポドゾル化作用**が起こる．ここでは，灰白色のA層と黒褐または赤褐色のB層が形成され，この土壌を**ポドゾル**（**podzol**）という．

熱帯多雨林などの高温多湿な地域では，植物遺体は迅速に分解される．このような場所では，弱アルカリ性の条件により，ケイ素が溶解して下層に流亡する．一方，FeやAlは溶解せず，A層に残留する**ラテライト化作用**が起こる．この作用で生成された土壌は鉄分によりレンガ色を呈し，**ラテライト性土壌**（**赤色土**）と呼ばれている．

熱帯でも温帯でも乾燥した場所では，植物の一次生産量はわずかで，植物遺体もすぐに分解して，土壌腐植（soil humus）は集積しないために，土壌層位の分化はほとんど起こらない．これを**砂漠土**という．また，激しい乾燥下では，土壌水は上層に移動して，土壌母材や地下水に含まれる可溶性塩類が地表に析出されて**塩類土**（これを塩類集積作用という）になる（松井 1978）.

世界で見られる様々な成帯土壌は，ポドゾル，ラテライト性赤色土，砂漠土を 3 つの極とする，この間に含まれる土壌型として示すことができる（図 9.4）．これらの成帯土壌型には，半乾燥地帯のイネ科草原に見られる**チェルノジョーム**（chernozem；**チェルノーゼム**ともいい，狭義の黒色土壌をいう）や**プレーリー土**，湿潤気候の夏緑樹林帯に分布する**褐色森林土**，照葉樹林帯で見られる**黄褐色森林土**などがある（図 9.4）.

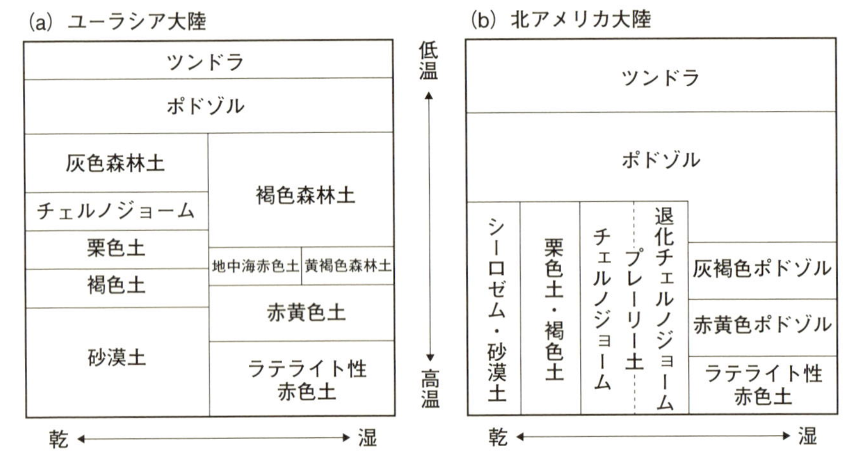

図 9.4　ユーラシア大陸と北アメリカ大陸における成帯土壌の種類
世界の成帯土壌型は，ポドゾル，ラテライト性赤色土，砂漠土の 3 つのタイプを頂点として，それらの中間型が存在している．さらに，これらの成帯土壌は乾湿や温度などの気候条件に即して分布している.
[(a) 松井 健（1978）より改変，(b) Blumenstock, D. I., Thornthwaite, C. W.（1941）より改変]

9.3　世界のバイオームの特徴

植生帯とバイオーム

植物相を対象とした植物の区系と同様に，植生型をその相観により地域ごとに区分することができる．この区分された植生型の分布の単位は，**植生帯**（vegetation zone）と呼ばれ，この植生帯の違いは大まかにみると気候条件と関連している．一般には，世界の植生型の分布は，ワルター（Walter 1964）により類型化されている（図 9.5）．

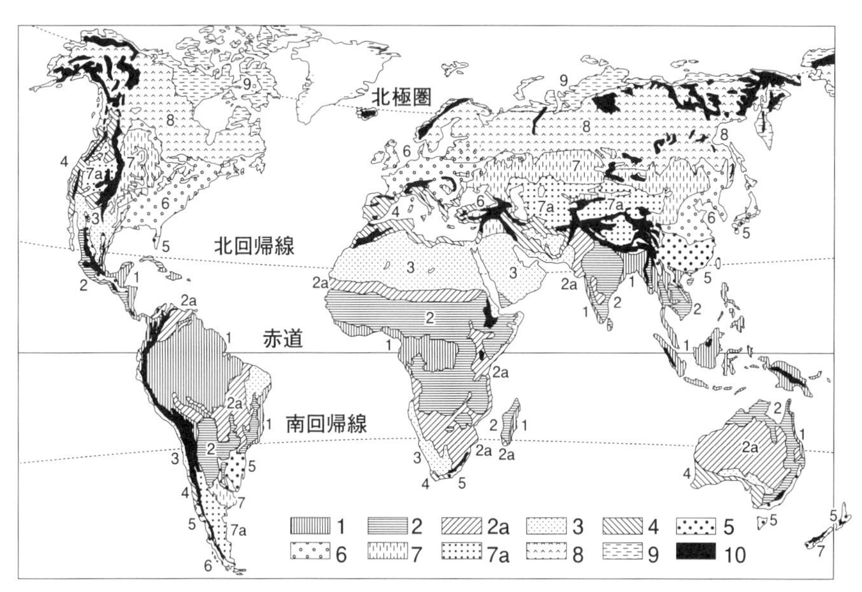

図 9.5　ワルター Walter による世界の植生帯の分布図
1：熱帯多雨林，2：雨緑樹林，2a：サバンナおよびとげ低木林，3：熱帯・亜熱帯半砂漠および砂漠，4：硬葉樹林，5：照葉樹林（暖温帯常緑広葉樹林），6：夏緑樹林（冷温帯落葉広葉樹林），7：温帯草原，7a：温帯半砂漠および砂漠，8：北方（亜寒帯）針葉樹林，9：ツンドラ，10：高山植生．
[Walter, H.（1964）より改変]

なお，この相観によって区分される植生帯の概念は，クレメンツの提唱した**バイオーム**（**生物群系**，第 5 章）の単位やケッペンの気候区分にも対応しており，世界の植生型すなわち各バイオーム型には以下のような特徴がある．

熱帯多雨林（図 9.6a）

熱帯多雨林（tropical rain forest）は，熱帯のうちアメリカ，アフリカ，東南アジアの赤道付近の降水量の多い地域に分布する森林で，平均気温が 26℃以上，年間降水量は 1800mm を超える気候条件の場所に見られる．熱帯多雨

図 9.6　世界のバイオームの風景（口絵 1 参照）
(a) 熱帯多雨林（マレーシア），(b) サバンナ（ケニア），(c) 照葉樹林（日本），(d) 半砂漠・荒原植生（USA），(e) 夏緑樹林（日本），(f) ステップ（カザフスタン），(g) 亜寒帯針葉樹林（日本），(h) ツンドラ植生（ロシア）[写真提供：(a) 中川弥智子氏，(b) と (d) 坂本圭児氏，(f) Borjigin Shinchilelt 氏，(h) 兒玉裕二氏]

林は常緑広葉樹により構成され，複雑な階層構造が発達している．林冠となる高木層の高さは30～40mに達し，樹冠の位置が地上50m以上の林冠を付き抜けた突出木（超高木 emergent ともいう）と呼ばれる樹木も見られる．大きな樹木のなかには，根元付近に板根（buttress root）と呼ばれる支持根が発達している．有機物の分解が速い熱帯の浅い土壌において，板根は大きな幹を支えると同時に根の呼吸を助ける役目をもっている．

熱帯多雨林では，森林を構成する植物の種数が極めて多く，面積1haあたり200種類以上の樹木種が出現する．また，林内の湿潤な環境条件から，他の樹木に巻き付いて林冠に到達する木本性のつる植物（liana）や，樹木や岩など土壌以外の場所に根を付着させて生育するシダ類やラン科の着生植物（epiphyte）が多い．

一方，熱帯多雨林では，相観的な特徴が類似している場合でも，出現する樹種や種組成は著しく異なっていることがある．例えば，東南アジアではフタバガキ科の多様な樹種が，南アメリカではヤシ類が，アフリカではマメ科のネムノキやジャケツイバラの仲間が優占種となっている．

雨緑樹林

この森林は熱帯と亜熱帯の雨季と乾季のある地域に分布し，**熱帯季節林**（**tropical seasonal forest**）または熱帯モンスーン林とも呼ばれている．**雨緑樹林**（**rain green forest**）では，ほとんどの樹木は，乾季には落葉して，雨季に着葉するため，熱帯多雨林などとは異なり，構成樹種が少ない貧弱な植物相になる．また，着生植物やつる植物は極めて少ないという特徴がある．雨緑樹林の主要な樹種には，南アジアのチークやアフリカのアカシア，オーストラリアのユーカリなどがある．

サバンナ（図9.6b）

サバンナ（**savanna**）は，熱帯または亜熱帯の半乾燥地に見られる草原である．この場所では年降水量が1000mm程度であり，乾季が6～7カ月間続く地域もある．サバンナは，アフリカで最もよく発達している．ここではアカシアなどの落葉性の樹木が疎生する相観が見られる．また，サバンナには地球上で最も多様な植食性の哺乳類が見られ，それらを捕食する哺乳類も多く生息している．つまり，サバンナは豊かな動物相を維持しているバイオームである．

サバンナ地帯から砂漠に移行する部分には，マメ科のアカシア類などのとげの多い樹木が優占する低木林が見られる．これを**とげ低木林**と呼んでいる．アフリカのサハラやオーストラリアでは，その典型を見ることができる．

照葉樹林（図 9.6c）

温帯のなかでも平均気温が比較的高い地域は**暖温帯**（warm-temperate zone）といい，北緯・南緯 35°付近までには常緑広葉樹林が成立する．この森林を構成する樹種の多くは，葉の表面にクチクラ層が発達して，光沢のある常緑の葉を持つため**照葉樹**と呼ばれる．

照葉樹林（lucidophyllous forest）は，大陸東側でのモンスーンや貿易風の影響を受ける夏季に降水量が増える地域に発達し，特に，東アジアの日本南西部や中国南部からヒマラヤ東部のブータンやネパールには，世界最大の照葉樹林が見られる．この地域における照葉樹林の優占樹種は，ブナ科の常緑性のシイ類やカシ類，クスノキ科やツバキ科の樹木である．また，南半球の照葉樹林には，ニュージーランドなどに見られるナンキョクブナ属の常緑広葉樹とマキ科やナンヨウスギ科の常緑針葉樹が混交した森林が成立している．

硬葉樹林

硬葉樹林（sclerophyllous forest）は，温帯のなかでも年間降水量が 600mm 以下と少なく，温和な冬季には雨が降るが，夏には高温・乾燥が強い地域に分布する森林である．ここでは，厚いクチクラ層をもち，硬くて小さい葉をもつ常緑広葉樹が優占する．その代表的な樹種には，オリーブやコルクガシがある．硬葉樹林は，地中海沿岸地域のほか，アメリカのカリフォルニア州，オーストラリア，南アフリカのケープ地方，チリ中央部などの限られた場所に見られる．硬葉樹林の多くは，階層構造の貧弱な中・低木林であるが，地域ごとの植物相は多様であり，狭い地域においても出現する種数は比較的多い．

夏緑樹林（図 9.6e）

温帯のなかでも年平均気温が比較的低い地域は**冷温帯**（cool-temperate zone）といい，温暖湿潤な夏季と冷温な冬季が繰り返すという季節性のある中緯度地域には，落葉広葉樹の優占する**夏緑樹林**（summer-green deciduous forest）が分布する．夏緑樹林は，北半球では北アメリカ中部，ヨーロッパ西部から中部，東アジアに見られ，南半球ではアンデス南部付近のみに見られる．北アメリカ東部では五大湖地域からメキシコ湾までほとんど全域にわたって，アメリカブナやコナラ属，カエデ属などの樹種が優占する森林が発達する．東アジアの夏緑樹林の中心は，中国東北地方から長江までの低地平野である．この地域では，カバノキ属やコナラ属，ニレ属，シナノキ属，カエデ属などの多様な樹種が出現する．日本では，中部日本及び西日本の山地帯や，北関東から北海道までの山麓・平地には，夏緑樹林が広く見られる（第 10 章）．

温帯草原（図 9.6f）

温帯草原（temperate grassland）は，温帯の内陸部に分布する草原であり，年間降水量が 250〜750mm 程度の大陸性気候の半乾燥地帯に見られ，高木性の樹木はほとんど存在しない．一般に，温帯草原は長草型草原と短草型草原に分けられ，特に，短草型の草原ではイネ科植物を中心としたキク科やマメ科植物が混じる植生が見られる．また，ユーラシア大陸の広大な面積に広がる温帯草原を**ステップ**（steppe）と呼び，このステップという語が温帯草原を指すものとして使用されることがある．さらに，温帯草原は，北アメリカでは**プレーリー**（prairie），南アメリカでは**パンパス**（pampas），南アフリカでは**ベルド**（veld）のように，地域ごとに呼び名が異なっている．なお，温帯草原に見られる動物には，バッタ類などの昆虫や，穴を掘って生活するキツネ・ネズミなどの小型の哺乳類とバイソン・ウマなどの大型の哺乳類も見られる．

半砂漠・荒原（図 9.6d）

半砂漠・荒原（semi-desert）は，熱帯や温帯の年間の降水量が 250mm 以下の極端に少ない地域に見られる．ここでは，葉の表面積を小さくしたり，水を貯める器官を発達させた，乾燥に適応したサボテンやトウダイグサの仲間などの多肉植物が見られる．また，乾燥の厳しい季節には種子により休眠して，降雨の後だけに発芽して花畑を形成する1年生草本の群落も見られる．動物では，乾燥に適応した様々な種類が見られ，哺乳類や爬虫類のなかには夜行性のものも多い．

針広混交林

冷温帯から亜寒帯への移行帯には，落葉広葉樹と常緑針葉樹が混交した森林が成立し，これを**針広混交林**（mixed coniferous and deciduous broad-leaved forest）という．一般に，ユーラシア大陸と北アメリカ大陸の針広混交林では，亜寒帯性のモミ属やトウヒ属などの2〜3種の常緑針葉樹と，ブナ属（ブナやアメリカブナなど），コナラ属（ミズナラやヨーロッパナラなど），カエデ属（イタヤカエデやサトウカエデなど），カバノキ属（シラカンバやヨーロッパシラカンバなど）の多様な落葉広葉樹が出現する．

亜寒帯針葉樹林（図9.6g）

亜寒帯針葉樹林は**北方針葉樹林**（boreal coniferous forest）ともいい，ユーラシア大陸と北アメリカ大陸の北緯50〜70°の範囲で帯状に成立する針葉樹林と，中緯度から低緯度地域の山岳域に見られる針葉樹林も含めた名称である．一般には，周北極域の森林を**北方林**（boreal forest），山岳域の森林を**亜高山帯林**（subalpine forest）という．亜寒帯針葉樹林の総面積は約1600万 km^2 にも達する．亜寒帯針葉樹林は，1〜数種類の針葉樹を中心に，比較的少ない樹種から構成されている．また，高緯度になるほど種類が減少し，樹高が低くなり，疎林状の森林になる．ユーラシア大陸・北アメリカ大陸の北方林に出現する樹種は，大部分がマツ科のモミ属とトウヒ属の常緑針葉樹であり，これに落葉性の針葉樹であるカラマツ属と落葉広葉樹のカバノキ属が混じる．ただし，シベリアでは低温に加え乾燥が強いためカラマツ林が成立している．亜高山帯針葉樹林でも，北方林と同じように，マツ科のモミ属とトウヒ属の常緑針葉樹が優占している．なお，中緯度地域における亜高山帯針葉樹林では，最終氷期以降の温暖化により，寒冷な山岳域に分布が限られる遺存種も多く見られる（本章第1節）.

ツンドラ（図 9.6h）

ツンドラ（tundra）の植生は，平均気温が－5℃以下になる北極圏の寒帯に分布している．ツンドラ地帯の地下には永久凍土の層が存在し，また，低温のために微生物による落葉・落枝の分解が遅く，土壌中の有機物や栄養塩類は少ない．ツンドラでは，樹木はほとんど生育できず，高木はまったく見られない．ツンドラに生育できる植物は，1年生草本やコケ植物などの地表性のものがほとんどである．一方，動物では，ジャコウウシやトナカイ（カリブー）などの植食性の大型哺乳類が見られる．

植生の垂直分布

一般に，緯度の変化と同様に，低地から高地へ高度が上昇するにつれて温度が低減する．この温度の低下の程度である低減率は，100mで0.55℃程度である（吉野 1986）．緯度の違いによって生じる水平方向の植生の分布を**水平分布**といい，標高の違いによって生じる垂直方向の植生の違いを**垂直分布**という．北半球での垂直方向の植生の分布は，低緯度から高緯度へ向かって現れる植生の変化とほぼ対応している．

また，垂直的な土地を高度によって，平地帯，丘陵帯，山地帯（低山帯ともいう），亜高山帯，高山帯に分ける場合がある（斎藤 1992）．亜高山帯の上部からは，高木が点在する植物群落が見られ，一般に，この上限を**森林限界**（forest line）という．森林限界以上の地帯から高山帯では，高度が上昇するにつれて高木が生育することができなくなり，すべての樹木の樹高が低くなる**高木限界**（tree line）に達する．さらに，高木限界以上に高度が高くなると，多くの木本植物は生育することが困難となり，亜低木性（矮性）の地表植物や草本植物により構成された**高山植生**が見られる．また，緯度が高くなるにつれて，植生の垂直分布の境界の標高は低くなる（第10章）．

第10章

日本の森林植生

10.1　日本の気候と植生

日本の植物相と植物区系

日本の国土は，北緯46°に近い亜寒帯に区分される北海道宗谷地方から，北緯24°の亜熱帯の八重山列島まで，南北に細長いため，日本の気候条件は多様である．さらに，日本の地形は，標高3000m以上の高山帯を含めて，多様な自然環境条件を作り出している．一方，約2万年前の最終氷期が日本の植物相に及ぼした影響は，地球規模で見ると，それほど大きくはなく，多くの植物が絶滅したヨーロッパとは異なり，日本では多様な植物群が維持され現在に至っている．そのため，現在，日本列島で確認される在来の植物は約7500種とされ，そのうちの25%にあたる1862種が固有種（第9章）とされている（加藤2011）．

世界の植物区系においては，日本の大部分は全北植物区系界の東アジア区に属している．一方，鹿児島県トカラ海峡以南の奄美大島，琉球諸島の植物相は東南アジアとの共通性が高く，旧熱帯植物区系界の東南アジア区に近い植物相である．また，日本の植物区系は，北海道区・北陸区・関東区・中部山岳区・西日本区・琉球区・小笠原区の7区域に区分されている（吉岡1973）．

日本の暖かさの指数の分布と植生

一般に，吉良（1945）による暖かさの指数は，植物の分布や植生分布を説明するために使用されている．特に，降水量が十分である東アジアでは，暖かさの指数が植生型を決定する重要な指標となっている（第9章）．暖かさの指数

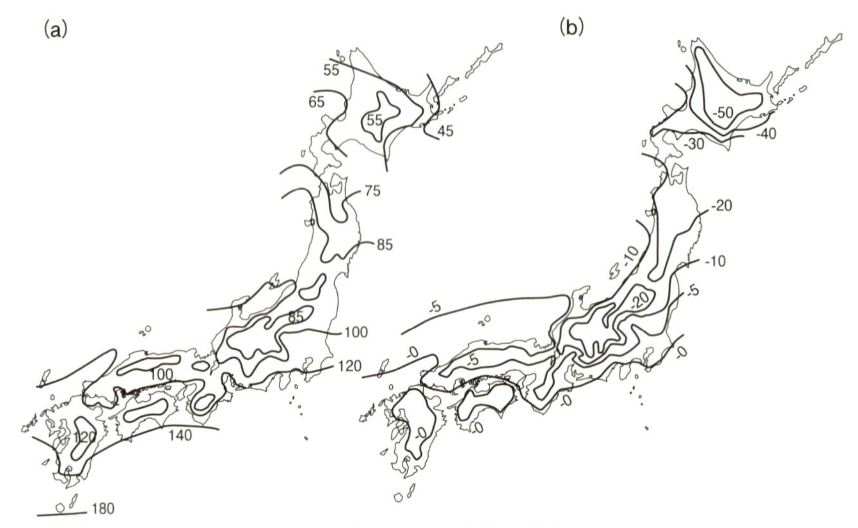

図 10.1　日本における暖かさの指数と寒さの指数の分布
これは，吉良（1949）により提案された（a）暖かさの指数の分布と（b）寒さの指数の分布を描いたもので．図中における等値線は，第9章で説明した方法により計算された各指数の値を示す．［吉良竜夫（1949）より改変］

は，毎月の平均気温（5℃以上の月のみ）から5℃を引き積算した値である．一方，寒さの指数は月平均気温が5℃を下回る月の5℃との差を積算してマイナス記号を付けた値である．日本の暖かさの指数と寒さの指数の分布を図示すると，図10.1のようになり，暖かさの指数と日本の森林植生との関係については，次のような基準が定められている．なお，暖かさの指数における括弧内の数値は北海道の場合である．

森林植生型（気候帯）	**暖かさの指数**
熱帯多雨林（熱帯）	240以上
亜熱帯林（亜熱帯）	180-240
照葉樹林（暖温帯）	85-180
夏緑樹林（冷温帯）	45（55）-85
亜寒帯針葉樹林（亜寒帯）	15-45（55）
ツンドラまたは高山植生（寒帯）	0-15

日本の森林植生型の区分

日本では，どこでも降水量が十分であるため，気候環境的には森林が形成される．そのため，世界の主要な森林の植生型（第9章）が，わが国でも見られる．

わが国の森林植生の分布については，古くは明治時代の田中 壌により1887年に発表された「校正大日本植物帯調査報告」の中で提案されたものがある（米家 2014）．また，本多（1912）によれば，当時の日本の森林植生の分布は，寒帯林，温帯林，暖帯林，熱帯林に区分されていた．その後，温量指数などの概念をもとに，日本の森林植生の分布の様々な説が提示された．現在では，日本の森林植生型は，亜熱帯多雨林，暖温帯常緑広葉樹林（照葉樹林），冷温帯落葉広葉樹林（夏緑樹林），針広混交林，亜寒帯（亜高山帯）針葉樹林，モミ・ツガ林に区分されている（図10.2）．なお，世界の主要な森林の植生型に対応する植物群集を森林帯とも呼んでいる．

10.2　日本の森林植生の特徴

亜熱帯多雨林

年平均気温21℃以上で暖かさの指数180以上の地域は亜熱帯の常緑広葉樹林が成立する．年降水量が1300mm以上の亜熱帯の多雨地域に発達することから**亜熱帯多雨林**（**subtropical rain forest**）と呼ばれている．亜熱帯多雨林では，アコウやガジュマルなどの亜熱帯性の常緑広葉樹に加えて，スダジイやオキナワウラジロガシなどのシイ・カシ類が代表的な樹種となる．これらの樹種で構成される森林は，主に南西諸島に分布する．

暖かさの指数では，小笠原諸島も亜熱帯の領域に含まれる．小笠原諸島における亜熱帯常緑広葉樹林では，南西諸島とは異なった固有種が多く分布する．小笠原諸島には，西南日本に分布する照葉樹林の優占種と近縁な種であるヒメツバキ・シマイスノキや，日本の他の森林で近縁の種がないタコノキなどから構成される森林が見られる．また，ヘゴなどの常緑で大型の木生シダ植物は，

図 10.2　日本における植生の水平分布
北海道や中部山岳地域の高山帯には森林を形成しない高山植生が分布する．それ以外のわが国のほとんどの場所では様々な森林植生（森林帯）が分布する．なお，この図における奄美群島以南は，暖かさの指数をもとに亜熱帯多雨林が分布するとした．
［吉岡邦二（1973）を基にした安田弘法ほか（2012）より改変］

琉球諸島と小笠原諸島のどちらでも森林を構成する重要な植物である．さらに，南西諸島の海岸沿いには，マングローブ林が成立する場所があり，このマングローブ林を構成する樹種には，メヒルギ，オヒルギ，ヤエヤマヒルギなどのヒルギ科の樹木がある．

暖温帯常緑広葉樹林（照葉樹林）

年平均気温13～21℃で，月平均気温10℃以上の生育期間が7～9カ月の地域には，常緑広葉樹が主体の森林（照葉樹林）が成立する．この森林植生型は，暖かさの指数で85～180の地域に見られ，**暖温帯常緑広葉樹林**（warm-temperate evergreen broad-leaved forest）と呼ばれている．

この森林植生型は，東北地方南部の太平洋沿岸地域と関東以南の低地から，九州南部に至る温暖な地域に広く分布する．本来，これらの地域には，シイ・カシ類やイスノキ・タブノキなどの高木種と，ヤブツバキやサカキなどの亜高木種，イヌガシやヒサカキという低木種など，多様な常緑性の樹種が出現する．しかし，暖温帯常緑広葉樹林の多くは，早くから人為的に破壊され，現在は，カシやコナラなどが優占する二次林に置き換えられている（第11章）．

一方，関東から東北地方の内陸には，暖かさの指数が85以上あるにも関わらず，常緑広葉樹林が成立しないとされる地域がある．これらの内陸域には，寒さが厳しく，常緑広葉樹の生育には適さない，寒さの指数が－10～－15を下回る温度域の場所がある．ここでは，すでに極相状態の森林は，ほとんど失われているために本来の森林植生型は，はっきり特定されていないが，現在では二次林化した暖温帯落葉広葉樹林（157ページ）が広く見られる．

冷温帯落葉広葉樹林（夏緑樹林）

年平均気温6～13℃で，月平均気温10℃以上の生育期間が4～6カ月の地域には，落葉広葉樹が主体の森林（夏緑樹林）が成立する．この森林植生型は，暖かさの指数で45（55）～85の地域に分布している．この森林植生型を，**冷温帯落葉広葉樹林**（cool-temperate deciduous broad-leaved forest）という．冬の寒さが厳しい地域では，乾燥に対する耐性も必要となる．ここでは秋に葉を落として水分の損失を防ぎ，クチクラの発達した幹を形成して，低温乾燥に耐えることのできる樹種が優占する．

日本では，東北地方を中心に，北海道南部の渡島半島から関東・中部・近畿・中国地方の山地帯にかけて，ブナを優占種とした冷温帯落葉広葉樹林が広く分布している．ブナのほか，ミズナラ・ホオノキ，あるいは，多様な種類のカエデが，代表的な樹種として林冠を構成している．また，林床には，常緑や落葉の多様な低木性の樹木（クロモジ，ヒメモチ，ハシバミなど）が叢生している．春には，林冠の葉が広がる前に，林床で開花するカタクリなどの短命植物が群生することもある．

さらに日本のブナ林では，林床にササ類が繁茂していることが特徴的である．太平洋側のブナ林ではスズタケが，日本海側ではチシマザサとチマキザサが分布し，積雪の程度によって異なるササ類が優占している．夏季に雨が少なく，積雪量も比較的少ない本州内陸型の気候では，ミヤコザサが優占種となることが多い．なお，チシマザサは，チマキザサに比べて積雪がやや多い地域で優勢であるとされている．

針広混交林

北海道の石狩地方以南には，エゾマツ・アカエゾマツ・トドマツの亜寒帯性針葉樹と，冷温帯性落葉広葉樹のミズナラ・シナノキ・イタヤカエデ・ホオノキ・ハルニレなどが混生した森林が見られる．この森林植生型は，**針広混交林**（mixed coniferous and deciduous broad-leaved forest）と呼ばれており，他の森林植生型とは異なり常緑性の針葉樹と落葉性の広葉樹の混交した景観が特徴的な植生である．

亜寒帯（亜高山帯）針葉樹林

年平均気温5℃以下で，月平均気温が10℃以上の期間が1～3カ月の地域には，亜寒帯針葉樹林が成立する．広義としては中緯度域の亜高山帯に成立する針葉樹林も亜寒帯針葉樹林に含まれ，北海道では**北方針葉樹林**（boreal coniferous forest），本州山岳地域では**亜高山帯針葉樹林**（subalpine coniferous forest）として区別することが多い．日本の亜寒帯針葉樹林は，暖かさの指数が45～55以下となる北海道東部や本州の2000m以上の亜高山帯に成立し，どちらでも数種類の常緑針葉樹が優占する．北海道では，モミ属のトドマツとトウヒ属のエゾマツ・アカエゾマツが分布し，本州の亜高山帯では，モミ属のオオシラビソ・シラビソ，トウヒ属のトウヒや，ツガ属のコメツガなどが代表的な樹種となる．亜寒帯針葉樹林内では，落葉広葉樹の出現は限られており，バラ科のナナカマド，カエデ属のオガラバナやミネカエデ，カバノキ属のダケカンバが混交する．また，本州亜高山帯では，カバノキ属のウラジロカンバ（ネコシデ）が見られる．

その他の森林植生

日本の暖温帯と冷温帯の中間域には，常緑針葉樹のモミ・ツガの優占する森林帯が存在するという意見がある．この2種は，冷温帯と暖温帯のどちらの地域にも分布できる温量領域を持っており，冷温帯域ではブナと，暖温帯域ではウラジロガシやツクバネガシなどのカシ類と混交することがある．かつては，この森林植生型を中間温帯林などともいい，現在では**モミ・ツガ林**と呼ばれている．また，モミ・ツガ林は気候的な極相（第11章）ではなく，地形の厳しい場所などの土地的な極相であるという学説もある（山中 1990）．

日本の気候を大きく見ると沿岸性としての特徴があり，冷温帯の湿潤多雨な場所には針葉樹林が成立する．この森林植生型を**温帯性針葉樹林**（temperate coniferous forest）という．わが国の代表的な温帯性針葉樹林には，長野県木曽地方のヒノキ林，秋田県のスギ林，青森県のヒバ林などがある．

暖かさの指数が85以上である暖温帯域では，本来は照葉樹林が分布するはずであるが，寒さの指数が−15以下の場所では，シイ・カシ類などの常緑広葉樹が生育することができない．また，暖かさの指数の温量領域から見て，ブナの生育には適さず，ブナ林はほとんど成立しない．そのため，この中間温帯域には，クリ，シデ類，ケヤキ，コナラ，イヌブナなどの暖温帯性の落葉広葉樹の優占する森林が形成され，この森林植生型を**暖温帯落葉広葉樹林**（warm-temperate deciduous broad-leaved forest）と呼んでいる（堤 1989）．ただし，この森林植生型の中には二次的に成立した落葉広葉樹林も存在する．

10.3 日本の多様な環境と森林

植生の垂直分布

気温は，標高が100m高くなると約0.5〜0.6℃低くなるために，標高に応じ

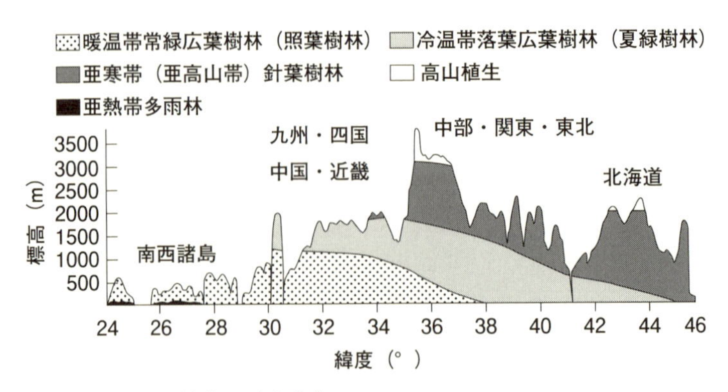

図 10.3 日本における植生の垂直分布
この図は，日本列島の南北の地形を標高に従って模式的に示したもので，最も標高が高いところが富士山である．ここから，北海道では本州に比べて低い標高でも亜寒帯（亜高山帯）針葉樹林が成立することがわかる．［中西 哲ほか（1983）より改変］

た緯度による変化と同様の植生の垂直分布が見られる（第9章）．

日本の植生の垂直分布を，標高500mまでの丘陵帯，500～1500mの山地帯（低山帯），1500～2500mの亜高山帯，2500m前後から上の高山帯に分けてみると（武田・田辺 1974），次のような特徴がある．西日本の丘陵帯から山地帯下部では照葉樹林が，山地帯の中・上部では夏緑樹林が分布する（図10.3）．中部地方内陸以北の丘陵帯や山地帯では夏緑樹林が，亜高山帯には常緑針葉樹林が分布する．また北海道では，丘陵帯や山地帯でも，常緑針葉樹林が分布する．なお，**森林限界**（中部地方における森林限界は標高2500～2700m付近）が位置する高山帯の上部にある**高木限界**（第9章）以上の場所では，ハイマツやナナカマド以外の樹木はほとんど生育できず，草本植物が中心となる高山植生が見られる．

降積雪と森林植生

日本の夏季は，季節風の影響により太平洋高気圧が日本列島に張り出すため，その前後の期間を通して，主に太平洋側では多雨になる．一方，冬には，大陸性の高気圧により日本海側では多量の降雪があり，太平洋側では乾燥した晴天の日が多い．この太平洋側と日本海側の気候の違いが，森林植生にも影響を及ぼしている．

例えば，中部日本の亜高山帯林において，太平洋側ではシラビソが，日本海側ではオオシラビソが優勢となる．また，ブナ林の樹種構成にも違いが見られ，太平洋側ではウラジロモミやヒメシャラが出現するが，日本海側ではエゾユズリハ，ヒメモチ，ユキツバキなどが見られる（山中 1990）．

また，太平洋側と日本海側では，前述した冷温帯落葉広葉樹林の林床におけるササ類の構成が異なり，これらのササの種類の違いには，厳しい積雪や乾燥の環境条件と休眠芽を形成する位置が関係している（斎藤 1992）．

日本の森林土壌

わが国の土壌は，急峻で複雑な地形や火山活動の影響を受けており，母材の性質や地形を強く反映した成帯土壌型が見られる．また，土壌生成に及ぼす乾湿度の影響はほとんどなく，日本の成帯土壌型は，植生型とともに，温量指数に関係した気候帯区分と対応している．

日本の成帯土壌型の水平分布には，大きく次のタイプが見られる．南西諸島や西日本の低地から丘陵帯では**赤黄色土**や**黄褐色森林土**，西日本の山地帯から東北地方に成立するブナ林では**褐色森林土**，本州の亜高山帯や北海道の常緑針葉樹林では褐色森林土がポドゾル化作用を受けた**ポドゾル性**の**褐色森林土**が分布している（近藤 1967）．

また，暖かさの指数が 55 以上の冷温帯域であっても，ヒノキやヒバなどが優占する温帯性針葉樹林では，酸性の土壌腐植が生成されて，それらの森林の土壌はポドゾル化している．さらに，日本の成帯土壌型の垂直分布は，植生型の垂直分布と同様に標高にともなう温量指数に応じた違いが見られる（図 10.4）．なお，高山帯のハイマツ帯では，灰白色の漂白層のあるポドゾルが見られる．

日本の代表的な森林の種組成と階層構造

日本の原生状態の森林で調査された面積 2～4ha 内での胸高直径（おおよそ胸の高さで地上から 1.3m 付近における幹の直径）が 5cm 以上である樹木の種数は，暖温帯林や冷温帯林では数十種類（最大でも 50 種程度），亜寒帯林では，10 種類程度である（西村・真鍋 2006）．一般に，西日本の暖温帯常緑広

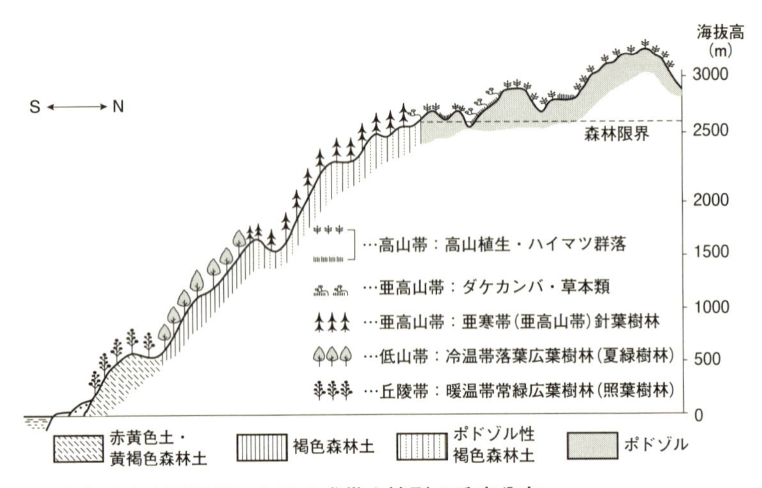

図 10.4　中部地方太平洋側における成帯土壌型の垂直分布
日本における成帯土壌型は，標高が高くなるにつれて，植生の垂直分布と同様に暖かさの指数に応じて異なっている．また，亜高山帯や北海道における針葉樹林では気候帯を反映してポドゾル化作用を受けた土壌が見られる．［近藤鳴雄（1967）より改変］

葉樹林には，高木性樹種のシイ類・カシ類・イスノキ・タブノキ，亜高木性樹種のサカキ・ヤブツバキ，低木性樹種のイヌガシ・ヒサカキなどの多様な樹木が出現する（表 10.1）．また，東日本などの冷涼な地域に分布する落葉広葉樹林では，ブナの優占度が高く，主要な構成樹種は常緑広葉樹林に比べて少ない．さらに，北海道などの寒冷な地域の常緑針葉樹林では，モミ属とトウヒ属などの数樹種が優占種として出現するという特徴がある．一方，マレー半島南部にある熱帯多雨林の面積 2ha 内の胸高直径 10cm 以上の樹種は 200 種を超える（吉良，1983）．対象面積や対象個体サイズなどが異なると正確な比較は難しいが，総じて熱帯から亜寒帯への森林帯の変化にともなって，出現種数や優占種数が減少する（第 12 章）．

また，一般には，熱帯から亜寒帯へと森林の環境条件が悪くなるにつれて階層構造は単純化し，日本の主要な森林タイプでも出現樹種の生活形と関連した階層構造の違いが見られる（図 10.5）．例えば，北海道の亜寒帯針葉樹林では，生活形の類似した 2〜3 種の樹種で構成された単純な階層構造が見られる．一方，九州南部の照葉樹林では，高木性，亜高木性，低木性などの生活形の異

表 10.1 日本の代表的な森林植生（暖温帯常緑広葉樹林，冷温帯落葉広葉樹林，亜寒帯針葉樹林）を構成する主要樹種

森林タイプ	林冠構成樹種	下層構成樹種
暖温帯		
常緑広葉樹林（照葉樹林）	イスノキ	イスノキ
	スダジイ	タブノキ
	タブノキ	ヤブニッケイ
	ウラジロガシ	サカキ
	アカガシ	ヤブツバキ
	イチイガシ	ホソバタブ
		ヒサカキ
		イヌガシ
冷温帯		
落葉広葉樹林（夏緑樹林）	ブナ	ブナ
	ミズナラ	ミズナラ
	イタヤカエデ	イタヤカエデ
		ハウチワカエデ
		オオカメノキ
		クロモジ
亜寒帯		
針葉樹林	オオシラビソ	オオシラビソ
（本州の亜高山帯）	シラビソ	シラビソ
	（コメツガ）	
	（トウヒ）	
	（ダケカンバ）	
亜寒帯		
針葉樹林	トドマツ	トドマツ
（北海道）	エゾマツ	エゾマツ
	（アカエゾマツ）	（アカエゾマツ）
	（ダケカンバ）	

この表では，わが国における各森林タイプの代表的な原生林における典型的な例を示した．ただし，東日本の暖温帯常緑広葉樹林ではイスノキは出現しない．暖温帯常緑広葉樹林では，全体として多様な樹種から構成されている．一方，亜寒帯（亜高山帯）針葉樹林では，林冠と下層の構成樹種の類似性が高く，全体として少数の樹種により構成されるという特徴が一般的である．
[西村・板谷（2014）より改変]

なる多様な樹種で構成された種組成の複雑な垂直的な階層構造が見られる．

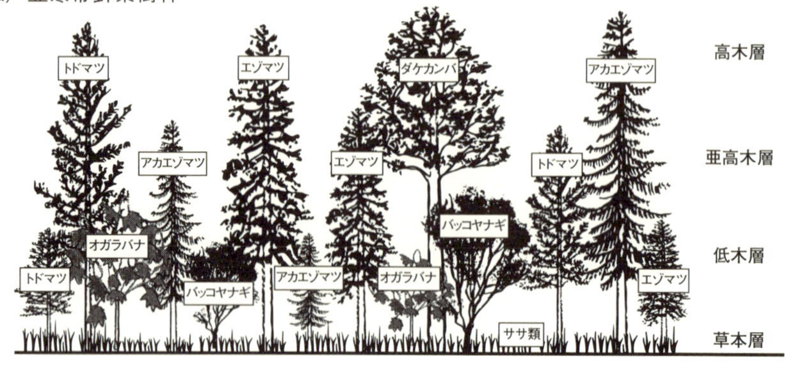

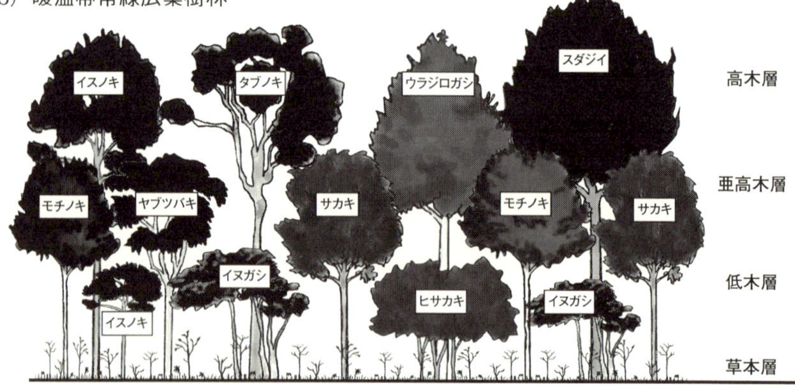

図 10.5　日本の亜寒帯針葉樹林と暖温帯常緑広葉樹林の階層構造の模式図

(a) 北海道の亜寒帯針葉樹林ではどの階層も同じ数種類で構成された単純な階層構造である．一方，(b) 九州の暖温帯常緑広葉樹林（照葉樹林）では異なる階層では樹種の構成も違っており，全体として出現する種数が多く，階層構造は複雑になっている．

第11章

植生の遷移と更新

11.1　植生の遷移とそのしくみ

植物群集の時間的変化

ある場所における植物群集は，環境作用や環境形成作用により常に時間に伴って変化している．しかし，その変化が群集内部で起こっているときには，私たちはこの現象を直接見ることができない．一方，植物群集の相観（植生）の変化は，長い時間をかけて大きく移り変わっていく．例えば，火山の噴火や大規模な地面崩壊，山火事などにより，植生が破壊されると，その土地は裸地となるが，時間とともに様々な植物が侵入あるいは再生して，植生は自然に回復していく．このように，ある場所の植生が時間とともに移り変わり，一定の方向へ変化する現象を**遷移**（succession）または**生態遷移**（ecological succession）という．一方，地質学的な長い時間での，進化的な現象も含んだ構成種の交代による植生の変遷を地史的遷移または**地質学的遷移**（geological succession）という．

遷移では，先に侵入した植物が生育することによって，その土地の環境が徐々に改変され，後から侵入する植物が定着しやすい環境条件が作られる．この遷移過程における**環境形成作用**（第3章）により，自発的に植物群集が変化することを**自発的遷移**（autogenic succession）あるいは自律遷移という．一方，放牧や火入，刈り取りなどの人為作用のように，外部からの力が加わった場合の遷移を**他発的遷移**（allogenic succession）あるいは他律遷移といい，植生が破壊されて単純化する方向に進行する場合には**退行遷移**（retrogressive succession）という．

植生の遷移は，植物種の構成により先駆期，成長期，安定期というように一定の順序で進行して，最終的にはその環境下で最も安定した植生である**極相**（**climax, climax community**）という状態に達する．同一の気候のもとで成立する同じ相観を持つ植生は，**極相群落**あるいは**極相植生**（**climax vegetation**）と呼ばれている．しかし，実際に，極相植生が，その地域の環境に平衡して安定であるのかという議論がある．

また，同一気候環境下における極相は，一定の相観と同類の植物種の組み合わせをもっているという考え方を**単極相説**（**monoclimax theory**）という．単極相説は，同一の気候型のもとでは，1つの極相に収束するというアメリカのクレメンツ（Clements 1916）による考え方である．一方，同じ気候のもとでも，人為の影響や，地形・土壌などの立地の発達程度により，安定状態に達した異なる植物群集が見られる．そこで，イギリスのタンスレー（Tansley 1920）は，一定地域には多様な極相がモザイク状に分布するという**多極相説**（**polyclimax theory**）を発表した（田川 1973）．

単極相説や**多極相説**は，環境には不連続な部分があり，それにより植生にもある境界が存在するという概念であるが，実際には，植生は，不連続なモザイク構造の単位ではなく，環境傾度にそって連続的に推移している．これを**植生連続説**（**vegetational continuum**）という．また，ホイッタカー（Whittaker 1953）の**極相パターン説**（**climax pattern theory**）によれば，極相植生は気候だけでなく，土壌や地形などの環境傾度にそって変化する各種個体群の分布様式（パターン）により決定される（第5章）．

遷移の過程

一般に，植生の遷移は一次遷移と二次遷移に分けられる．種子や胞子などの繁殖体（増殖体）をもたない裸地からはじまる遷移を，**一次遷移**（**primary succession**）という．一次遷移は，火山から流出した溶岩流の堆積した場所や海底の隆起した場所などの植物の生育基盤となる土壌はなく，他の場所から飛んできた植物の繁殖体の定着から遷移が始まる（図 11.1）．裸地のような環境は，保水力や栄養分が乏しく，地表面は直射光により高熱や乾燥にさらされる．そこでは，この厳しい条件に耐えられる**地衣類**（一般には藻類と菌類が共

図 11.1　乾性一次遷移を例とした植生の変化による遷移過程の模式図
これは，陸上における溶岩や火山灰などに覆われた新しくできた裸地から始まる植生の遷移過程を示した模式図で，桜島の事例では，裸地になった場所は，地衣・コケ群落，草原，陽樹低木林，陽樹高木林，陽樹と陰樹の混交林，陰樹林に移り変わったことが明らかとなっている．しかし，実際には，様々な要因によりこの通りには遷移が進行しないことも多い．

生した植物群を指す）[*1] やコケ植物などの地表面から離れて大きくならない独立栄養生物が侵入する．その後，これらの植物体などから供給される有機物により土壌が徐々に形成されると，地面の保水力も増して，維管束を持つ植物などの地表面から離れて葉を展開する草本類が生育できる．また，最初に侵入する木本類は，低木性の**陽樹**（木本性の陽生植物）である．これらの木本類は，風により種子を遠くまで散布でき，窒素固定細菌（第 5 章）を根に共生させ，栄養分の乏しい土地へ侵入して生育することができる．さらに，木本類の植物が増加すると鳥が来るようになり，鳥に散布される種子を持つ植物も侵入し始める．

低木など背丈が低い植物で形成された群落の地表面付近では，日光が十分に差し込み，高木性の陽樹が旺盛に迅速に成長できる（図 11.2）．一方，陽樹林が形成されると，地表面付近はやや暗くなり，下層では陽樹に代わり，**陰樹**（木本性の陰生植物）が成長して，植生は陽樹と陰樹の混交林へと遷移する．

混交林の陽樹が枯れると，それらの場所はすべて陰樹に置き換わっていき，やがて陰樹林が成立する．陰樹林の林床はさらに暗くなるが，陰樹の芽生えは生きられるので（図 11.3），長い間，陰樹の優占した安定した森林が続く．この安定した群落を**極相林**（**climax forest**）といい，裸地から極相林に至るまでには数百年以上もかかる．また，極相状態に達して長く変化していない森林を

＊1　最近の生物の系統分類学では，藻類は，植物群には含めず，原生生物群に分類されるという説が主流となっている．

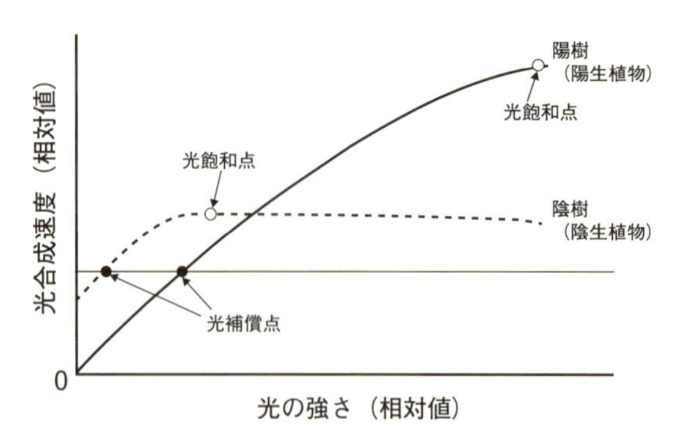

図 11.2　陽樹と陰樹の光合成特性の違い
陽樹（陽生植物）は，光飽和点が高いために強い光の下で迅速に成長できる．一方，陰樹（陰生植物）は，光飽和点が低く，明るい環境の場所でもゆっくりと成長する．また，陰樹は光補償点が低いために弱い光の場所でも生存することができる．

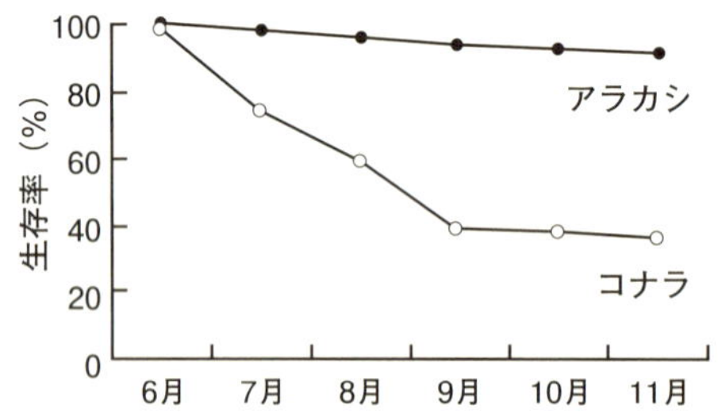

図 11.3　陽樹（コナラ）と陰樹（アラカシ）の閉鎖林内での生存率の違い
陽樹のコナラの当年生の芽生えは，光の弱い林床では光合成活性が不十分のため，次々に枯れていく．一方，陰樹のアラカシでは，閉鎖林内でも芽生えはほとんど枯れることなく，長期間生存できる．
[西村尚之ほか（1991），坂本圭児（1985）のデータを基に作成]

原生林（primary forest または primeval forest）という．原生林は，**原始林**と呼ばれることもあり，伐採や火災，様々な自然災害などの大規模な撹乱を被っていない森林のことを指す一般的な語である．しかしながら，現在，厳密には，この定義に当てはまる森林はほとんどないとされている．

一方，山火事や森林伐採，放棄耕作地などの現存植生が破壊された後，多くの植物の繁殖体が，土壌中や地表面に残存している場所からはじまる遷移のことを，**二次遷移**（secondary succession）という．そのため，二次遷移は，一次遷移より急速に植生の変化が進行して，遷移の初期には，すでに多年生の草本や低木性の陽樹が出現する．環境条件が好適ならば200～300年程度で陰樹が優占する高木林が形成される．

生態遷移による植物種の交代が起こるしくみは，光，水分，栄養分などの生育に必要な資源をめぐる種間競争の結果でもある．遷移初期の高温・乾燥・貧栄養という過酷な環境に生きられる強い耐性のある種は，数多くの種子を遠くまで散布する能力が高く，明るい場所に到達すれば素早く定着できる．これらの植物を，**先駆植物**（pioneer plant; **先駆種** pioneer species **あるいはパイオニアともいう**）という．一方，遷移が進行して，階層構造が発達した群落内の環境では，より多くの光を獲得するために，背丈が高くなる性質が必要である．陽生植物では，陰生植物に比べて，**光補償点**が大きいことから，弱い光での競争能力が低く，陽樹である先駆種は，光をめぐる競争に負けて，耐陰性の高い種が遷移後期の群落を優占する（図11.2）．この遷移後期に出現する植物種を**極相種**（climax species）という．

様々な遷移系列

陸上における溶岩流堆積地などの乾燥した場所から始まる遷移を**乾性遷移**（xerarch succession）といい，湖などが干上がるとともに進行する遷移を**湿性遷移**（hydrarch succession）という．また，乾性遷移と湿性遷移では，遷移初期に侵入する植物の種類が異なり，このような基質や初期条件などの違いによる遷移の進行する過程を**遷移系列**という．

乾性（一次）遷移系列で移り変わる植物の種類の例としては，地衣類→コケ類→草本→低木陽樹→高木陽樹→高木陰樹（図11.1）という遷移が，また，湿性遷移系列で移り変わる植物の種類の例としては，挺水・抽水・浮葉植物→湿性低木→高木陽樹→高木陰樹という遷移が見られる．

そのほかの特殊な遷移系列として，塩性地から始まる遷移を**塩性遷移**，砂丘などの遷移を**砂質遷移**と呼んでいる．

湿地における遷移と植生

過湿な状態が長く続く場所では，耐水性の高い植物が繁茂して，特異な相観と種組成を持った植生が発達する．この過湿地では，ヨシなどの植物遺体が泥

図 11.4　尾瀬ヶ原における高層湿原
尾瀬ヶ原（群馬県片品村）は，我が国を代表する高層湿原の 1 つで，泥炭が集積して中央部がやや高くなることにより，絶えず過湿状態が維持されている．この環境条件においては，非常に長い間，遷移の進行が妨げられている．

炭として堆積し，湿原が成立する．湿原のうち，地表面が水面下もしくはそれに近い位置にあるものを**低層湿原**（low moor）といい，一方，泥炭が集積して，湿原中央部の地表面が高まり，全体として時計皿を伏せたような地形になるものを**高層湿原**（high moor）という（図 11.4）．一般に，高層湿原は，雨水によって涵養されているので，過湿状態が絶えず維持されて，遷移の進行はほとんど起こらないが，外部から土砂などが流入・沈泥して，陸化現象が始まると，植生の遷移が進行する．

11.2　植生の地質学的な変遷

古生態学と植生の復元

地質年代にわたる植生の変遷（つまり，地質学的遷移のこと，前節参照）には，気候変化や地形の変動，人類の進化と拡散などの様々な地史的現象が関係していることが，**古生態学**（paleoecology）から明らかとなっている．特に，現在の植生の形成には，第四紀以降の過去数万年〜数千年前における植生の変遷が影響している．古生態学とは，過去から現在に至る環境変動のなかでの生物と環境の相互作用を研究する，時間軸に重点をおいた生態学のことである

(高原 2003). 過去の生物群集の復元は，それぞれの生物（あるいは分類群）の化石（あるいは遺体）を確認し，それらを時間軸に沿って統合して行われる．生物の化石・遺体には，花粉の化石，種子・葉・材などの植物遺体，植物珪酸体，珪藻，微粒炭（微小炭化片），昆虫・動物の遺体などがあり，堆積物から抽出したこれらのサンプルを同定・定量化することが，古生態学の基本的な手法である．また，これらの分析をいくつか併用すると，植生の空間的な広がりを解明できる．例えば，埋没林では，花粉や年輪などを同時に分析することにより数万年前までの植物群集の種組成や生物体量などもわかる．

ある特定の場所の，より長期間の植生の変遷を調べるためには，花粉や胞子の化石が用いられる．花粉や胞子は大量に散布され，湿原や水中などの嫌気的な環境では分解されにくく，条件が良ければDNAの塩基配列を解析することもできる．また，植物の種類により花粉形態が異なっており，多くの場合，属レベルまでの同定が可能である．このように湿原や湖底堆積物中の花粉や胞子の種類と量に基づき，過去の植生の復元とその変遷を解明する方法を，**花粉分析**（pollen analysis）という．一方，花粉組成と植生との関係を定量的に理解するためには，過去の花粉生産量や花粉の有効飛散距離，植生の広がり，堆積地の大きさなどを考慮する必要がある．また，花粉分析は植生の復元だけでなく，様々な分野で利用されている．例えば，気候変動に伴う植物種の移動や進化の解明，植物種の特徴から地球の古環境の復元などにも花粉分析は有効である．

花粉分析の対象とする場所の堆積物を任意の間隔で薄く層状に細分して，そのなかの花粉の種類ごとに，下層から上層までの相対量の分布を，縦軸を年代（堆積物の深度）として表した図を**花粉分布図**（pollen diagram）といい，ここから植生の変遷を視覚的に推測できる（図11.5）．なお，堆積物の各層の年代は放射性炭素 ^{14}C による年代決定法から推定できる．

大陸移動と森林植物群の分化

大陸移動説（第9章）によれば，今から2億年前までは地球の大陸は，1つであったと考えられている．このパンゲアと呼ばれる超大陸はジュラ紀（約2億年前～1.5億年前）前期には2つに，さらに白亜紀（約1.5億年前～6550万

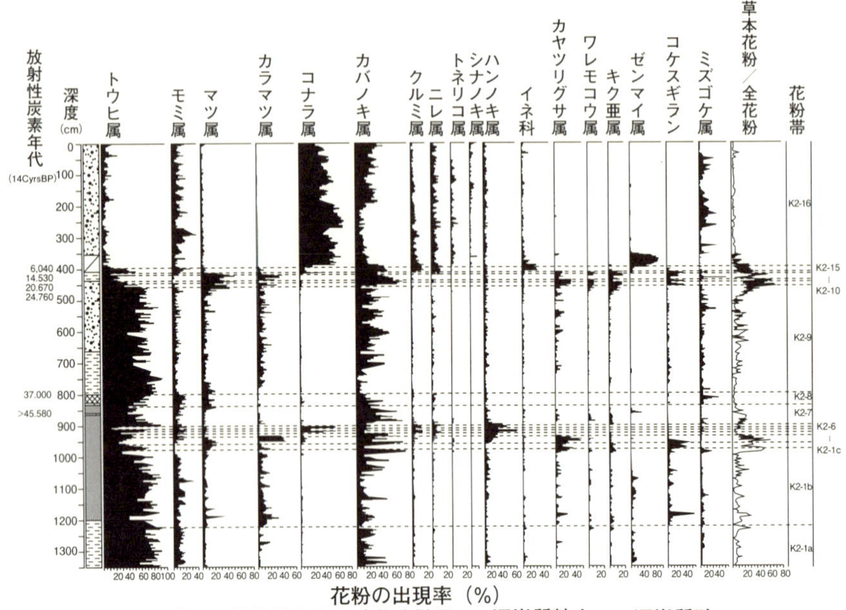

図 11.5　花粉分析による北海道剣淵盆地堆積物の花粉分布図
花粉化石の組成の異なる上下の層準と区別するため，同一の花粉化石組成を示す層準をまとめて花粉帯と呼ぶ（図右の表記）．図中の放射性炭素年代に対応する暦年代はおよそ下記のとおりである．放射性炭素年代 6040 → 暦年代 7000，（以下，同様）14530 → 18000，20670 → 25000，24760 → 30000，37000 → 42000，45580 → 49000．［五十嵐八枝子ほか（2012）を基にした，高原 光（2014）より改変，© 日本第四紀学会］

年前）には5つに分裂し始め，6500万年前ごろには現在の5大陸になった．

森林樹木のうち，裸子植物の針葉樹は大陸が分離する以前に分化して各地に広がっていた．また，ジュラ紀には，すでに現在の北半球に分布するマツ科の針葉樹と，南半球を中心に分布するマキ科・ナンヨウスギ科の樹木は，異なる2つの大陸において，別々に分布を拡大して優占していた（相場 2011）．一方，被子植物の樹木は，大陸が今のような形に移動する白亜紀に多様化し，現在の世界各地の森林を構成する樹木の祖先種は，このころに出現した．白亜紀後の第三紀は，現在より温暖な時代であり，地球の極地近くまで森林植物が分布していた．その時代に分化した第三紀北極植物群（第9章）は，現在の北半球に広く分布する落葉広葉樹林を構成する属レベルと同じ樹木群である．これらには，カエデ属，ブナ属，コナラ属，カバノキ属などがある．

現在に最も近い地質時代である第四紀更新世は，約260万年前から始まり，比較的温暖であった第三紀とは異なり，北米や北欧の大陸に氷床が発達して，その拡大・縮小と同時に，寒冷な氷期と温暖な間氷期を繰り返していた．日本列島は，第三紀には海の底にあった部分も多く，現在の形になったのは第四紀以降である．温暖であった第三紀には降水量もかなり多く，日本各地からメタセコイヤなどの温帯性針葉樹の化石が発見されている（山野井 1998）．また，400〜100万年前には，北海道でもブナ属やスギ科樹木の花粉化石が多く見られ，今より温暖であったことがわかっている（菊沢 1999）．

第四紀以降の気候変動と森林の変遷

新生代第四紀は，それ以前の温暖な時代とは異なり，寒冷な長い氷期と温暖な短い間氷期を繰り返していた．約7万年前から始まった最終氷期は約1万年前まで続き，2万6500年前から1万9000年前ごろまでは，**最終氷期最盛期（LGM: last glacial maximum）**と呼ばれる最も寒冷な時期であった（松井ほか 2011）．1万5000年前以降の晩氷期には，1万2900年前から1万1700年前のヤンガードリアス Younger Dryas 期と呼ばれる寒冷化の終息とともに，急速な温暖化が起こり，完新世（後氷期）が始まった．完新世は，7000〜5000年前のヒプシサーマル（hypsithermal）と呼ばれる最温暖期（縄文海進ともいう海面の上昇した時代）を経て，その後，やや寒冷化しながら現在まで続いている．

第四紀の気候変動の際に，ヨーロッパ北部では，東西に延びるアルプス山脈により植生の南下が妨げられ，多くの落葉広葉樹が絶滅した．また，1万5000年前には，大陸氷河がスカンディナヴィア半島やスコットランドまで，山岳氷河がピレネー・アルプス・カルパティア山脈を覆っていた．氷期に地中海沿岸に逃げ延びた樹種が，気温の上昇とともにヨーロッパ各地に拡大し，現在の分布を形成しているとされる．例えば，カバノキ属やトウヒ属などからなる針広混交林は，南東ヨーロッパの逃避地から現在のアルプスや中央ヨーロッパに広がっていった．

北米ではヨーロッパとは異なり，LGMには多くの植物が南方に移動することができ，絶滅を免れた植物も多かった．そのため，現在の北米の植物の種数は，ヨーロッパに比べて多い．大陸氷河の後退にともなって，逃避地であったアパラチア山脈南端地域から，多くの樹種が分布を拡大していった．なお，アメリカブナは，LGMにはフロリダ半島まで南下していたが，氷河の後退により1万年前までには，五大湖南岸まで北上したことが，花粉分析から明らかとなっている（図11.6）．

LGMにおける日本列島の年平均気温は，現在よりも7～10℃低かったとされる（高原2014）．この時期の日本列島には，東北から中部地方を中心に亜寒帯性の針葉樹林が発達していた（図11.7）．また，西日本ではモミ・ツガなどの温帯性針葉樹林が，広く見られた（高原2011）．なお，北海道はツンドラに覆われており，森林は成立していなかった．

約1万年前以降の急激な温暖化により，東北から中部ではコナラ亜属やブナ属などの冷温帯の落葉広葉樹が増加して，亜寒帯性針葉樹は減少した．7000～5000年前の縄文海進期には，日本の平均気温は，現在よりも2～3℃高かった．そのため，この時期に，東北地方南部の沿岸部まで，常緑広葉樹が北上した可能性が指摘されている．また，東海地方以南では，シイやアカガシ亜属などが優占する照葉樹林が広がった．一方，関東地方の内陸域などの寒さがやや厳しい地域では，この時代に照葉樹林が発達した証拠はほとんどなく，コナラ・クリ・ケヤキ・エノキ・ムクノキなどの暖温帯性の落葉広葉樹の増加が見られ，カシ類などの照葉樹が増加したのは5000年前以降であるとされる（田中2010，高原2011）．

その後，日本列島の気候はやや寒冷化し，3500年前頃には，現在に近い気候になり，西南日本の山地帯では，常緑広葉樹が減少し，ブナ属を主体とする落葉広葉樹の優占する森林が広がった．また，中部日本の山地帯から亜高山帯にかけては，ブナ林が減少して，コメツガやオオシラビソなどの亜高山帯性の針葉樹が優占した森林が増加したと考えられている（塚田1974）．このように，最終氷期以降の気候の変動にともなう植生の変遷を受けて，現在の日本の森林帯が形成された．しかし，農耕などの人間の活動が活発になるとともに，撹乱を好むアカマツなどのマツ類が，九州では2500～2000年前から，全国的

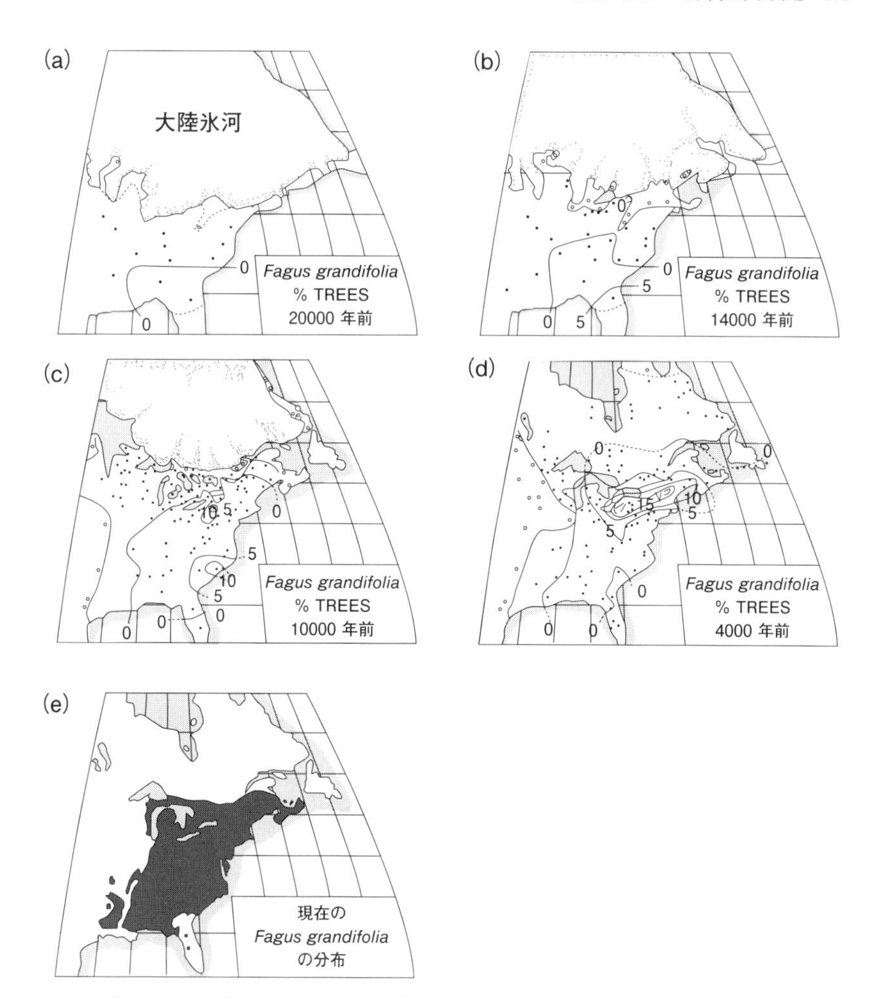

図 11.6　北アメリカ大陸における 2 万年前から現在におけるアメリカブナ（*Fagus grandifolia*）の分布の変化

(a)〜(d) における等値線は樹木花粉に対するブナ花粉の産出割合を示し，白丸は当時の草原を，黒丸は当時の森林を表す．(e) における黒色の部分は現在のブナの分布域を表す．アメリカブナは，1 万年前にはメキシコ湾岸から五大湖南岸まで北進したことがわかり，現在では北アメリカ東部に広く分布している．[Delcourt, P. A, Delcourt, H. R.（1987）と Fowells, H. A.（1965）に基づく松井哲哉ほか（2011）より改変]

には約 1500 年前から増加したことが花粉分析からわかっている（田中 2010）.

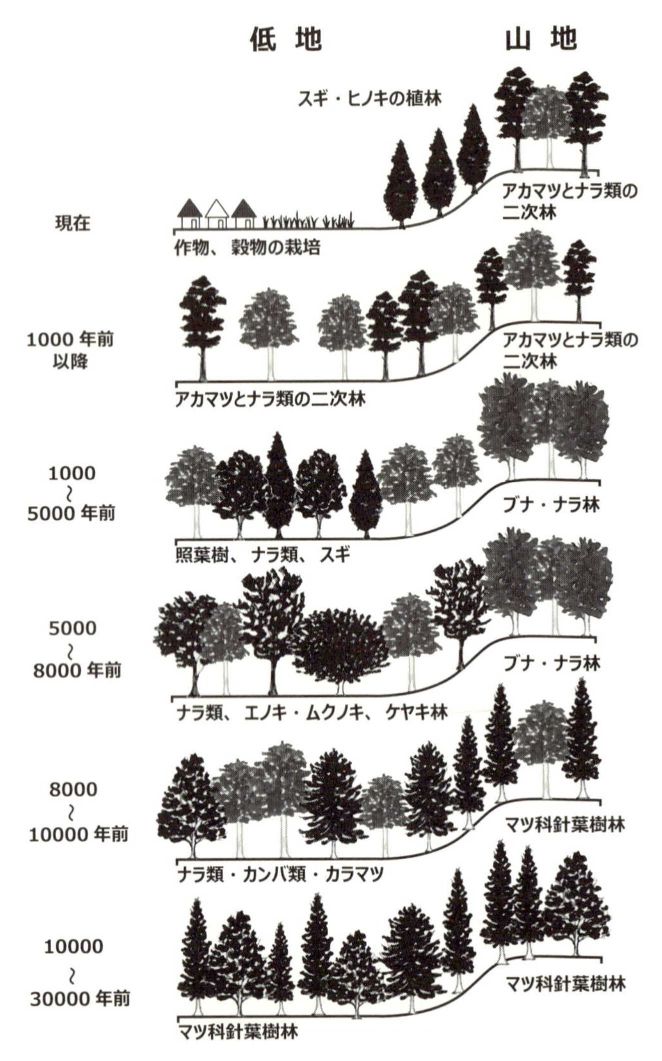

図 11.7　日本の関東地方における森林植生の変遷の模式図
関東地方では最終氷期終わり頃の約1.5万年前にはマツ科を中心とする針葉樹林が広がっており，その後，気候が温暖になるにつれて，低地で，また，やや遅れて山地で広葉樹林が発達した．一方で，約1000年前からの急激な農耕の発達によりアカマツやナラ類の二次林が増加し，現在は，低地では農地に，中山間地ではスギ・ヒノキの植林などに変化している．
[高原 光（2011）より改変]

11.3　森林の更新

自然撹乱と森林内の遷移

その気候下における，遷移の最終的な段階である植生が森林であるとき，これを極相林と呼ぶ．かつては極相状態の森林は安定であると考えられていた．極相林のような安定した状態に達するまでには，非常に長い年月が必要である．その間には様々な外的な要因による破壊的な現象が起こり，再び以前の状態に引き戻されることもある．このように生態系の安定性を乱す現象を撹乱（disturbance）といい，自然現象に起因する場合を**自然撹乱**（natural disturbance）という．

極相林の外観は，外的環境条件が大きく変化しなければ，同じ状態を呈すると考えられる．しかし，樹冠の集まりである森林の天井部分，つまり，**林冠**（canopy）は，森林内部の要因や外的な要因により大きく変化する．林冠が破壊されると，森林内に光が差し込むようになり，陽樹だけでなく陰樹も旺盛に成長し，大きくなることができる．このように，森林内部では小規模な二次遷移が絶えず起こっている．

森林で起こる自然撹乱には，森林内部の生物的現象による季節や年単位で発生するものや，数十年に１回という頻度の低い偶然の確率で起こる気象現象や地表変動を原因として発生するものもある．また，強風や暴風などに起因する自然撹乱は，広範囲の森林のあちらこちらで，林分規模の現象として発生し，時には一斉倒木による大面積森林崩壊が起こる場合がある（図 11.8）．また，過去に自然撹乱を被ったことがない森林を，原生林（本章第１節）というが，自然撹乱あるいは人為が原因となった植生の破壊から始まる遷移による回復途中の森林を**二次林**（secondary forest）という．

ギャップダイナミクス

森林，特に，極相林における林冠を構成する樹木の世代交代のことを，**更新**（regeneration）といい，林冠の樹木が何らかの要因により死亡すると，林冠

図 11.8　原生状態の森林で発生した台風による大規模な自然撹乱
亜高山帯針葉樹林（長野県八ヶ岳）で見られた台風の強風により多くの林冠木が一斉に倒木した現象．［山本進一氏提供］

にギャップ（canopy gap または gap）*2 と呼ばれる欠損部ができる（図 11.9）．一般に，ギャップ内は，閉鎖した林冠下より光環境が良好なため，樹木の生育が旺盛になり，やがて，これらの後継木が，林冠を埋めるように成長していく．ギャップ形成に始まるこの一連の現象を，**ギャップ動態**あるいは**ギャップダイナミクス**（gap dynamics）*3 という．

ギャップの形成による林内光環境の改善は，陰樹の幼木だけでなく，陽樹の成長を促進する。そのような多様な種類の樹木が更新する現象を**ギャップ更新**（gap regeneration）という．ギャップ形成は，森林の撹乱現象の１つであり，個体の寿命による枯死や，台風，火事，地すべりなどによる幹折れや根返りなどの様々な撹乱状態がある．森林は，この破壊と再生の繰り返しにより維持されており（COLUMN 11：1），現在では，極相状態の森林は，安定な段階にある植生というよりも，動的な平衡状態にある群集と考えられている．

さらに，ワット（Watt 1947）は，極相林が，破壊された状態の段階，再生

＊2　ギャップ（gap）は森林の最上層にある林冠に形成された欠所したところを指し，より正確には林冠の欠所部の直下への垂直投影部とした区域を林冠ギャップ（canopy gap）という（山本 2003）．
＊3　植生（生態系）のモザイク構造の形成に関係する動態現象を“patch dynamics”（パッチ動態あるいはパッチダイナミクス）といい（Pickett, White 1985），現在では，“gap dynamics”は，“patch dynamics”の中に含まれる概念として，森林の動態現象を説明する一般的な語となっている．

図 11.9 空中から見た照葉樹林の林冠状態
この写真は，縦横 100m × 100m の範囲の照葉樹林（長崎県対馬竜良山）の林冠状態を航空機から撮影したもので，凹んで黒く写っているところがギャップである．［山本進一氏提供］

図 11.10 森林におけるギャップダイナミクスの概念
この図は，イングランド South Downs 地方のヨーロッパブナ（*Fagus sylvatica*）極相林を模式的に表したもので，発達段階の異なる相が空間的に不規則に存在していることを示している．このように，極相林は，ギャップ形成に始まる一連の更新のサイクルから維持されている．これをギャップダイナミクスと呼ぶ．［Watt, A. S.（1947）より改変］

が始まった段階，修復されつつある段階，成熟した段階という小林分のモザイク構造により維持されていると主張した（図 11.10）．現在，世界中の様々な極相状態にある森林が，この発達段階の異なる相（phase）が，空間的に不規則に散在する状態で維持されていることが明らかとなっている（真鍋 2011）.

COLUMN 11.1

縞枯れ現象と森林の更新

風当たりの強い亜高山帯におけるモミ属の優占する森林では，縞状に樹木が枯れた部分が見られることがある（図）．これを縞枯れ現象といい，縞状に樹木が枯死する要因には，同一方向からの恒常風が関係している．この現象が見られる場所としては，北八ヶ岳の縞枯山が最も有名であり，小規模なものは本州の他の亜高山帯林や北海道北部の海岸でのトドマツ林，北米のバルサムモミ林でも確認されている．風当たりが強い個体は，物理的あるいは乾燥ストレスにより枯死する可能性が高く，1 個体の枯死により林冠が破壊されると，さらに，風下側の個体へ風当たりが強くなり，別の個体の枯死が発生する．林冠木の枯死は次々と新しいギャップを形成して，そのギャップ内では稚樹が更新する．このため，稚樹が更新する場所は徐々に風下側に移動し，時間が長く経過した場所に向かうほど，連続的に樹高が高くなるという構造が形成される．同時に，更新した場所では樹木のサイズは同じであるために，混み合い程度が高くなり，各個体の樹冠は小さくなると同時に，枝葉も枯損が発生しやすくなる．その場所が強風を受けると，再び集団枯損が発生しやすくなり，この繰り返しにより，縞状の模様が形成されるという現象が縞枯れである．

縞枯山（長野県茅野市）で見られる亜高山帯針葉樹林の縞状の更新

この写真はオオシラビソとシラビソの優占した亜高山帯針葉樹林を斜面の横から見た

ものて，写真のなかの白い帯状のところは多くの枯死木が見られる場所である．このような数条の枯死帯が斜面に平行に並んでいる現象を縞枯れ現象といい，これらの枯死帯の斜面下部方向では，連続的に後継木による更新が行われている．つまり，枯死帯と枯死帯の間は上から下に向かって林分が成熟している様子が見られる．縞状の更新は，北米東北部のバルサムモミ林でも観察されることが知られており，波状更新（wave regeneration）とも呼ばれている．

ギャップと樹木群集の動態

森林の一定の面積に対するギャップの割合，あるいは，ギャップの大きさの頻度分布や平均的なギャップの大きさなどのギャップの空間的な特質（図11.11）は，森林タイプや地域により様々である．ギャップ面積の割合は，成熟した森林（原生状態の森林）では5〜30％程度である（McCarthy 2001）．また，世界各地の森林におけるギャップの平均的な大きさは，おおよそ50〜200m^{2}である（表11.1）．一般に，面積の大きいギャップでは，明るい条件を好む樹種が更新することができ，小さなギャップでは，耐陰性の強い遷移後期に優占種となる樹種が更新している．

1年間にギャップが形成される速度を**ギャップ形成率**（gap formation rate）といい，一方，ギャップが修復されて閉鎖する速度を**林冠閉鎖率**（cano-

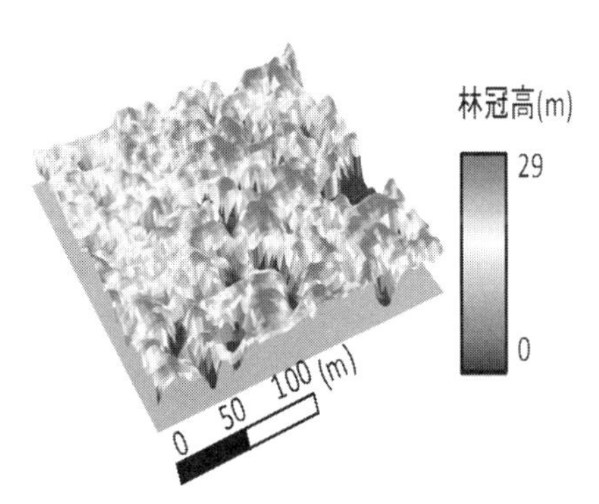

図11.11　航空写真を数値化して作成された森林の林冠状態とギャップの分布（口絵2参照）

この図は，航空写真から作成した数値標高モデル（DEM）により，森林の林冠面の状態を3次元的に表したものである．森林の林冠面は，非常に複雑に凸凹しており，凹部分のかなり低いところがギャップである．［西村・板谷（2014）より改変］

表 11.1 世界の森林におけるギャップの特徴

森林タイプ	ギャップサイズ		ギャップ形成率 (%/年)	回転時間 (年)
	平均 (m^2)	最小－最大 (m^2)		
北方林・亜高山帯林	41-141 (78)	15-1245	0.6-2.4 (1.0)	87-303 (174)
温帯広葉樹林	28-239 (79)	8-2009	0.4-1.3 (0.8)	45-240 (134)
温帯針葉樹林	77-131 (85)	5-734	0.2 −	280-1000 (650)
熱帯林	10-120 (50)	4-700	0.5-6.5 (1.0)	80-244 (137)
南半球	40-143 (93)	24-1476	0.25-0.28 (0.3)	320-794 (408)

括弧内は中央値を示す．
世界の様々な森林におけるギャップのサイズは平均的には100m^{2}程度であり，この程度のギャップは林冠木1～3本の死亡により形成される．また，年間に形成されるギャップ（ギャップ形成率）は，南半球や温帯針葉樹林を除くと平均的には0.5～1.0%程度で，そこから推定されるギャップの回転時間は100～200年程度である．
[McCarthy, J.（2001）を基にした真鍋 徹（2011）より改変]

py closure rate）という．一般に，特別なイベントがなければ，日本の森林では，ともに0.5～1.5%程度である（西村・真鍋 2006）．ここから，林冠の**回転時間**（turnover time）を計算すると100～150年前後という値になる（計算方法は真鍋2011参照）．この林冠の回転時間は，林冠にギャップが形成され，その場所で樹木の更新が起こり，この樹木が林冠に到達して，再び枯死するまでの森林のギャップ更新のスピードを表している．

また，森林樹木群集の回転時間を，高木性の樹種の死亡率と新規加入率から計算することができる．林冠の回転時間と同様に，森林樹木群集の回転時間は，ある面積内における森林を構成する樹木個体がすべて新しい個体に入れ替わる平均的な時間のことで，森林が更新する時間的な速さを表す指標である（西村・板谷 2014）．日本の原生状態の樹木群集の死亡率は，年間0.9～2.7%程度である（表11.2）．一方，新規加入率は，年間0.5～2.4%であり，死亡率と比べてそれほど大きな違いはない．ここから推定される森林樹木群集の回転時間は，おおよそ100年前後である．したがって，森林は非常にゆっくりとした

表 11.2　日本の代表的な森林における樹木群集の動態

森林タイプ	期間	死亡率（%/年）	新規加入率（%/年）
暖温帯常緑広葉樹林	1990-1997	0.9	0.8
	1997-2002	1.1	0.5
冷温帯落葉広葉樹林	1988-1992	2.1	2.3
	1992-1997	1.8	2.2
	1997-2002	1.2	2.4
亜高山帯針葉樹林	1991-2000	2.7	1.0

日本の代表的な森林タイプである暖温帯常緑広葉樹林，冷温帯落葉広葉樹林，亜高山帯針葉樹林における樹木群集（胸高付近の幹直径が 5cm 以上の樹木を対象）の死亡率と新規加入率は，年あたりおおよそ 1～2.5%程度である．［(西村・真鍋（2006）より改変］

世代交代が行われている植物群集といえる．

第12章

生態系と生物多様性

12.1　生物多様性と生態系サービス

生物多様性の階層性

地球上に存在する生命は多種多様であり，この生命の多様さは種（species）の数だけで表すことはできない．この生物学的な多様性を，**生物多様性**（**bio-diversity**）といい，生物多様性には，遺伝子の多様性（種内の多様性），生物種の多様性（種間の多様性），生態系の多様性という3つの階層（段階）がある．

遺伝子の多様性，すなわち**遺伝的多様性**（**genetic diversity**）は，同じ種の中でも，遺伝子の違いによって個体の特徴が異なることを指している．同種内に個体間の遺伝的変異を持つことにより，種として環境の変化などに対応できる可能性を高める役割がある．

生物種の多様性は，気候や地形などの様々な環境条件に応じて，多様な生物種が生息・生育していることを表しているとともに，生態系における生物種の豊富さだけでなくそれらの相対的な割合を，**種多様性**（**species diversity**）という．種や分類群の多様さについては，実体がはっきりしているため古くから研究の対象とされてきた．また，種多様性は生態系の維持に重要な役割を果たしている．

地球には様々な自然環境とその環境に適した生物群集から構成される多様な生態系が成立している．サンゴ礁や原生林，草地などの様々な生態系のタイプが存在することを**生態系多様性**（**ecosystem diversity**）といい，この概念は，生物群集の「場」としての多様性というだけでなく，熱帯多雨林と針葉樹林，あるいは人工林と里山林などのように，異なる**生態系機能**をもつ生態系が存在することを指す．十分な遺伝的多様性がある様々な種から構成される生物群集は，安定した生態系の基礎となり，そのような多様性と複雑な種間の相互関係を生み出す多様な環境が生態系の多様性を支えている．

自然の恵みと生態系サービス

私たちが自然から受ける恩恵には有形・無形な様々なものがあり，生活に必要な物資供給，生活基盤となる環境形成，人間性を育む安らぎや快適さ（アメニティー）の享受などがある．このような恩恵は生態系で維持されている生物と環境との相互作用の働きによりもたらされ，現在，人間に有益な生態系の機能を**生態系サービス**（**ecosystem service**）と呼んでいる．国連の主導で行われた「**ミレニアム生態系評価**（**Millennium Ecosystem Assessment**）」における2005年に発表された報告書によれば（Millennium Ecosystem Assessment 2007），生態系サービスは，供給サービス，調節サービス，文化的サービス，および，基盤サービスという4つに類型化されている（図12.1）．供給サービスには，食糧，木材，燃料などの有用物の供給がある．調節サービスには，気候や洪水の調節などがある．文化的サービスとは，芸術，宗教，教育，保健涵養などの精神的・知的な発達を促すサービスである．基盤サービスには，これら3つのサービスを共通して支える土壌の形成や物質の循環などが含まれる．生態系サービスを低下させないようにするためには，生態系機能の保全が必要となるが，ある特定の生態系サービスからの利益を優先すると，別の生態系サービスが失われることもある．例えば，物質的な生態系サービスの享受を目的とした場合には，生物的な多様性に関するサービスは重要でないこともある（中静 2013）．

生態系サービスの経済的な価値を試算することは難しいが，例えば，森林生態系からの木材産出額についてみると，世界全体で年間1000億USドル（1ドル100円で換算すると10兆円）に達するとの試算がある（FAO 2010）．また，ヨーロッパのいくつかの国における木材と燃料製品による生態系サービスの市場価値は，二酸化炭素固定や流域保全・レクリエーションといった非市場価値を含めたすべての経済価値の半分以下であり，森林における生態系サービ

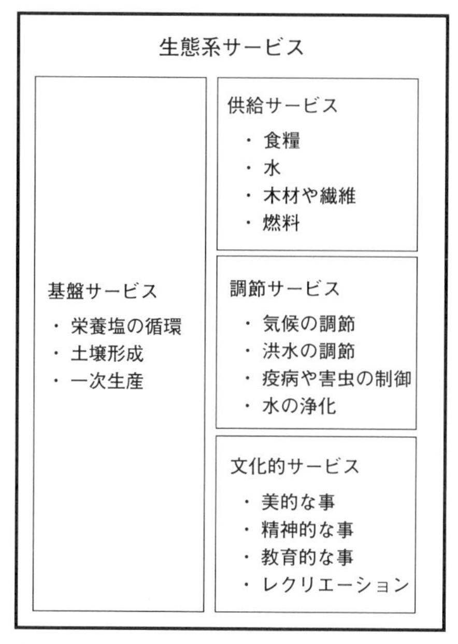

図 12.1 生態系サービスの 4 つのカテゴリー
生態系サービスには，供給サービス・調整サービス・文化的サービスと，これらを支持する基盤サービスの 4 つのカテゴリーがあり，人類の活動は，これらの様々な生態系サービスに支えられている．［Millennium Ecosystem Assessment（2007）より改変］

スの経済的な価値は木材などの資源供給による利益の 2 倍以上にもなる（図 12.2）．

さらに，TEEB（The Economics of Ecosystems and Biodiversity：生態系と生物多様性の経済学）の報告書（環境省 2012）によれば，サンゴ礁は世界の大陸棚のわずか 1.2％を占めているに過ぎないが，サンゴ礁から得られる食糧源やその沿岸や島嶼で生活する人々がかかわる観光産業など，サンゴ礁が人間にもたらす恩恵は少なくとも年間に 300 億 US ドル，最大で 1720 億 US ドルに達するとされている．

生態系サービスのすべては，地球規模での生物多様性を持続的に維持することにより保障されるものであり，そのためには私たち利用者の意識的な経済的支出による生態系サービスの管理が必要である．

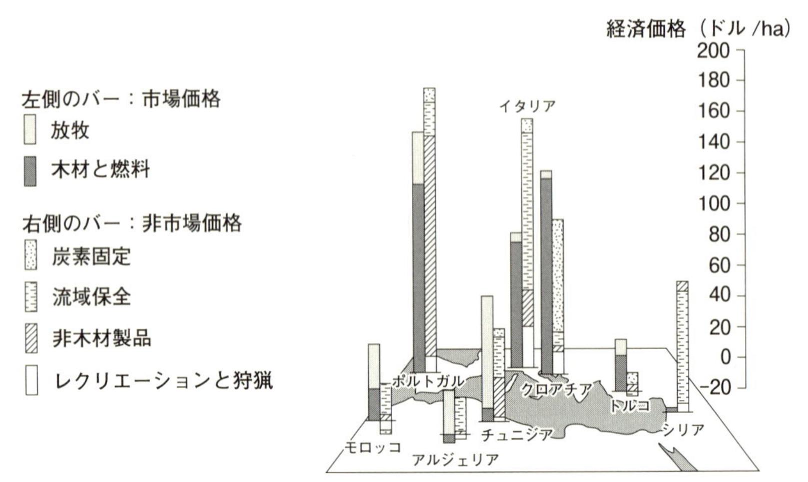

図 12.2　いくつかの国を例にした森林生態系から得られる年間利益
ほとんどの国では，木材と燃料による生態系の市場価値は，炭素固定や流域保全・レクリエーションといった非市場価値を含めたすべての経済価値の半分以下であり，ここから，森林生態系の経済価値は，木材などの資源供給による利益の 2〜3 倍以上になるとされている．
[Millennium Ecosystem Assessment（2007）より改変]

12.2　種多様性の概念

種数の豊富さと種組成の均等性

種多様性（species diversity）とは，ある地域に含まれる種組成の多様性を意味し，単に生物の種類の数が多いというだけではない．種の多様性の概念には，次の 2 つの指標が含まれている．1 つは種数が多いことを示す**種の豊富さ**（species richness）であり，もう 1 つは，群集を構成する各種の出現する割合を示す**種組成の均等性**（**均等度**，species evenness）である．

出現種数が 5 種と同じである A と B の林分は，種の豊富さでの種の数に違いはない（表 12.1）．しかし，この 2 つの林分を異なった種の複数の個体が集まった群集としてみると，群集内でのそれぞれの種の相対的な重要性は同じではない．林分 A はオオシラビソの出現に大きく偏っており，他の 4 種は全体として非常に少ないという種組成になっている．一方，林分 B は各樹種の本

表 12.1 亜高山帯林を例にした5種の樹木で構成された2つの林分における各樹種の出現本数の比較

樹種	林分 A	林分 B
オオシラビソ	96	20
シラビソ	1	20
コメツガ	1	20
トウヒ	1	20
ダケカンバ	1	20
合計	100	100

林分 A における出現本数の大部分がオオシラビソで，他の4種はわずかしか出現しない．林分 B ではどの樹種も同じ程度の出現本数である．このように，同じ5種類の樹種からなる林分でも，本数割合による樹種構成は異なっている．

数が 20 個体ずつと均等な構成であり，5種の出現機会には偏りがないという群集である．このように構成する種の出現頻度の均等性が大きいほど，その群集の種組成は複雑であり，種の多様性が高いといえる．

生息・生育域と種多様性

種多様性の概念は，生息・生育域の捉え方によっても異なる．ある地域全体の種の多様性と，その地域内の部分的な場所の種の多様性が同じであるとは限らない．生息・生育域を階層化した種の多様性の尺度として，地域内の部分的な場所の種多様性を**α 多様性**といい，地域全体の種多様性を**γ 多様性**，地域内の部分的な生息・生育域間の種の多様性を**β 多様性**という．これらの指標は，地域全体の種多様性に寄与する要因などを考察する際に使用される．なお，α 多様性は小区画内の平均の種数，γ 多様性は全体の種数などから計算される．また，β 多様性は，一般にはその2つの値の比（γ 多様性／α 多様性）から求められる．ここから推定される空間スケールの異なる生息・生育域の種多様性の違いを比較すると，部分的な生息・生育域の平均的な種の多様性が高くなくても，生息・生育域間の種の多様性が高い場合には，その地域全体の種の多様性は高くなることがある（図 12.3）．

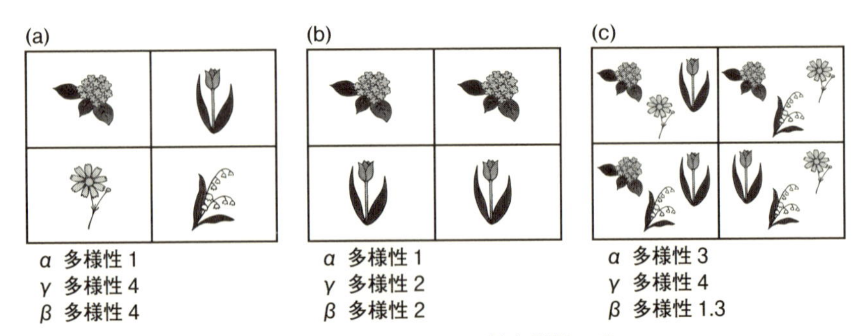

図 12.3　生息（生育）域の空間スケールによる種多様性の違い
α 多様性は小区画の平均種数を，γ 多様性は全生息（生育）域の総種数を表す．また，一般には，小区画間の種組成の差を示す β 多様性は，γ 多様性 / α 多様性から計算することができる．この図は，4 種類の生物種で構成される群集の種多様性の空間スケールによる違いを示したものである．(a) では小区画内における種多様性は低いが，小区画間の種組成の差が大きいために全体の種多様性は高い．一方，(b) ではいずれの種多様性も低く，(c) では小区画や全生息（生育）域の種多様性は高いが，小区画間の種組成が類似しているために，β 多様性は小さい値になっている．

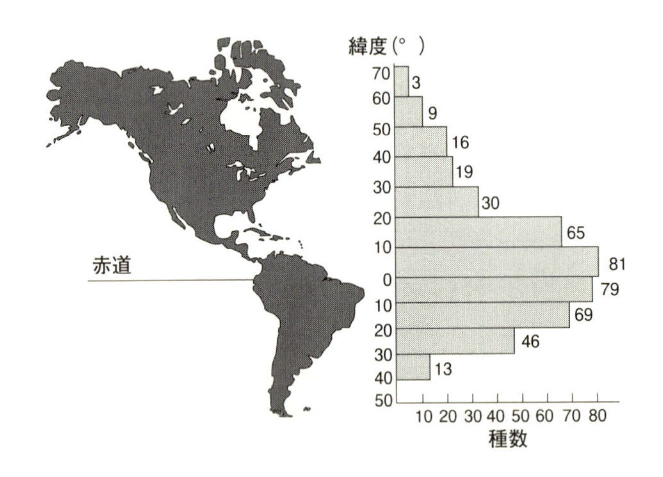

図 12.4　赤道付近から両極地域への緯度勾配とアゲハチョウの種多様性との関連性
アメリカ大陸における緯度とアゲハチョウ科（Papilionidae）の種数との関係は，赤道付近で最も種数が多く，両極地域に向かうほど種数が少なくなる．このようなアゲハチョウの種数と緯度との関係については，ヨーロッパからアフリカや東アジアからオーストラリアでの緯度の変化においても同様の傾向が見られる．[Slansky, F. (1972) を基にした Scriber, J. M. (1973) より改変]

種多様性に及ぼす環境要因

アメリカ大陸におけるアゲハチョウの種数は，赤道に近い地域ほど多く，両極に向かって高緯度地域になるほど少なくなる（図 12.4）．また，緯度による種の多様性の傾度は，樹木やアリ，鳥類などでも知られている．このような傾向が見られるのは，赤道地域が1年中暖かいという環境条件や，過去の気候変動における種の分化や移動など（本章第4節）の要因が考えられている．

そのほかに，生物群集内の種数に影響する要因には様々なものがある（Begon *et al.* 2003）が，一般に，面積が広いとそこに含まれる個体数が多くなり，結果として異なる種が出現し，面積とともに種数が増加する．特に，これは，不連続，あるいは，不均質な生息・生育域が含まれる場合に顕著となり，環境の異質性を含む広い生息・生育域には，それぞれの環境に偏った分布を示す種が存在するからである．

生息・生育域の広がりを意味する面積を基準とした種の多様性の変化を，面積が大きくなると出現する種数が増加すると仮定すると，これは**種数－面積曲線**（**species-area curve**）という次式に示すことができる（宮下・野田 2003）．

$$S = CA^z \tag{12.1}$$

この式において A が生息・生育場所の調査面積，S が種数を表し，C と z は正の定数で，一般に，z は 0～1 の値である．この z の値が小さいほど，面積の増加に伴い，種数の増加率は低くなる．この式の両辺を対数変換（式 12.2）してグラフに描くと，面積の増加に伴う種数の増加は直線的になる（図 12.5）．

$$\log S = \log C + z \log A \tag{12.2}$$

図 12.5 で示すように，異なる2つの群集の種数－面積関係を比較すると，傾きを表す z の違いにより，生息・生育面積の大小で出現する種数が逆転することがある．

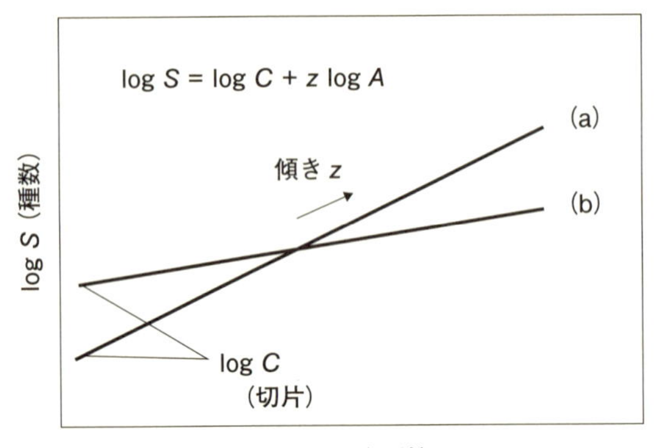

図 12.5　2つの群集における種数 - 面積曲線の比較
小面積では，(b) の群集において種数が多く，大面積では，逆に，(a) の群集において種数が多くなる．このように，群集の種数は面積によって異なるだけでなく，面積の増加に伴う種数の増加の傾向は群集により異なっているために，群集間で種の豊富さを比較する場合には注意が必要である．[安田弘法ほか (2012) より改変]

12.3　種多様性の指標

群集と種多様性

異なる生物群集の種の多様性を比較するためには，種の豊富さや種の均等性のどちらの尺度も考慮した方法が必要となる．そのような指標には，種多様性を数量化した多様度指数や，群集の構造的規則性を表す相対優占度曲線がある (宮下・野田 2003)．

相対優占度曲線 (relative abundance curve あるいは dominance-diversity curve) とは，横軸に個体数などの優占度の大きい順に並べた種の順位を，縦軸には全個体数に対するある種の個体数の割合，すなわち，相対密度などの各種の相対優占度を表したグラフである (図 12.6)．このグラフの線が右に長く伸びているほど種数が多いことを，また，緩やかに傾いているほど種組成が均等であることを示している．熱帯と温帯における森林の種多様性を相対優占度曲線により比較すると，熱帯多雨林は他の森林に比べて種の豊富さも均等性も大きい (Hubbell 1979)．これとは対照的に温帯の亜高山帯林では，熱帯乾燥

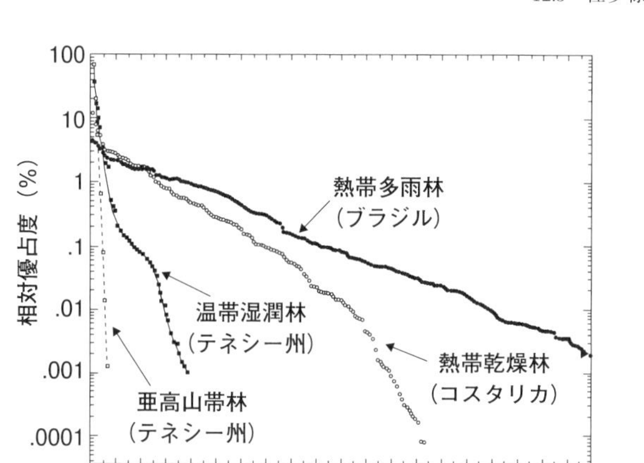

図 12.6 相対優占度曲線による異なる森林における樹木の種多様性の比較
この図は，アメリカ大陸における異なる４つの森林（熱帯多雨林，熱帯乾燥林，温帯湿潤林，亜高山帯林）において，優占度が高い順に並べた種の順位に対する各樹種の相対優占度から描いた曲線である．熱帯多雨林は他の森林に比べて曲線が緩やかで右方向に長く伸びていることから，種数が豊富で，かつ，均等性が高いことがわかる．なお，これらの森林の相対優占度（%）は，温帯湿潤林と亜高山帯林では年間純生産量から，熱帯多雨林では地上部現存量から，熱帯乾燥林では幹断面積合計から計算された値である．[Hubbell, S. P. (1979) より改変]

林や温帯湿潤林に比べて出現する種数が少なく，曲線の傾きも急であることから種組成の均等さは小さい．このように，相対優占度曲線を用いた種多様性の表現は，種の豊富さと均等性をともに評価できる点において優れている．一方で，相対優占度曲線は，視覚的にわかりやすいが，定量的には扱いにくく，種多様性の計量的解析には使用しづらいとされる．

種多様度指数

種の多様性を計量化した尺度を**種多様度指数**（**species diversity index**）という．この種多様度指数には，種の豊富さと均等性のどちらの要素も含まれていることが一般的であり，これを種数－個体数関係（species-abundance relationship）とも呼んでいる．

種多様度指数には，古くは元村（1932）のある種における個体数とその順位の関係に見られる等比級数則の係数がある．また，現在では，出現種数とそれぞれの種の個体数の確率的な関係から表現されたSimpsonの多様度指数Dや，情報理論的なアプローチにより考案されたShannon-Wienerの多様度指数H'などがよく使用される（伊藤・宮田1977；宮下・野田2003）．

最も一般的な種多様性の指数であるSimpsonの多様度指数Dは，次式で表される．

$$D = 1 - \sum_{i=1}^{s} {p_i}^2 \tag{12.3}$$

ここで，Sは群集内の総出現種数，p_iは全個体数のうち種iが占める個体数の割合（相対優占度）である．この式は，Simpson（1949）が考案した群集の単純度を表す指数を1から引いたものである（Berger & Parker 1970）．この多様度指数Dは，ある群集から2個体を選んだとき，それらが別種である確率を指しており，この指数が大きい値であるほどその群集の種多様性が高い．また，このDは，前述したα多様性，β多様性，γ多様性を正確に表現できる点が優れているとされる（Lande 1996）．

情報理論から導かれたShannon-Wienerの多様度指数H'は，群集からランダムに選ばれた個体の種名を言い当てるときの不確実さの程度を示し，次式で表される．

$$H' = - \sum_{i=1}^{s} p_i \log p_i \tag{12.4}$$

ここで，Sは群集内の総出現種数，p_iは全個体数のうち種iが占める個体数の割合（相対優占度）である．なお，H'は個体数だけでなく，被度や重量などの指標を用いた相対優占度から計算することもできる．

Simpsonの指数DとShannon-Wienerの指数H'を比べてみると，前者では，相対優占度の高い種がこの値に大きく影響するのに対して，後者では，中間的な種の貢献度が評価されやすい．そのため，Shannon-Wienerの多様度指数H'は，次のような方法により，異なる群集の種組成の均等性を比較するために用いられる（伊藤・宮田1977）．

H'の最大期待値H'_{max}は，すべての種の優占度が等しいとき（すべての種の相対優占度が$1/S$）の値として，$-\sum_{i=1}^{s} \frac{1}{S} \log \frac{1}{S} = \log S$から計算される．実際に観測された群集の$H'$における$H'_{\mathrm{max}}$に対する比を均等度指数$J'$といい，次式で表される．

$$J' = \frac{H'}{H'_{\max}} = \frac{H'}{\log S} \qquad (12.5)$$

この均等度指数J'は，0から1までの数値をとり，この値が大きいほど群集内の種組成の均等性が高いことを示す．

12.4　種の多様性の創出

種の多様性と生物群集の安定性

自然状態の森林には，多くの種が共存しており，種の豊富さや種組成の均等性から見ても，森林の種多様性は非常に高い．同一のニッチを持った生物は共存できないという仮説（第6章）に従うならば，光や水分などの同じ資源を必要とする固着性の生物である植物においては，異なる種が共存することは安易ではない．一方，光や水分，栄養分などの森林内の環境が不均一であり，これらの資源に対する要求度が，種によって異なる場合には，共存が可能であるかもしれない（第6章）．特に，種の多様性が高い熱帯多雨林では，生物群集内の種の共存を促進するしくみについての様々な仮説が提案されている．

生物群集における種の共存を促進する現象に関する仮説は，大きく2つに分けることができ，**平衡説**と**非平衡説**がある．資源要求性，フェノロジー，生活史などの種特性の違いだけで安定的な共存が可能とする説を**平衡説**（equilibrium theory）といい，その群集を平衡群集という．一方，不定期的に起こる撹乱が群集の平衡状態を乱し，種が共存できるとする説を**非平衡説**（non-equilibrium theory）といい，その群集を非平衡群集という．しかし，実際には，種の多様性を維持するしくみは，このような単純な説明ではなく，いくつかのメカニズムがそれぞれ同時に作用することで，群集内において種の共存が成り立っている．

ニッチ分化仮説

環境が年中安定した場所では，生物の個体群密度は環境収容力まで達して，種内および種間の相互作用は極めて激しい（第7章）．そこでは，生物は生き

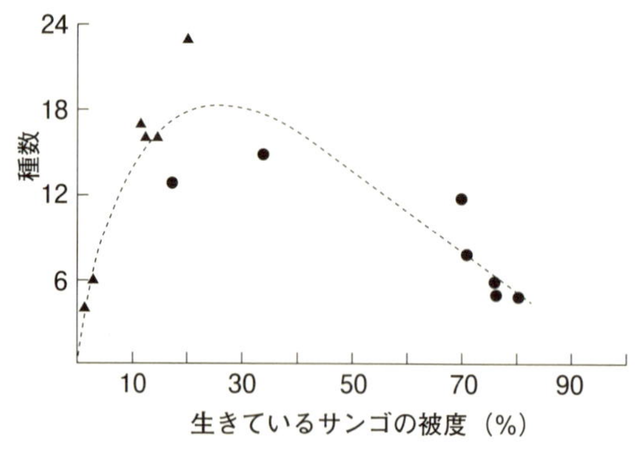

図 12.7　オーストラリアのサンゴ礁におけるサンゴの種数と撹乱強度（サンゴの被度）との関係

この図は，オーストラリアのサンゴ礁で台風撹乱後に調査された異なる斜面における生きているサンゴの被度とサンゴの種数との関係を示したもので，▲は激しく撹乱された北斜面での結果を，●はほとんど撹乱されなかった南斜面での結果を表している．サンゴの被度を撹乱の指標として，撹乱強度が高いかまたは低いとサンゴの種数が少なくなる．一方，撹乱強度が中程度のところで，サンゴの種数が最も高い．[Connell. J. H.（1978）より改変]

るための特定の環境領域と資源の利用に限って特殊化するので，多数のニッチを数えることができる．これを**ニッチ分化仮説**（または資源分割仮説）という．一方，不安定な環境に成立する群集では，個体群密度が飽和状態には達しないために，素早い繁殖と広い耐性をもった種特性を獲得する r 淘汰（第7章）が起こり，その群集の構成はニッチの重複が大きい少数の種で占められる．例えば，熱帯多雨林などでは，安定した気候による温度や降水量などの豊かな環境条件のもとで多層の階層構造が発達し，これが種の共存を促進するしくみと関係している（Kohyama, Takada 2009；西村・原 2011）．

中規模撹乱仮説

撹乱は生態系の平衡状態を乱し，競争排除を抑制し，種の共存を促す働きがある．しかし，撹乱が大きすぎると，撹乱自体の影響で，種が絶滅するために，また，全体的に資源の乏しい環境が形成されるために，全体の種の多様性は低下する．逆に，撹乱が小さすぎると，資源をめぐる競争の優劣な種間関係を変化させることができず，競争排除により劣勢な種が絶滅して，種の多様性は低下する．この仮説を**中規模撹乱仮説**（**intermediate disturbance hypothesis**）という．Connell（1978）は，撹乱が生じたサンゴ礁において，生きたサンゴの被度とサンゴの種数との関係を調査した．その結果，波の弱い場所ではサンゴの被度は高く，逆に波が強い場所ではサンゴの被度が低かったものの，いずれの場所でも種数は少なかった．一方，波浪が中程度であった，生きたサンゴの被度が20～30％の場所で，サンゴの種数は最大になった（図12.7）．この研究は，中規模撹乱仮説を説明したものとして最もよく知られている．また，中規模撹乱仮説は，森林のギャップダイナミクス（第11章）とも関連して，極相林の樹種多様性を説明する仮説の1つでもある．

逃避場所仮説

熱帯多雨林の種の多様性を理解するためには，地史的スケールでの過去の現象を知る必要がある．第四紀に繰り返し起こった氷期には，アマゾンや赤道アフリカなどの熱帯域の低地は，現在よりかなり乾燥し，熱帯多雨林の分断化が起こっていたとされる．低地の生物は，湿潤な高地に逃避して生き残り，新しい環境下で隔離され，種分化が起こったとされる．再び湿潤な気候にもどると，これらの種が，低地に広がり，現在の熱帯多雨林の固有種として種多様性を形成したと考えられている．そのような地球環境の変化に伴う熱帯地方での種の分化や移動から，種の多様性を説明する仮説を**逃避場所仮説**（または地史仮説）という．

種子捕食仮説

熱帯多雨林の樹木は，毎年種子を生産することはなく，何年かの間をおいて多くの種子を一度に生産する．大部分の種子は，重力により母樹の周りに落下し，母樹からの距離に伴ない同心円状に落下種子数は少なくなる．一方，種子を摂食する動物は，母樹近くの種子数の多い場所を訪れるために，母樹の近くの種子の生存率は低いが，母樹から離れるほど生存率が高くなる．母樹から少し離れた場所で次世代の木が更新しやすいとすれば，ある樹種の個体の空間分布は，次第に他樹種と置き換えられていく．この現象が多くの樹種で起こることにより，種の多様性が維持されるという説明を**種子捕食仮説**（または距離仮説やJanzen-Connell仮説）という．同様に，熱帯多雨林の種の多様性には，親木の近くの芽生えや稚樹に対する細菌や菌類などの種特異的な寄生生物の影響が関係するという意見もある．

統一中立理論

Hubbell（2001）は，熱帯多雨林では，種の生態的特徴や空間分布から，種間でニッチや繁殖能力に大きな差はなく，種の移入や種分化の速度が，種多様性の維持機構に重要な役割を果たしていると主張した．この考え方によれば，ある栄養段階に限定された群集内における，あらゆる種のすべての個体が，ある共通の生態的規則に従うために，種の多様性は偶然性により決定されると説明されており，この仮説を（種の多様性の）**統一中立理論**（**neutral theory of species diversity** あるいは **unified natural theory of biodiversity**）という（久保田 2011；宮下ほか 2012）．なお，この統一中立理論は，MacArthur & Wilson（1967）による生物地理学の中立理論を一般化したものとされている．

第 13 章

人間活動と生態系

13.1　ヒトの拡散と文明社会の発展

ヒトの起源と拡散

人類の祖先が**類人猿**（anthropoid）と呼ばれるチンパンジーやボノボの祖先と分かれたのは，約 700〜600 万年前とされている．また，初期の人類とされる猿人（アルディピテクスやアウストラロピテクス）の化石が，アフリカ東部の 400〜300 万年前の地層から見つかっている．その後，180 万年前には，原人と呼ばれるホモ・エレクトスなどの，また，35〜30 万年前には，旧人と呼ばれるホモ・ネアンデルターレンシスなどのホモ属が出現し，これらの化石は，アフリカだけでなく，アジア・ヨーロッパでも発見されている．現在の人類の直接の祖先である**新人**（**ホモ・サピエンス**）は，ミトコンドリア DNA の解析などにより，アフリカの小集団として約 20 万年前に出現したという説が有力である．そして，約 10 万年前にアフリカから移動しはじめた人類は，5〜4 万年前には，西アジアからヨーロッパ，東南アジア方面に広がり，3 万年前には，日本列島やシベリアに，そしてベーリング海峡を渡り，1 万 3500 年前には，アメリカ大陸に到達したと考えられている（図 13.1）．

世界各地に散らばった新人，つまり，ヒトは，それぞれ異なる自然環境に適応して多様な人種へと変化していった．また，アフリカに暮らす人種とアジアやヨーロッパなどに暮らす人種とは，見かけ上では多少異なっているが，現生人類であるヒトの各集団における遺伝子の違いはほとんどなく，生息域が限られている他の類人猿より遺伝的多様性は著しく低い．さらに，現在では，ヒトは，熱帯地方から北極圏まで，また，年間降水量が 100mm 以下の砂漠地域に

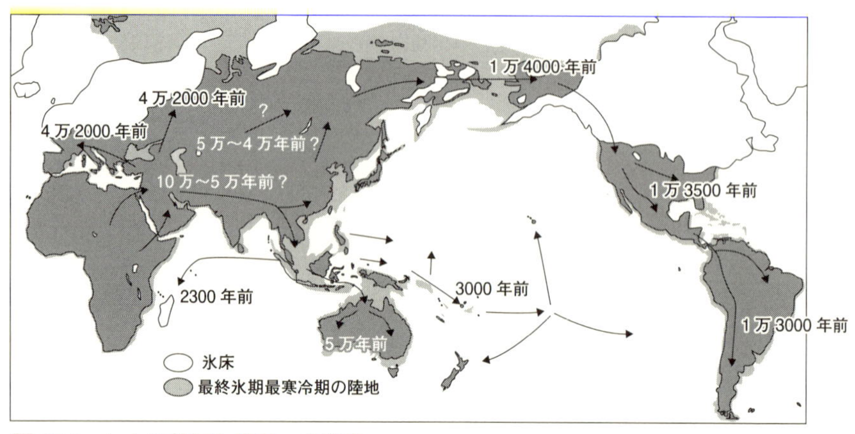

図 13.1　ヒトの起源と世界への拡散
人類は，アフリカで誕生したのち，数回にわたりユーラシア大陸へと移動した．ヒトの直接の祖先であるホモ・サピエンスが全地球的な拡散をはじめたのは，今から 10〜5 万年前頃である．[海部陽介（2005）より改変]

も分布しており，地球上に非常に幅広く出現する単独の生物種である．

農耕の発達と古代文明

ヒトは，生態系を大きく変化させてきた生物種であり，他の動物には見られない農耕という活動を行ってきた．農耕が始まる 1 万年前までは，ヒトは狩猟採集を生業とした生活をしており，この時代の人口密度は，生態系の生産力に関係していた．つまり，人口の増加は，生態系サービスに依存した自らの環境収容力に規定されていた．一方で，それらの狩猟採集民は，ある程度の高い人口密度を維持していたということも明らかになっており，生態系へのヒトのインパクトは，農耕が始まる前から十分に大きかったことも指摘されている．

紀元前 4000〜3000 年頃，エジプトや中国などの世界の数カ所で高度な古代文明（四大文明など）が成立した．この頃になると，人口を維持するための農耕による生産力は，狩猟採集に比べて極めて大きくなっていた．穀物生産による安定的な食糧の確保と農耕の拡散により（図 13.2），世界人口は，紀元前 6000 年頃から紀元前 1000 年頃にかけて，1000 万人未満から 1 億人に増加した（図 13.3）．同時に，富と権力の集中による都市化とそれを支える大量の人々による土木工事，特に，大規模なかんがい施設による農業生産地の拡大は，ヒト

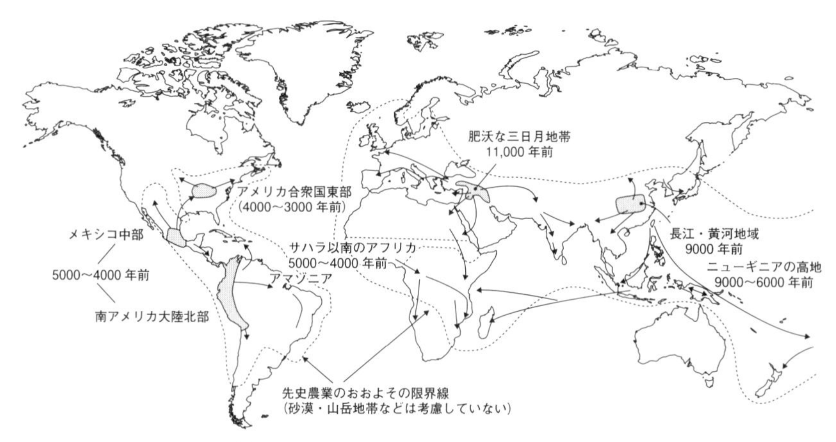

図 13.2　原始的な初期農耕の起源地とその拡散
ヒトは 1 万年前頃から複数の場所で平行して原始的な初期農耕をはじめたとされ，この頃から，世界各地の自然は，ヒトにより改変されていった.
[Diamond, J., Bellwood, P.（2003）より改変]

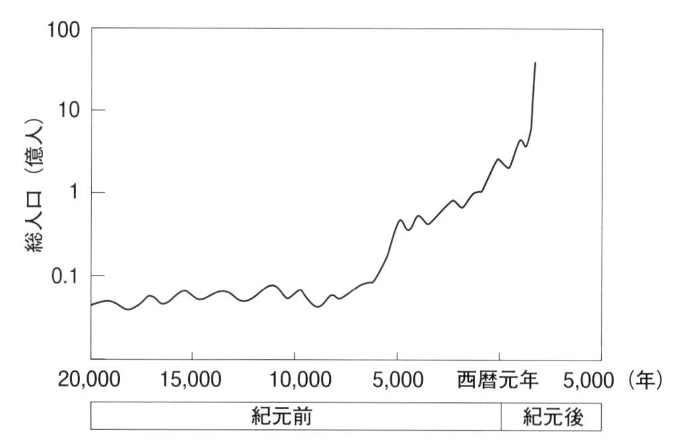

図 13.3　世界人口の 2 万年前頃からの推移
ヒトが世界に広がった 1 万 2000～1 万年前の地球の総人口は，500 万～800 万人と推定され，紀元前 6000 年頃から世界人口が急激に増加したと推測されている.
[Biraben, J. N.（1979）より改変]

による生態系の改変のスピードを増大させた．なお，古代文明が発祥したころの気候は，現在より2〜3℃くらい温暖であった．その地球環境が，ヒトを**生態系エンジニア**（ecosystem engineer）[*1]へと飛躍的に変化させた要因の1つであるとも考えられている．

文明社会の発展と環境負荷

様々な道具を手に入れたヒトは，15世紀中頃から17世紀にかけて世界中を移動し始め，様々な気候帯で植物の栽培化や動物の家畜化を行い，人口が集中した地域だけではなく，文明が行き届いていない場所の生態系までも改変していった．さらに，18世紀中頃のイギリスで始まった産業革命により，工業化された都市の出現とともに，様々な人工的環境が，多くの自然環境を圧迫していった．この産業革命は，フランスやベルギー，そして，アメリカ，ドイツ，ロシア，日本へと順次広がり，人力や畜力に頼っていた人間の生活を大きく変え，生態系サービスを基盤とする生産活動に代わり，大量の資源消費依存による現在のライフスタイルを築いた．

産業革命以前は，5億人あまりであった世界人口は，1800年ごろから急激な増加をたどり，1987年には50億人に達した．産業革命以降の人口増加は，生物の個体群成長のモデルにたとえると，環境抵抗が作用していない状態での現象であった．本来，生物の個体群成長は一定環境のもとでは環境収容力に漸近するロジスティック曲線を描くとされるが，ヒトは，生活圏の拡大，科学技術の発展や新たなエネルギー資源の発見により，自らの環境収容力を押し上げてきた．しかし，それは同時に，ヒトの人口増加による地球環境への負荷も大きくし，新たな環境抵抗が作用することをも意味している．

私たちの生活環境への負荷を指標化した概念として，**エコロジカル・フットプリント**（ecological footprint）がある．これは，人間活動が地球環境を踏みつけた足跡という意味で，ヒトが生活や生産活動を維持するために必要な有効

＊1　生態系エンジニアとは，生態系の物理的環境を大きく変化させる種のことで，Jones *et al.*（1994）により定義された用語である．例えば，ビーバーは，典型的な生態系エンジニアである（安田ほか 2012）．ビーバーは，樹木を切り倒して，小川にダムを作り，そのまわりの物理的環境を広範囲に改変する．このダムの存在により，ダムがない環境に比べて，水草や水鳥などの動植物が多く生息できるようになる．

な地表面をどれくらい利用しているかを表している．エコロジカル・フットプリントは，平均的な生物生産力をもつ土地面積 1ha に対して，標準化された単位としてグローバルヘクタール（gha）により計算される（湯本 2014）．この値が大きいほど，人間活動による地球への環境負荷が大きい．

日本やヨーロッパの国々では，この値は 1 人あたり 5gha 程度であるが，アメリカ合衆国では，7gha を超えている（図 13.4）．さらに，全世界人口のエコロジカル・フットプリントの合計を地球表面積に換算すると，人類全体のエコロジカル・フットプリントは，1970 年代には地球の表面積を超えて，2010 年頃には 40% 以上も超過した（図 13.5）．このように，地球全体に大きな環境の負荷がかかっているだけでなく，地球環境問題を複雑にしている要因の 1 つには，1 人あたりのエコロジカル・フットプリントが国により異なり，大きい国と小さい国の違いは何倍にも及んでいることが指摘されている．グローバル化という他国の資源に依存した便利な生活により，地域間・地域内における経済格差が広がっている．人類のそのような行動が，地球温暖化や生物多様性の喪失などの地球環境問題を産み，人々の幸福だけでなく，人類の生存をも脅かしている．

13.2　地球環境の変化と生物多様性の危機

様々な地球環境問題

人間活動による地球環境への影響が顕著となったのは，20 世紀になってからであり，総人口が増加するとともに地球環境の劣化が進行してきた．特に，第二次世界大戦後の重工業化は，農業生産活動を中心とした人間の生態系への影響とは比べようもないほどの規模や質において，地球環境の変容をもたらした．

現在の地球には，海洋汚染・大気汚染の原因となる有害物質の拡散から，地球温暖化・オゾンホール・酸性雨をもたらす大気圏の変化や，森林伐採・砂漠化・乱獲による種の絶滅，外来種の侵入による生態系の破壊まで，様々な環境問題が存在する．

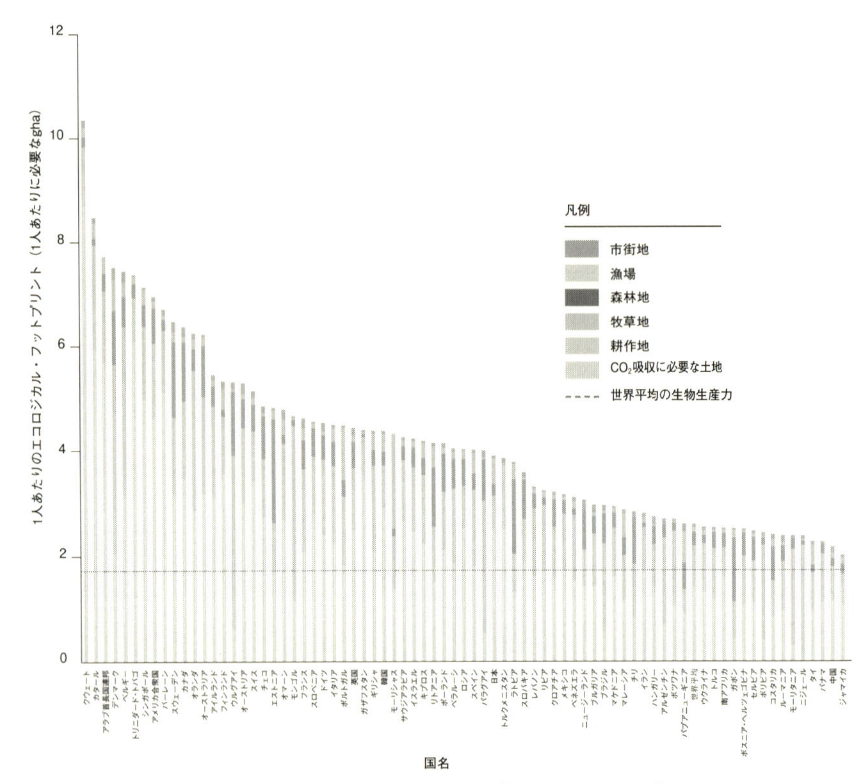

図 13.4　世界各国における 1 人あたりのエコロジカル・フットプリント
データが揃う人口 100 万人を超える国を対象とした 2010 年における各国の 1 人あたりのエコロジカル・フットプリントによる世界平均は 1.7gha である.
[WWF *et al.* (2014) より改変]

現在, 地球環境問題は, 過去に崩壊した文明との比較から 12 の項目に分類されている（Diamond 2005）. さらに, 地球環境問題の生態系への影響は, 将来にわたって長く続くとされ, その観点から（矢原 2015）, これらの環境問題は, (1) 生物多様性の損失, (2) 非生物的天然資源の損失, (3) 地球環境の悪化を駆動する直接要因, (4) 地球環境の悪化を駆動する間接要因の 4 つのカテゴリーにまとめられている（表 13.1）.

人間活動と地球温暖化

大気中における二酸化炭素やメタンなどの物質は, 地表面から放射される赤

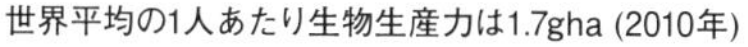

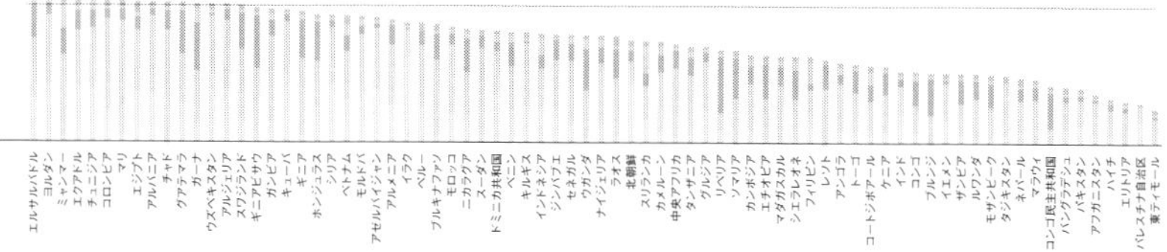

外線の一部を地表へ再放射して，地表や大気の温度を上昇させる作用を持っており，**温室効果ガス**（greenhouse effect gas）と呼ばれている．近年，化石燃料の燃焼，土地利用形態の変化や農耕・牧畜などにより，温室効果ガスの放出が増加しており（図 13.6），大気における温室効果の促進とともに，地球の気温は年々上昇している．この現象を**地球温暖化**（global warming）といい，これは地球の急激な気候変動をもたらす要因として危惧されている．

現在，地球の平均気温は，1900 年頃に比べておおよそ 0.85℃程度高くなっており，1951 年以降は 10 年あたり約 0.12℃の割合で上昇している（図 13.7）．このままの状態が続くと，21 世紀末には 20 世紀末に比べて，地球の平

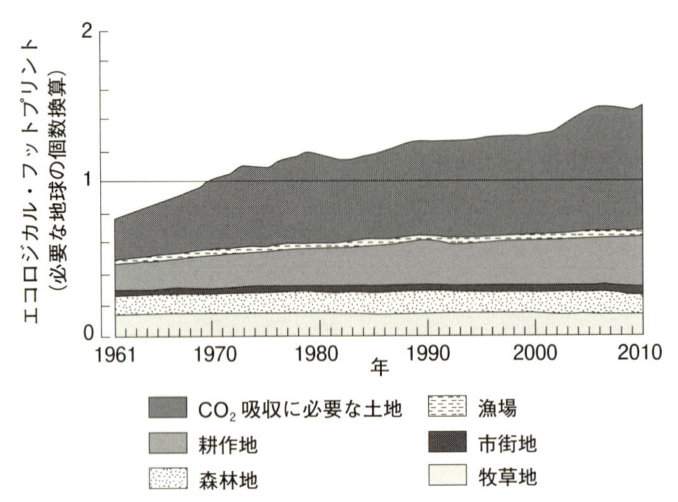

図 13.5　世界全体のエコロジカル・フットプリントの変遷

エコロジカル・フットプリントは，牧草地・耕作地・漁場・森林地・市街地に必要な面積と化石燃料などから発生する二酸化炭素 CO_2 を吸収させるために必要な植生の面積に換算した土地で構成される．この CO_2 吸収に必要な土地はエコロジカル・フットプリントの最大の要素であり，いまだに増加傾向にある．

[WWF *et al*. (2014) より改変]

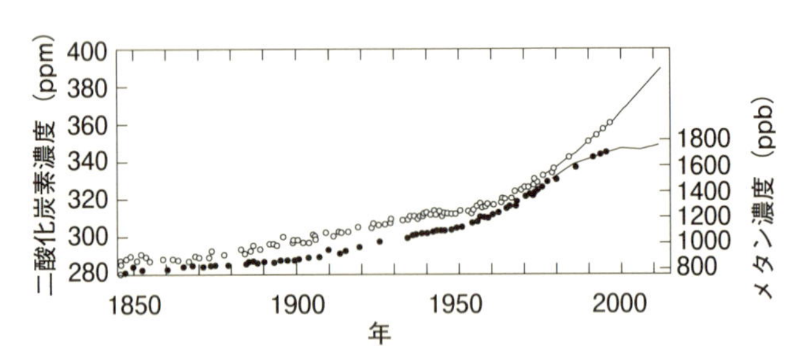

図 13.6　1850 年頃からの地球の大気中における二酸化炭素（○）とメタン（●）の増加

大気中の二酸化炭素濃度は 1950 年ごろから急激に増加しており，2010 年には 388ppm に達した．また，同様に，メタンの濃度も増加し続けている．

[IPCC: The Intergovernmental Panel on Climate Change (2015) より改変]

表 13.1　Diamond（2005）による 12 の環境問題

生物多様性の損失
①生息地（森林・湿地・サンゴ礁・海底など）の消失
②野生の食糧源（魚介類など）の減少
③種の多様性（土壌生物・ポリネータなど）の減少
非生物的天然資源の損失
④土壌の消失（農地での浸食は森林比で 500～1 万倍）
⑤化石燃料の減少
⑥利用可能な水の減少
⑦光合成能力の減少
地球環境の悪化を駆動する直接要因
⑧有害物質による汚染
⑨外来種の蔓延
⑩温室効果ガスの増加
地球環境の悪化を駆動する間接要因
⑪人口増加
⑫ 1 人あたりの負荷量の増加

過去および現在の社会が直面する特に深刻な環境問題は 12 の内容に類型化されている．さらに，これらは，4 つのカテゴリーにまとめることができる．
[Diamond, J.（2005）を基にした矢原徹一（2015）より改変]

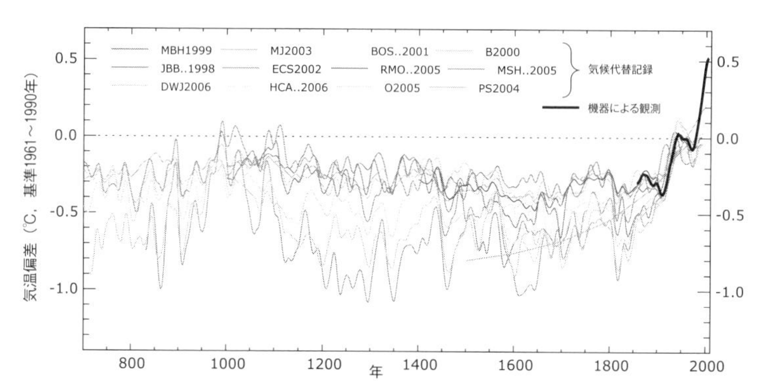

図 13.7　復元された北半球の西暦 700 年ごろからの気温の変動
ボーリングからの堆積物，氷床コア，樹木年輪などの複数の気候代替記録による地球の気温の変動をみると，産業革命が世界各地に広まった 1800 年代後半ごろから気温上昇が始まっている．なお，これらのデータは，様々な気候代替情報を再構築した記録や機器による 1850 年ごろからの観測記録を示している．
[IPCC（2009）より改変]

均気温は2.6〜4.8℃ほど上昇すると推測されている（IPCC 2015）.

なお，大気中のCO_2濃度は農耕が始まった約8000年前から増加し始めたというデータもある（Ruddiman 2003）.

地球温暖化は，海水面の上昇をもたらし，海岸沿いの生態系を破壊する．また，大気循環システムの変化により，砂漠化の進行や気象災害の危険性が増大する．陸上生態系では，気温上昇による温度や水分環境の変化が，生物の生存や成長に影響を及ぼし，各気候帯における植生の種組成・構造が変化するだけでなく，異常気象に関連した森林火災や病害虫の大発生などの森林攪乱が，森林現存量の損失を増大させる．一方で，地球全体の気温上昇やCO_2濃度の上昇が，個々の樹木成長の増加をもたらし，結果的に森林生態系全体の現存量が増加するという予想もある（清野 1999）.

生物多様性の危機

地球上における**生物多様性**（第12章）は，私たちに様々な生態系サービスを提供する源である．生物多様性を保全することは，健全な生態系を維持することになる．逆に，生物多様性を劣化させることは，自然からの恵みを低下させ，生態系の持続的な利用可能性を失うことになる．また，生物多様性の3つの概念である遺伝子の多様性，種の多様性，生態系の多様性は，それぞれ相互に支え合って，地球全体の生物多様性の維持に結びついている.

生物多様性の危機の最も直接的な現象は，生物種の絶滅であり，現在，地球上の生物種の絶滅のスピードは，かなり危機的な状況にある．生物が地球上に誕生して38億年の歴史のなかで，これまでに気候変動や地殻変動，隕石の衝突などの原因により5回の生物の大量絶滅があった．最後の大量絶滅は，恐竜などが絶滅した約6500万年前の頃とされ，現在は6度目の大量絶滅の時代ともいわれている．現在の生物の絶滅の原因は，人間活動によるものであることは明らかであり，これまでとは異なり極めて急激に多くの生物種が絶滅している.

絶滅のおそれのある野生生物の種のリストを**レッドリスト**（**red list**）といい，このリストをもとにそれぞれの種の形態や生息・生育環境，生息・生育地の現状と絶滅の要因などをまとめたものを**レッドデータブック**（**red data

表 13.2　世界におけるレッドリストに指定されている動植物の種数

分類群		絶滅危惧 IA 類 (CR)	絶滅危惧 IB 類 (EN)	絶滅危惧 II 類 (VU)	合計
動物	哺乳類	205	474	529	1,208
	鳥類	218	416	741	1,375
	爬虫類	196	382	411	989
	両生類	545	848	670	2,063
	魚類	455	643	1,245	2,343
	無脊椎動物	986	1,173	2,179	4,338
植物		2,493	3,564	5,430	11,577
その他					35
すべての合計種数					23,928

この表では，世界の主な動植物の分類群における絶滅が危惧される種の危険度について，IUCN の 2016 年版での基準に従い，絶滅危惧 IA 類，絶滅危惧 IB 類，絶滅危惧 II 類に区分している．これによれば，世界の絶滅の恐れのある動植物種数の合計は 23,000 種を超えている．
[出典：http://www.iucn.jp/redlisttable/protection/redlist/redlisttable2014（IUCN 日本委員会），動物：IUCN Red List version2016.2 より，植物・その他：IUCN Red List version 2015.2 より（2017 年 5 月）]

book：RDB）という．国際自然保護連合（IUCN）の基準に対応したレッドデータブック RDB には，絶滅（extinct：EX）または野生絶滅（extinct in the wild：EW）というカテゴリーと，絶滅の危険度（つまり，絶滅危惧：threatened）については，絶滅危惧 IA 類（critically endangered：CR），絶滅危惧 IB 類（endangered：EN），絶滅危惧 II 類（vulnerable：VU）の 3 つのカテゴリーがある．そのほか，低リスク種とされる準絶滅危惧（near threatened：NT）や，情報不足の種（data deficient：DD），付属資料としての絶滅のおそれのある地域個体群（threatened local population：LP）の RDB カテゴリーがある．

現在，地球上の多くの生物が絶滅の危機にあることが，IUCN によるレッドリストから明らかとなっている（表 13.2）．IUCN が 2016 年に発表したレッドリストによると，世界全体では，23000 種以上の動植物が，絶滅危惧種としてリストアップされている．また，日本では，評価対象とした生物のうち約

5700種（約10%）がレッドリストに掲載されている（CR，EN，VUに加え，EX，EW，NT，DDも含む）．維管束植物においては，日本に自生する約7000種の約30%に相当する2000種以上が，絶滅危惧と準絶滅危惧に登録されている（角野 2015）．生物種の絶滅の原因には様々なものがあるが，開発などによる生息・生育地の消滅，商業目的などによる捕獲や採集が主要なものとなっている（鷲谷・矢原 1996）．

地球規模での種の絶滅の危険性についての認識と同時に，世界的な生物多様性の保全と持続可能な利用を目的として，1992年の地球サミットで提案された「生物多様性条約」では，各国の生物多様性の保全に取り組むための「国家戦略」が求められた．当初，わが国の**生物多様性国家戦略**では，日本における生物多様性を脅かす要因を，"3つの危機"として整理されていた．その後，この生物多様性国家戦略は3回の改定が行われ，現在，生物多様性を脅かす要因は，次の4つの危機にまとめられている．

第一の危機は，人間の活動（開発・利用）が原因となる自然の改変・破壊による生物多様性への影響，**第二の危機**は，里地や里山のような半自然，いわゆる二次的自然に対する人間活動の縮小（管理放棄）による影響，**第三の危機**は，外来種の侵入や人間が持ち込んだ化学物質による生態系の撹乱の影響である．さらに，地球規模での環境変動，特に，急激な気候変動による生物多様性への影響を**第四の危機**と呼んでいる．この急激な生息・生育環境の変化に対応できず，絶滅する生物種が少なくないとされ，将来の平均気温の上昇が1.5～2.5℃を超えると，世界の動植物の約20～30%において，その絶滅リスクが高まると予想されている（IPCC 2009）．

13.3　生態系の持続的な利用と保全

二次的自然環境の保全

人間の影響がまったくないか，または，極めて少ない**原生自然**（wilderness）という用語に対して，二次的自然という表現が近年使用されるようになった．この**二次的自然**とは，「二次林，二次草原，農耕地など，長期にわたる人の自然への働きかけの中で形成されてきた自然」であり，「手つかずの自然（原生自然）に人為が加わって生じた二次的な自然」と捉えられている（山本ほか 2015）．かつては，同義的に二次的環境あるいは人為環境とも表現されており，それは，「人間が自然を変えたり，あるいは，新たにつくり出してできた環境」と定義されている（沼田 1983）．

また，半自然環境（semi-natural environment）や，半自然植生（semi-natural vegetation）も，二次的な自然環境を表す用語である．半自然植生には，牧草地などの半自然草原や，薪炭林などの周期的に伐採される二次林がある．また，それらの二次林や牧草地を人為植生ともいう．さらに，本来，その地域に成立する植生を潜在自然植生といい，潜在自然植生が破壊され，人為的に維持されている植生を代償植生という．

ほとんど人為影響のない原生的な自然環境は，高い遺産価値を有し，自然のプロセスを理解するための学術価値があることはいうまでもない．一方で，その空間に生息・生育する多くの生物は，本来，自然界にはない人為撹乱という現象に対して脆弱である．なお，世界全体の原生的な自然環境は，陸地面積の17% 程度であるとされている（Sanderson *et al.* 2002）．

日本における現状も世界全体の傾向と同様である．環境省の定めた植生自然度で 9 と 10 に該当する最も自然度が高い植生の割合は，国土面積の約 19% である（環境省 2008）．一方，都市的な土地利用がされている面積割合は 4.3% である．ここから原生自然でもなく，高度に人為的な環境でもない地域，つまり，二次的自然に該当する場所が，国土の大部分を占めていることがわかる（図 13.8）．したがって，二次的自然は，原生自然と同様に，私たちが様々な生態系から多様なサービスを享受し続けるために，生物多様性を創出する空間として適正に保全される必要がある．

二次的自然環境の大部分は，農業・林業・漁業という生産活動により維持されてきた里地（里）・里山・里海にあたる地域に存在する．特に，里山は二次的自然を最も代表する用語として使用されてきた（図 13.9）．“里山”は，古くは江戸時代の文献にも登場するが，学術的には，森林生態学者の四手井（1972）の“里山は農用林”とする記述により広まったとされる（中村・本田 2010）．

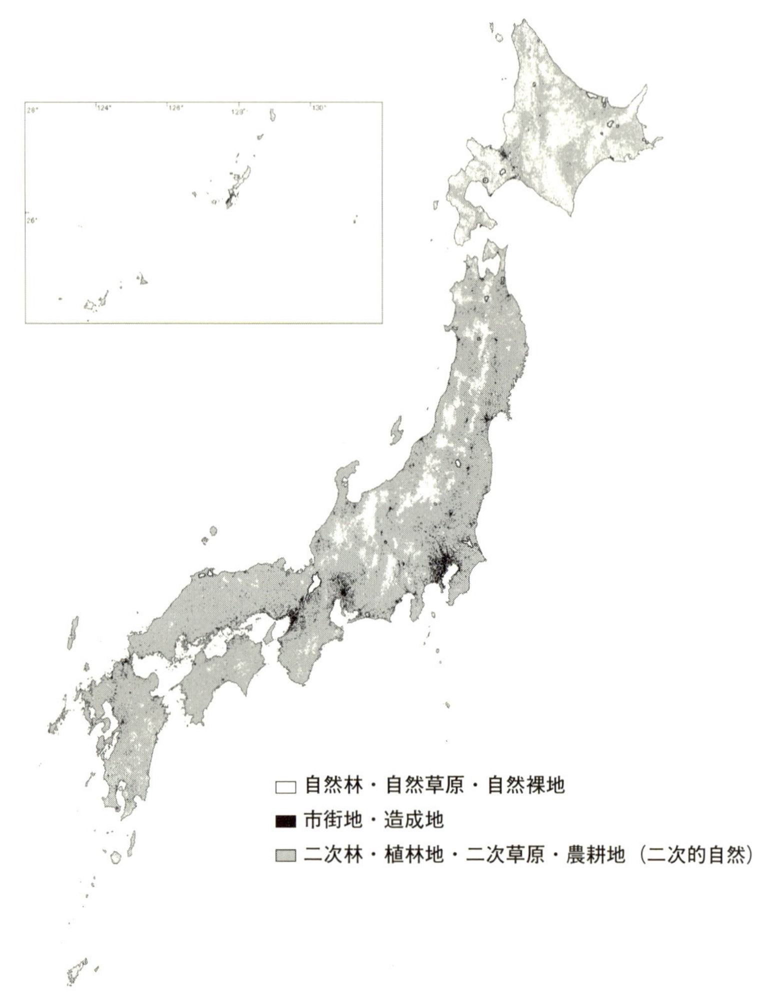

図 13.8　わが国の二次的自然の分布
第 5 回自然環境保全基礎調査（2001 年）による全国植生自然度別の現況によると，二次的自然に該当する二次林・植林地・二次草原・農耕地の区分が，広く分布していることがわかる．［環境省（2008）より改変］

環境省は，2002 年の「新・生物多様性国家戦略」において，里山を里地と併記して「様々な人間の働きかけを通して環境が形成されてきた地域であり，集落を取り巻く二次林と農地，ため池，草原等で構成される地域概念」と定義した（中村・本田 2010）．その後，里山に見られる自然資源の持続的利用と現

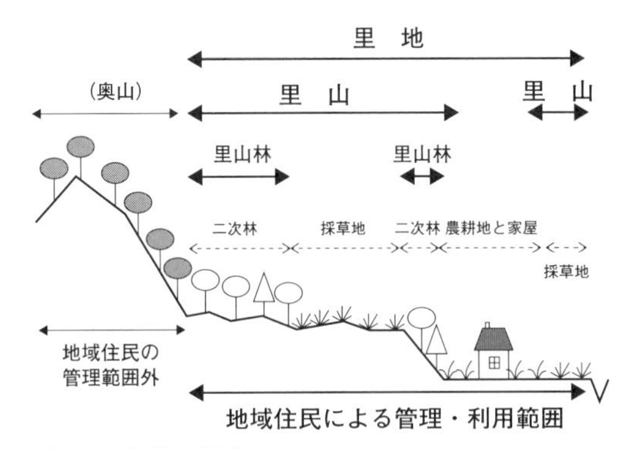

図 13.9 里地・里山・里山林の概念
里地・里山・里山林という語法や概念には様々なものがある．この図の概念は，平成 10 年における環境白書（環境庁 1998）や広辞苑第 5 版（新村 1998）の定義とほぼ同じである．ここでは，里地・里山・里山林などを含めた人が管理する農村景観のことを二次的自然としている．[山本勝利（2001）より改変]

状が，国際的な生物多様性保全のあり方として評価され，里山は「都市と奥山の間の田畑，森林などの人が管理する二次的自然域」を意味する“SATOYAMA”という国際的用語になった（中村・本田 2010）なお，この観点から里海という用語も一般的になっている．

二次的自然域では，主に農業に伴う人間活動により周期的な人為撹乱が行われてきた．この周期的な撹乱は，資源利用に優れた競争種による優占を抑制し，原生自然では競争により排除される種が生息・生育できる環境を創出する．さらに，撹乱依存種と呼ばれる先駆的な種が継続的に侵入・定着できる環境が形成される二次的自然域は，種の多様性を高める生態的な特性を持っている．このことは，イギリスなどのヨーロッパでも見られ，例えば，薪炭林のような土地利用は，二次的自然に適応した特異な動植物に生息域を提供する役割があった．

また，里山などの二次的自然は，様々な生態系が密接に関連し合った複合生態系である．食糧を生産する田畑の耕地生態系では，多くの有機物が収穫物として系外に持ち出される．農用林や薪炭林などの林地生態系からは伐採・下刈・落葉かきにより，草地生態系からは草刈により，相当量の有機物が農業用の肥料や生活物資の材料として田畑や集落へ持ち込まれる．このように，里山におけるエネルギーや物質の流れは，複数の生態系を移動する経路をたどる．したがって，二次的自然では，1つの生態系の変化が，他の生態系にも大きな影響を及ぼす．

生態系サービスの持続的利用と生態系の維持機構のバランスが保たれていた二次的自然が，現在，量的にも質的にも急激に失われている．それと同時に，二次的自然における生物多様性の劣化が確実に起こっており，前節で取り上げた生物多様性の危機のすべてが進行している．例えば，二次的自然は，都市部に隣接する場合も多く，開発行為の対象となりやすく，生物の生息・生育域の喪失は，直接的に生物多様性を低下させる．一方，遷移の進行を人為的に止められていた二次的自然の植生は，撹乱の縮小により潜在自然植生へと遷移するのではなく，種子供給源の喪失や遺伝子撹乱の影響から，逆に生物多様性の低い植生に遷移することが危惧されている．

世界各地にある二次的自然は，2010年に環境省と国連大学高等研究所から提唱されたSATOYAMAイニシアティブ（http://satoyama-initiative.org）により国際的に再評価され，わが国の里山景観に対する関心も高まっている（国際連合大学高等研究所・日本の里山里海評価委員会 2012）．しかし，二次的自然に対する人為的な撹乱の強度が強まっても，逆に弱まっても，その生物多様性は減少する方向へと進むため，その維持・保全には学術的・政策的・経済的に様々な課題があることも現実の問題である．

生息・生育地の分断化と保全

森林伐採による宅地化や農地化，河川のダム建設，湖沼の埋め立てなどは，野生生物の生息・生育地の破壊と分断を招く原因となり，生物の生息・生育地を徐々にパッチ状に変化させる．生息・生育地の一部が失われて小さな断片の集まりとなることを**生息・生育地の分断化**（**habitat fragmentation**）という．生息・生育地が分断化すると，生息・生育地面積が縮小することにより，個体数が減少するだけでなく，ひとつひとつの生息・生育地が小さくなって，他の個体から孤立することが問題となる．生息・生育地の分断化が種や群集に及ぼす影響は，面積の効果，個体数の効果，エッジ効果，孤立の効果の4つに整理されている（富松 2015）．

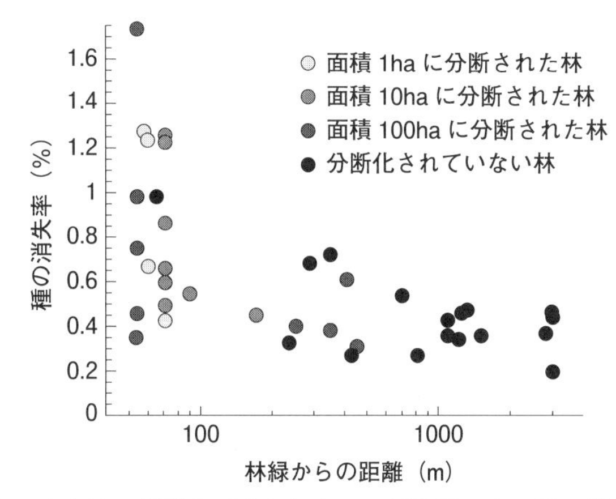

図 13.10 生息・生育地の分断化がもたらすエッジ効果による種の消失
ブラジルアマゾン熱帯多雨林における複数の分断林で観察された各調査区の林縁からの距離と年平均の種の消失率との関係を示すと，林縁の近くに設けられた調査区では分断後に多くの種が失われた．[Laurance, W. F. *et al.*（2006）より改変]

面積の効果とは，生息・生育地の面積が小さくなるほど種数が少なくなり，群集が単純化する現象である．生息・生育地を保護する場合には，保護区の面積はできるだけ大きくするほうがよいとされるが，1 つの大きな保護区と複数の小さな保護区をつくることの議論（Diamond 1975）は，SLOSS（single large or several small）といい，目的や状況により適切な保護区のデザインを決める必要がある．

個体数の効果とは，個体数が少ない場合や生息・生育密度が低い場合，その種の繁殖や生存が制限される現象のことである．これを**アリー効果**（第 4 章）ともいい，全体の個体数の減少により，繁殖相手が見つけられにくくなり，適応度が低下するだけでなく，小さな個体群では大きな個体群に比べて確率的な揺らぎの影響を受けやすい．また，個体数の減少は，**遺伝的浮動**（第 2 章）による遺伝的多様性の低下の原因となるとともに，**近親交配**（第 7 章）を引き起こす．近親交配は，**近交弱勢**（第 7 章）という子孫の適応度を低下させる場合がある．近交弱勢などによる**遺伝的劣化**（genetic deterioration）は，さらに個体数を減少させる要因となる（鷲谷・矢原 1996）

エッジ効果とは，生息・生育域の境界（エッジ）付近では様々な環境条件が変化して，外部の影響を強く受けることにより，エッジ周辺の個体の成長率が低下したり，死亡個体が増加する現象である．例えば，熱帯多雨林における分断林では，林縁から100m以内での植物種の消失率が高かったことから（図13.10），エッジ効果は，生態系を変化させる重要な要因であることが指摘されている（Laurance *et al.* 2006）．

孤立の効果とは，生息・生育地が他から孤立することにより，生物の移動が妨げられ，個体群の維持に影響を及ぼす現象のことである．一般に，離れた生息・生育地間を結ぶ細長い地帯を**コリドー**（**回廊**）といい，コリドーには生物の移動を促す効果がある．例えば，コリドーでつながった草地では，そうでない場合に比べて，植物の種数が年々多くなったことが確認されている（Damschen *et al.* 2006），このため，今後の気候変動によって生物の分布適地が移動する可能性を考えると，生息・生育地の空間的な連続性を保つことは極めて重要である（富松 2015）．

以上のように，生息・生育地の分断化は，生物種の生存や繁殖だけでなく，将来の適応戦略にも影響を及ぼす一方で，分断化の影響は，種数や群集の変化としては，すぐに現れないこともある．つまり，種や個体群が将来的に消失する場合でも，実際に絶滅が生じるまでにはタイムラグがあり，種数などが低下する前に生息・生育域の復元などの保全対策を行うこともできる．また，生態系の構成種の絶滅を防ぐためには，生物多様性の高い生息・生育地（天然林など）をできる限り維持して，小さく孤立させないことや，生息・生育域全体で連続的な空間を維持・創出することが重要である（COLUMN 13：1）．

COLUMN 13:1

メタ個体群と遺伝的多様性

種内の遺伝的変異のあり方を理解するためには，個体群の空間的な遺伝的構造と遺伝子の流動について知ることが重要である．個体の空間的な分布が不連続であっても，個体間の遺伝的な交流が頻繁に存在し，一緒に生息・生育しているような個体の集まりを個体群の最小単位として扱い，これを**局所個体群**（第３章）と呼んでいる．

さらに，弱い相互関係で結ばれた複数の局所個体群の集まりがあり，これを上位集団と考えると，ある地域の個体群全体ではいくつかの階層になったグループ集団の存在を確認できる．この個体群の最も上位のグループを**メタ個体群**（第3章）と呼ぶ．

メタ個体群における遺伝的変異のあり方には様々なパターンがある（図）．例えば，局所個体群の内部には遺伝的変異をほとんど含まず，局所個体群の間に大きな遺伝的変異がある場合や，局所個体群のなかにすでに大きな遺伝的変異が含まれ，局所個体群の間にはそれ以上の大きな変異がない場合が考えられる．

絶滅危惧種に限らず，メタ個体群をもつ生物種では，ある1つの局所個体群が失われることは，集団から一部の遺伝子プールが失われることを意味しており，人間活動による生息・生育地の破壊・分断・孤立化による集団サイズの縮小は，その生物種の遺伝的多様性の低下をもたらす重要な要因となる（角野 2015）．

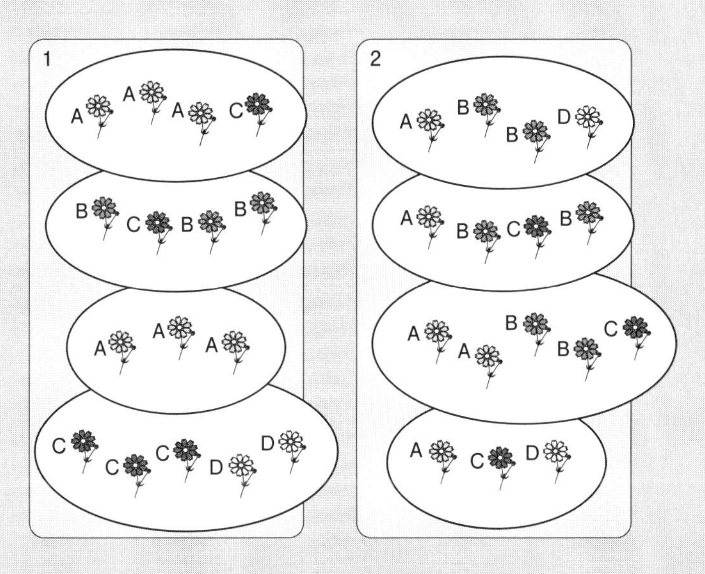

メタ個体群における遺伝的変異と生息・生育環境の破壊
メタ個体群1では局所個体群の間に大きな遺伝的変異があるが，局所個体群内の遺伝的変異は小さい．それに対して，メタ個体群2では，局所個体群の内部に大きな遺伝的変異があり，局所個体群間の変異はあまり大きくない．このような遺伝的構造が違うメタ個体群では，一部の生息・生育地の喪失によるメタ個体群全体の遺伝的多様性への影響が異なる場合がある．［鷲谷・矢原（1996）より改変］

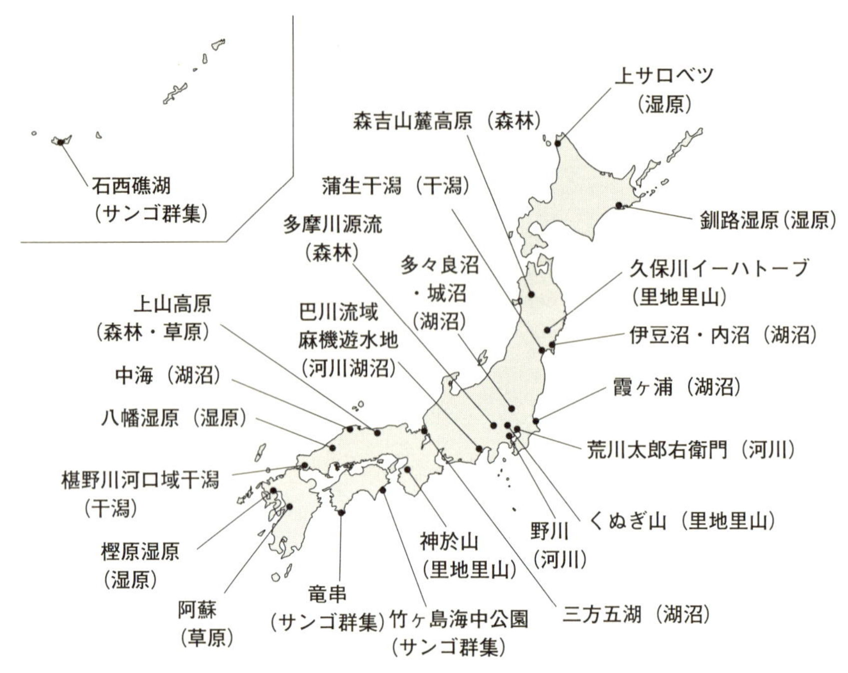

図 13.11　自然再生協議会による生態系修復のための自然再生事業が進められている地域

現在，全国各地の24カ所の地域において自然再生推進法に基づく自然再生協議会が設置され，それぞれの地域において自然再生および生態系保全のための全体構想および実施計画の作成などが進められている．
[渡辺綱男（2010）より改変]

生態系の保全と再生

自然環境は，人類の生存に必要な基盤であり，それ自体に無形・有形の存在価値がある．さらに，自然の様々な恵みを生態系サービスとして利用し続けるためには，生態系の保全と再生が不可欠である．近年，生態系の保全や再生についての研究が進み，人為的な影響を受けた生態系の多くは，手を触れず保存するだけでは，劣化を防ぐことはできないことがわかってきた（図13.11）．日本では，自然環境の保全にかかわる法律として，2003年に**自然再生推進法**が施行された．自然再生推進法では，**自然再生**（nature restoration）を，“過去に損なわれた生態系その他自然環境を取り戻すことを目的として，河川，湿地，干潟，藻場，里地，里山，森林などを**保全・再生・創出・維持管理**すること”と定義している．なお，この自然再生は生態系修復（ecological restoration）ともいう．

保全（**conservation**）とは，良好な自然環境が存在する場所においてその状態を積極的に維持する行為である．なお，**保護**（**protection**）とは，自然環境を手付かずに残すことで，保全とは異なり人為的行為などの外圧から守ることである（有賀 2015）．

再生（**restoration**）とは，自然環境が損なわれた地域において，損なわれた自然環境を取り戻す行為である．過去に失われた自然環境を取り戻す方法には**復元・修復・回復**がある（松田ほか 2005）．**復元**とは，過去に存在した生態系の構造や機能を同じ状態まで戻すことであり，人為を積極的に加える能動的復元と自然の回復力を活用する受動的復元がある．**修復**とは，過去に存在した生態系とまったく同じ状態にまでは復元できないが，生態系の機能や構造を現在よりも良い状態まで戻すことである．**回復**とは，種・個体群・生態系が健全に機能する状態へと自律的に戻されることを示し，生物主体の用語である（佐藤ほか 2012）．

一方，**創出**（**creation**）とは，大都市などの自然環境がほとんど失われた地域において大規模な緑の空間の創造などにより，その地域の生態系を取り戻す行為である．また，**維持管理**（**maintenance**）とは，再生された自然状態を長期間にわたり維持するために必要な行為のことである．創出や維持管理の例としては，小さな池の自然環境から，森林・湖沼・草地・河川・湿地などの大規模な自然環境までの多様な生態系の創出を目的に，大都市やその近郊で人工的に創造され，維持管理されている**ビオトープ**[*2]が見られる．

持続可能な社会と生態系

限りある自然環境資源を保全し，様々な生態系サービスを享受し続ける**自然**

＊2 ビオトープ（biotope）とはドイツ語で「生き物の住む場所」という意味で，生物の生存できる環境条件をそなえた空間を意味する用語である．従って，本来は人工であるかどうかにかかわらず，池沼・川・草地・雑木林などもビオトープである．日本では，環境教育の一環として，学校や公園に人工的に作られた自然再生地をビオトープと呼ぶことが多い．

共生社会（中静 2013）を構築するためには，**持続可能性**（sustainability）というキーワードが必要になる．消費経済の枠組みのなかでの持続可能な社会とは，“過剰な資源利用による環境破壊を避けながら経済発展する”という意味で使用され，これには，環境保護，社会発展，経済成長の3つの要素が必要とされる（有賀 2015）．ある魚が乱獲され，その生息数が減少することは，漁獲量が低下して漁業経済に影響を及ぼすだけでなく，海洋生態系のバランスをも乱す原因となる．持続可能な形で自然資源を利用することは，野生生物が存続できるだけでなく，我々が地球上で暮らし続けるために重要なことである．近年，木材を生産する森林・生産過程・加工方法において，持続可能な形での利用が認められる製品には，FSC（Forest Stewardship Council：森林管理協議会）の認証を与える取り組みが実施されている．消費者である我々は，このFSCのマークの入った製品を購入することで森林保全にも貢献することができる．

一方，生態系の破壊が起こる原因のなかには，環境保全の取り組みの1つである魚の放流や，野生生物に対する動物愛護からの餌付けなども含まれる．これらの行為は，生態系の撹乱，感染症の蔓延，希少種への悪影響，人命への危険，農林水産物への被害などの観点からは良いとはいえない場合がある（有賀 2015）．そこで，生態学を基本とした環境教育は，身近な環境保全への理解を深める有効な方法である．また，自然の中で過ごす時間を与える環境教育は，豊かな感性を育み，自ら疑問に感じたことを解明しようとする基礎を育むことが期待される．

以上のように，生態系の保全や再生に関する重要性が社会全体に広がるためには，それらの手法を発展させる研究だけでなく，法整備や政策，経済的評価，環境教育などの社会科学的な側面による取り組みが欠かせない．

文　献

全体

巌佐 庸・倉谷 滋・斎藤成也・塚谷裕一 編（2013）『生物学辞典 第５版』，岩波書店

巌佐 庸・松本忠夫・菊沢喜八郎・日本生態学会 編（2003）『生態学事典』，共立出版

*本書における専門用語（和語・英語）は，上記の２つの辞典に従って記載した．

第１章

Bowler, P. J. 著，小川眞里子・財部香枝・桒原康子 訳（2002）『環境科学の歴史 I（科学史ライブラリー）』，朝倉書店／Bowler, P. J. 著，小川眞里子・森脇靖子・財部香枝・桒原康子 訳（2002）『環境科学の歴史 II（科学史ライブラリー）』，朝倉書店［Bowler, P. J.（1992）*The Fontana History of the Environmental Science*, Fontana Press］

千葉 聡・嶋田正和（2012）生物界の共通性と多様性，『生態学入門 第２版』（日本生態学会 編），pp.13–25，東京化学同人

遠山 益（2006）『生命科学史』，裳華房

沼田 真（1969）植物生態学史，『図説 植物生態学』（沼田 真 編），pp.1–16，朝倉書店

和田英太郎（2002）『地球生態学（環境学入門 3）』，岩波書店

第２章

千葉 聡・嶋田正和（2012）生物界の共通性と多様性，『生態学入門 第２版』（日本生態学会 編），pp.13–25，東京化学同人

Das, R., Hergenrother, S. D., Soto-Calderón, I. D. *et al.*（2014）Complete mitochondrial genome sequence of the eastern gorilla（*Gorilla beringei*）and implications for African ape biogeography, *Journal of Heredity*, **105**(6), 846–855

Dobzhansky, T.（1947）Genetics of natural populations. XIV. A response of certain gene arrangements in the third chromosome of *Drosophila pseudoobscura* to natural selection, *Genetics*, **32**(2), 142–160

Frankham, R. *et al.* 著，西田 睦 監訳（2007）『保全遺伝学入門』，文一総合出版［Frankham, R. *et al.*（2002）*Introduction to Conservation Genetics*, Cambridge University Press］

巖 圭介ほか（2012）進化からみた生態，『生態学入門 第２版』（日本生態学会 編），pp.26–61，東京化学同人

岩槻邦男（1993）『多様性の生物学（生物科学入門コース 8)』，岩波書店

Kettlewell, H. B. D.（1955）Selection experiments on industrial melanism in the Lepidoptera, *Heredity*, **9**(3), 323–342

Kettlewell, H. B. D.（1956）Further selection experiments on industrial melanism in the Lepidoptera, *Heredity*, **10**(3), 287–301

木村資生 著，向井輝美・日下部真一 訳（1986）『分子進化の中立説』，紀伊國屋書店［Kimura, M.（1983）*The Neutral Theory of Molecular Evolution*, Cambridge University Press］

Krebs, C. J.（2001）*Ecology*, 5th ed., Benjamin Cummings

楠見淳子（2015）分子進化学と分子系統学，『集団生物学（シリーズ 現代の生態学 1）』（日本生態学会 編），pp.184-202，共立出版

Majerus, M. E. N. (1998) *Melanism : Evolution in Action*, Oxford University Press

Milne, H., Robertson, F. W. (1965) Polymorphisms in egg albumen protein and behaviour in the eider duck, *Nature*, **205**, 367-369

Mora, C., Tittensor, D. P., Adl, S. *et al.* (2011) How many species are there on earth and in the ocean?, *PLoS Biology*, **9**(8), 1-8

邑田 仁・米倉浩司（2012）『日本維管束植物目録』，北隆館

Tamarin, R. H. (1993) *Principles of Genetics*, 4th ed., Wm. C. Brown Publishers

UNEP (1995) *Global Biodiversity Assessment* (Watson, R. T., chair, Heywood, V. H., executive ed.), The United Nations Environment Programme

Whittaker, R. H. (1969) New concepts of kingdoms of organisms, *Science*, **163**, 150-160

Woese, C. R., Fox, G. E. (1977) Phylogenetic structure of the prokaryotic domain: The primary kingdoms, *Proceedings of the National Academy of Sciences of the United States of America*, **74**, 5088-5090

Woese, C. R., Kandler, O., Wheelis, M. L. (1990) Towards a natural system of organisms: Proposal for the domains Archaea, Bacteria, and Eucarya, *Proceedings of the National Academy of Sciences of the United States of America*, **87**, 4576-4579

山極寿一（2005）『ゴリラ』，東京大学出版会

第3章

Allaby, M. ed. (2005) *A Dictionary of Ecology*, 3rd ed., Oxford University Press

Allen, J. A. (1877) The influence of physical conditions in the genesis of species, *Radical Review*, 1, 108-140

Begon, M., Harper, J. L., Townsend, C. R. 著，堀 道雄 監訳（2003）『生態学　個体・個体群・群集の科学　原著第三版』，京都大学学術出版会［Begon, M., Harper, J. L., Townsend, C. R. (1996) *Ecology : Individuals, Populations and Communities*, 3rd ed., Blackwell Science］

Deevey, E. S. (1947) Life tables for natural populations of animals, *Quarterly Review of Biology*, **22**(4), 283-314

Haefner, P. A. (1970) The effect of low dissolved oxygen concentrations on temperature-salinity tolerance of the sand shrimp *Crangon septemspinosa* Say, *Physiological Zoology*, **43**, 30-37

粕谷英一（2012）動物の行動と社会，『生態学入門 第2版』（日本生態学会 編），pp.107-128，東京化学同人

木元新作・河内俊英（1986）『集団生物学入門』，共立出版

松本忠夫（1993）『生態と環境（生物科学入門コース 7）』，岩波書店

松本忠夫（2003）生物集団の成り立ちと環境，『集団と環境の生物学』（松本忠夫 編著），pp.11-25，放送大学教育振興会

Nudds, R. L., Oswald, S. A. (2007) An interspecific test of Allen's rule: Evolutionary impli-

cations for endothermic species, *Evolution*, **61**, 2839–2848
大串龍一・木村 允（1993）寿命，『生態の事典 新装版』（沼田 真 編），p.131，東京堂出版
Rieck, A. F., Belli, J. A., Blaskovics, M. E.（1960）Oxygen consumption of whole animal and tissues in temperature acclimated amphibians, *Proceedings of the Society of Experimental Biology and Medicine*, **103**, 436–439
斎藤員郎（1992）『生物圏の科学』，共立出版
Silva, M., Brown, J. H., Downing, J. A.（1997）Differences in population density and energy use between birds and mammals: A macroecological perspective, *Journal of Animal Ecology*, **66**, 327–340
田川日出夫（1977）群落の構造，『群落の組成と構造（植物生態学講座 2）』（伊藤秀三 編），pp.112–192，朝倉書店

第 4 章

Gause, G. F.（1934）*The Struggle for Existence*, Williams & Wilkins Co. ; Gause, G. F.（2003）*The Struggle for Existence*（*Dover Phoneix Editions*）, Dover Publications
Gibb, J. A.（1977）Factors affecting population density in the wild rabbit, *Oryctolagus cuniculus*（L.）, and their relevance to small mammals, in Stonehouse, B., Perrins, C. eds., *Evolutionary Ecology*, pp.33–46, Macmillan Press Ltd.
伊藤嘉昭・山村則男・嶋田正和（1992）『動物生態学』，蒼樹書房
伊藤嘉昭（1994）『生態学と社会　経済・社会系学生のための生態学入門』，東海大学出版会
木元新作・河内俊英（1986）『集団生物学入門』，共立出版
Kira, T., Ogawa, H., Sakazaki, N.（1953）Intraspecific competition among higher plants. I. Competition–yield–density interrelationship in regularly dispersed populations, *Journal of the Institute of Polytechnics, Osaka City University*, **4**, 1–16
Krebs, C. J.（2001）*Ecology*, 5th ed., Benjamin Cummings
宮下 直・野田隆史（2003）『群集生態学』，東京大学出版会
Pearl, R.（1927）The growth of populations, *Quarterly Review of Biology*, **2**（4）, 532–548
Perrins, C. M.（1965）Population fluctuations and clutch–size in the great tit, *Parus major* L., *Journal of Animal Ecology*, **34**, 601–647
齊藤 隆ほか（2012）個体間の相互作用と同種・異種の個体群，『生態学入門 第 2 版』（日本生態学会 編），pp.129–177，東京化学同人
Terao, A., Tanaka, T.（1928）Population growth of the water–flea, *Moina macrocopa* Strauss, *Proceedings of the Imperial Academy*, **4**（9）, 550–552
Utida, S.（1941a）Studies on experimental population of the azuki bean weevil, *Callosobruchus chinensis*（L.）. I The effect of population density on the progeny populations, *Memoirs of the College of Agriculture, Kyoto Imperial University*, **48**, 1 30
Utida, S.（1941b）Studies on experimental population of the azuki bean weevil, *Callosobruchus chinensis*（L.）. Ⅲ The effect of population density upon the mortalities of different stages of life cycle, *Memoirs of the College of Agriculture, Kyoto Imperial University*, **49**, 21–42

内田俊郎（1975）『動物個体群生態学（生態学講座 17）』，共立出版
Yoda, K. *et al.*（1963）Self-thinning in overcrowded pure stands under cultivated and natural conditions, *Journal of Biology, Osaka City University*, **14**, 107-129
依田恭二（1971）『森林の生態学（生態学研究シリーズ 4）』，築地書館

第 5 章

Begon, M., Harper, J. L., Townsend, C. R. 著，堀 道雄 監訳（2003）『生態学　個体・個体群・群集の科学　原著第三版』，京都大学学術出版会［Begon, M., Harper, J. L., Townsend, C. R.（1996）*Ecology : Individuals, Populations and Communities*, 3rd ed., Blackwell Science］
Clements, F. E.（1916）*Plant Succession: An Analysis of the Development of Vegetation*, Carnegie Institution of Washington publication No. 242, Washington, DC.
Estes, J. A. *et al.*（1998）Killer whale predation on sea otters linking oceanic and nearshore ecosystems, *Science*, **16**, 473-476
伊藤嘉昭（1959）『比較生態学』，岩波書店
河内俊英（2003）『これだけは知ってほしい 生き物の科学と環境の科学』，共立出版
MacLulich, D. A.（1937）*Fluctuations in the numbers of the varying hare*（*Lepus americanus*）(University of Toronto studies. Biological series, no. 43), University of Toronto Press
松田裕之（2000）『環境生態学序説――持続可能な漁業，生物多様性の保全，生態系管理，環境影響評価の科学』，共立出版
松本忠夫（1993）『生態と環境（生物科学入門コース 7）』，岩波書店
松本忠夫（2003）生物集団の成り立ちと環境，『集団と環境の生物学』（松本忠夫 編著），pp.11-25，放送大学教育振興会
宮下 直・野田隆史（2003）『群集生態学』，東京大学出版会
Odum, E. P.（1971）*Fundamentals of Ecology*, 3rd ed., W. B. Saunders Co.
Odum, E. P. 著，三島次郎 訳（1991）『基礎生態学』，培風館［Odum, E. P.（1983）*Basic Ecology*, Saunders College Publishing］
Paine, R. T.（1969）A note on trophic complexity and community stability, *American Naturalist*, **103**, 91-93
Power, M. E. *et al.*（1996）Challenges in the quest for keystones: Identifying keystone species is difficult—but essential to understanding how loss of species will affect ecosystems, *BioScience*, **46**(8), 609-620
Roberge, J-M., Angelstam, P.（2004）Usefulness of the umbrella species concept as a conservation tool, *Conservation Biology*, **18**, 76-85
斎藤員郎（1992）『生物圏の科学』，共立出版
齊藤 隆ほか（2012）個体間の相互作用と同種・異種の個体群，『生態学入門 第 2 版』（日本生態学会 編），pp.129-177，東京化学同人
鷲谷いづみ・矢原徹一（1996）『保全生態学入門　遺伝子から景観まで』，文一総合出版
Whittaker, R. H.（1956）Vegetation of the great smoky mountains, *Ecological Monographs*,

26, 1-80

Whittaker, R. H. (1961) Experiments with radiophosphorus tracer in aquarium microcosms, *Ecological Monographs*, **31**, 157-188

Whittaker, R. H. 著, 宝月欣二 訳 (1979)『ホイッタカー 生態学概説——生物群集と生態系（第2版）』, 培風館 [Whittaker, R. H. (1975) *Communities and Ecosystems*, 2nd ed., Macmillan Publishing Co.]

Wilson, E. O., Bossert, W. H. 著, 巖 俊一・石和貞男 共訳 (1977)『集団の生物学入門』, 培風館 [Wilson, E. O., Bossert, W. H. (1971) *A Primer of Population Biology*, Sinauer Associates]

第6章

Begon, M., Harper, J. L., Townsend, C. R., 堀 道雄 監訳 (2003)『生態学　個体・個体群・群集の科学　原著第三版』, 京都大学学術出版会 [Begon, M., Harper, J. L., Townsend, C. R. (1996) *Ecology : Individuals, Populations and Communities*, 3rd ed., Blackwell Science]

Diamond, J. M. (1973) Distributional ecology of New Guinea birds, recent ecological and biogeographical theories can be tested on the bird communities of New Guinea, *Science*, **179**, 759-769

DuBowy, P. J. (1988) Waterfowl communities and seasonal environments: temporal variability in interspecific competition, *Ecology*, **69**, 1439-1453

Fenchel, T. (1975) Character displacement and coexistence in mud snails (Hydrobiidae), *Oecologia*, **20**, 19-32

Gause, G. F. (1934) *The Struggle for Existence*, Williams & Wilkins Co. ; Gause, G. F. (2003) *The Struggle for Existence (Dover Phoneix Editions)*, Dover Publications

原 登志彦 (1995) 植物集団における競争と多種の共存, 日本生態学会誌, **45**, 167-172

Hutchinson, G. E. (1957) Concluding remarks, *Cold Spring Harbor Symposia on Quantitative Biology*, **22**, 415-427

伊藤嘉昭・山村則男・嶋田正和 (1992)『動物生態学』, 蒼樹書房

伊藤嘉昭 (1994)『生態学と社会　経済・社会系学生のための生態学入門』, 東海大学出版会

巌佐 庸 (2015) 競争と共存,『集団生物学（シリーズ 現代の生態学 1）』(日本生態学会 編), pp.28-39, 共立出版

木元新作 (1993)『集団生物学概説』, 共立出版

Krebs, C. J. (2001) *Ecology*, 5th ed., Benjamin Cummings

MacArthur, R., Levins, R. (1967) The limiting similarity, convergence, and divergence of coexisting species, *American Naturalist*, **101**, 377-385

宮下 直・野田隆史 (2003)『群集生態学』, 東京大学出版会

齊藤 隆ほか (2012) 個体間の相互作用と同種・異種の個体群,『生態学入門 第2版』(日本生態学会 編), pp.129-177, 東京化学同人

Schoener, T. W. (1974) Resource partitioning in ecological communities, *Science*, **185**, 27-39

Tilman, D. (1982) *Resource Competition and Community Structure*, Princeton University

Press
Tilman, D. (1988) *Plant Strategies and the Dynamics and Structure of Plant Communities* (Monographs in population biology: 26), Princeton University Press
Wiens, J. A. (1989) *The Ecology of Bird Communituies vol.2, Processes and Variations*, Cambridge University Press
安田弘法 (2003) 生態的地位, 『生態学事典』, pp.330-331, 共立出版

第7章

Begon, M., Harper, J. L., Townsend, C. R. 著, 堀 道雄 監訳 (2003)『生態学　個体・個体群・群集の科学　原著第三版』, 京都大学学術出版会 [Begon, M., Harper, J. L., Townsend, C. R. (1996) *Ecology : Individuals, Populations and Communities*, 3rd ed., Blackwell Science]
Grime, J. P. (1977) Evidence for the existence of three primary strategies in plants and its relevance to ecological and evolutionary theory, *American Naturalist*, **111**, 1169-1194
Grime, J. P. (1979) *Plant Strategies and Vegetation Processes*, John Wiley & Sons
Inoue, K. (1983) Systematics of the genus *Platanthera* (Orchidaceae) in Japan and adjacent regions with special reference to pollination, *Journal of the Faculty of Science, University of Tokyo. Sect. 3, Botany*, 285-374
伊藤嘉昭 (1994)『生態学と社会　経済・社会系学生のための生態学入門』, 東海大学出版会
岩槻邦男 (1993)『多様性の生物学 (生物科学入門コース 8)』, 岩波書店
Kay, R. F., Simons, E. L. (1980) The ecology of Oligocene African Anthropoidea, *International Journal of Primatology*, **1**, 21-37
MacArthur, R. H., Wilson, E. O. (1967) *The Theory of Island Biogeography*, Princeton University Press
松本忠夫 (1993)『生態と環境 (生物科学入門コース 7)』, 岩波書店
松本忠夫 (2007) 熱帯域の生物, 『生物集団と地球環境』(松本忠夫・福田正己 編著), pp.71-83, 放送大学教育振興会
Nanami, S., Kawaguchi, H. Yamakura, T. (2004) Sex change towards female in dying *Acer rufinerve* trees. *Annals of Botany*, **93**, 733-740
Nilsson, L. A. (1992) Orchid pollination biology, *Trends in Ecology & Evolution*, **7**, 255-259
Pianka, E. R. (1970) On *r*- and *K*-selection, *American Naturalist*, **104**, 592-597
Pianka, E. R. (1988) *Evolutionary Ecology*, 4th ed., Harper & Row
Root, R. B. (1967) The niche exploitation pattern of the blue-gray gnatcatcher, *Ecological Monographs*, **37**, 317-350
斎藤員郎 (1992)『生物圏の科学』, 共立出版
Tinkle, D. W. (1969) The concept of reproductive effort and its relation to the evolution of life histories of lizards, *American Naturalist*, **103**, 501-516
東樹宏和 (2008) ツバキとゾウムシの共進化-厚い果皮と長い口吻の軍拡競走, 『共進化の生態学　生物間相互作用が織りなす多様性』(種生物学会 編), pp.63-81, 文一総合出版
Wilson, E. O. 著, 伊藤嘉昭 監修 (1983)『社会生物学』, 思索社 [Wilson, E. O. (1975) *So-*

ciobiology : The new synthesis, Belknap Press]

第8章

Bonan, G.（2008）*Ecological Climatology: Concepts and Applications*, 2nd ed., Cambridge University Press

Butler, W. L. *et al.*（1959）Detection, assay, and preliminary purification of the pigment controlling photoresponsive development of plants. *Proceedings of the National Academy of Sciences of the United States of America,* **45**, 1703-1708

Denman, K. L. *et al.*（2007）Coupling between changes in the climate system and biogeochemictry, in *Climate Change 2007: the physical science basis* (Solomon, S. *et al.* eds.), pp.499-587, Cambridge University Press

Ehleringer, J. R.（1979）Photosynthesis and photorespiration: biochemistry, physiology, and ecological implications, *HortScience*, **14**(3), 217-222

半田暢彦（1999）地球の物質循環と生態システムの変動,『水・物質循環系の変化（岩波講座 地球環境学 4)』(和田英太郎・安成哲三 編), pp.35-87, 岩波書店

原口 昭 編著（2010）『生態学入門――生態系を理解する』, 生物研究社

彦坂幸毅・沼田英治（2012）生理生態的特性の適応戦略,『生態学入門 第2版』(日本生態学会 編), pp.88-106, 東京化学同人

木下俊則（2009）光による制御,『ベーシックマスター 植物生理学』(塩井祐三ほか 編著), pp.60-80, オーム社

Larcher, W. 著, 佐伯敏郎 監訳（1999）『植物生態生理学』, シュプリンガー・フェアラーク東京 [Larcher, W. (1995) *Physiological Plant Ecology: Ecophysiology and Stress Physiology of Functional Groups,* 3rd ed., Springer]

Mohr, E. C. J.（1930）*De Grond van Java en Sumatra,* 2ed. (2de druk), J. H. de Bussy, Amsterdam

Monsi, M., Saeki, T.（1953）Über den Lichtfaktor in den Pflanzengesellschaften und seine Bedeutung für die Stoffproduktion, *Japanese Journal of Botany*, **14**, 22-52

向井 譲（2004）光阻害の生理,『樹木生理生態学』(小池孝良 編), pp.77-88, 朝倉書店

日本光合成研究会 編（2003）『光合成事典』, 学会出版センター

O'Neill, P.（1998）*Environmental Chemistry*, 3rd ed., Blackie Academic & Professional

Sabine, C. L. *et al.*（2004）Current status and past trends of the global carbon cycle, in *The Global Carbon Cycle: Integrating Humans, Climate, and the Natural World,* (Field, C. B., Raupach, M. R. eds.), pp.17-44, Island Press

Schlesinger, W. H.（1997）*Biogeochemistry: An Analysis of Global Change*, 2nd ed., Academic Press

芝本武夫（1949）『森林土壌学』, 朝倉書店

Stowe, L. G., Teeri, J. A.（1978）The geographic distribution of C_4 species of the Dicotyledonae in relation to climate, *American Naturalist*, **112**, 609-623

Taiz, L., Zeiger, E. 編, 西谷和彦・島崎研一郎 監訳（2004）『テイツ / ザイガー 植物生理学 第3版』, 培風館 [Taiz, L., Zeiger, E. eds. (2002) *Plant Physiology*, 3rd ed., Sinauer As-

sociates]
Tateno, M., Taneda, H. (2007) Photosynthetically versatile thin shade leaves: A paradox of irradiance-response curves, *Photosynthetica*, **45**(2), 299-302
舘野正樹 (2009) 緑葉の生理生態学,『ベーシックマスター 植物生理学』(塩井祐三ほか 編著), pp.264-279, オーム社
Teeri, J. A., Stowe, L. G. (1976) Climatic patterns and the distribution of C_4 grasses in North America, *Oecologia*, **23**, 1-12
寺島一郎 (2013)『植物の生態――生理機能を中心に――(新・生命科学シリーズ)』, 裳華房
Tieszen, L. L. *et al.* (1979) The distribution of C_3 and C_4 grasses and carbon isotope discrimination along an altitudinal and moisture gradient in Kenya, *Oecologia*, **37**, 337-350
Vogelmann, T. C. (2002) Photosynthesis: Physiological and ecological considerations, in *Plant Physiology*, 3rd ed. (Taiz, L., Zeiger, E. eds.), pp.171-192, Sinauer Associates [Taiz, L., Zeiger, E. 編, 西谷和彦・島崎研一郎 監訳 (2004)『テイツ / ザイガー 植物生理学 第3版』, 培風館]
和田英太郎 (2003) 生物圏,『生態学事典』, p.346, 共立出版
Whittaker, R. H. 著, 宝月欣二 訳 (1979)『ホイッタカー生態学概説 生物群集と生態系 (第2版)』, 培風館 [Whittaker, R. H. (1975) *Communities and Ecosystems*, 2nd ed., Macmillan Publishing Co.]
依田恭二 (1971)『森林の生態学 (生態学研究シリーズ 4)』, 築地書館

第9章

Blumenstock, D. I., Thornthwaite, C. W. (1941) Climate and the world pattern, in *Climate and Man* (US Department of Agriculture), pp.98-127, University Press of the Pacific, Honolulu
de Beaufort, L. F. (1951) *Zoogeography of the Land and Inland Waters*, Sidgwick & Jackson Ltd.
藤田 昇 (2003) 生活形 (ラウンケルの),『生態学事典』, pp.304-305, 共立出版
Good, R. (1964) *The Geography of the Flowering Plants*, 3rd ed., Longmans Green & Co Ltd.
林 一六 (1990)『植生地理学 (自然地理学講座 5)』, 大明堂
堀田 満 (1974)『植物の分布と分化』, 三省堂
石塚和雄 (1977) 大気候と植物群落の分布,『群落の分布と環境 (植物生態学講座 1)』(石塚和雄 編), pp.1-27, 朝倉書店
吉良竜夫 (1945) 農業地理学の基礎としての東亜の新気候区分 (大東亜の農業地理学的研究 I), 京大農学部園芸学研究室パンフレット, 1-23
吉良竜夫 (1948) 温量指数による垂直的な気候帯のわかちかたについて――日本の高冷地の合理的利用のために, 寒地農学, **2**, 143-173
吉良竜夫 (1949)『日本の森林帯 (林業解説シリーズ 17)』, 日本林業技術協会
吉良竜夫 (1976)『陸上生態系 -概論- (生態学講座 2)』, 共立出版

黒田長久（1972）『動物地理学（生態学講座 23）』，共立出版
Köppen, W.（1931）*Grundriss der Klimakunde*, Walter de Gruyter & Co.
松井 健（1978）土壌の生成，『図説 日本の土壌』（山根一郎ほか 著），pp.8-11，朝倉書店
西村尚之・板谷明美（2014）異なる気候に成立する森林の動態と自然撹乱，『地球環境変動の生態学（シリーズ 現代の生態学 2）』（日本生態学会 編），pp.61-79，共立出版
Odum, E. P.（1971）*Fundamentals of Ecology*, 3rd ed., W. B. Saunders Co.
Raunkiaer, C.（1934）*The Life Forms of Plants and Statistical Plant Geography*, Clarendon Press
斎藤員郎（1992）『生物圏の科学』，共立出版
只木良也（1996）階層構造，『森林の百科事典』（太田猛彦ほか 編），pp.215-216，丸善
武田久吉・田辺和雄（1974）『日本高山植物図鑑 改訂増補第 8 版』，図鑑の北隆館
Takhtajan, A.（1986）*Floristic Regions of the World*, University of California Press
堤 利夫（1989）森林と環境，『森林生態学』（堤 利夫 編），pp.1-18，朝倉書店
浦本昌紀（1993）生物地理区，『生態の事典 新装版』（沼田 真 編），p.187，東京堂出版
Walter, H.（1968）*Die Vegetation der Erde in öko-physiologischer Betrachtung, Band II: Die gemäßigten und arktischen Zonen,* Gustav Fischer
Whittaker, R. H. 著，宝月欣二 訳（1979）『ホイッタカー生態学概説 生物群集と生態系（第 2 版）』，培風館［Whittaker, R. H.（1975）*Communities and Ecosystems,* 2nd ed., Macmillan Publishing Co.］
吉野正敏（1986）『新版 小気候』，地人書館

第 10 章

福嶋 司・岩瀬 徹 編著（2005）『図説 日本の植生』，朝倉書店
本多静六（1912）『本多造林学前論ノ三 改正日本森林植物帯論』，三浦書店
吉良竜夫（1945）農業地理学の基礎としての東亜の新気候区分（大東亜の農業地理学的研究 I），京大農学部園芸学研究室パンフレット，1-23
吉良竜夫（1949）『日本の森林帯（林業解説シリーズ 17）』，日本林業技術協会
吉良竜夫（1983）『熱帯林の生態』，人文書院
加藤雅啓（2011）日本の固有植物，『日本の固有植物』（加藤雅啓・海老原 淳 編），pp.3-10，東海大学出版会
米家泰作（2014）近代林学と国土の植生管理——本多静六の「日本森林植物帯論」をめぐって，空間・社会・地理思想，**17**，3-18
近藤鳴雄（1967）日本南アルプス南部における山岳土壌の垂直的成帯性について，ペドロジスト，11(2)，153-169
中西 哲・大場達之・武田義明・服部 保（1983）『日本の植生図鑑〈I〉森林』，保育社
西村尚之・真鍋 徹（2006）森林動態パラメータから森の動きを捉える，『森林の生態学——長期大規模研究からみえるもの』（種生物学会 編），pp.181-201，文一総合出版
西村尚之・板谷明美（2014）異なる気候に成立する森林の動態と自然撹乱，『地球環境変動の生態学（シリーズ 現代の生態学 2）』（日本生態学会 編），pp.61-79，共立出版
斎藤員郎（1992）『生物圏の科学』，共立出版

武田久吉・田辺和雄（1974）『日本高山植物図鑑　改訂増補 8 版』，図鑑の北隆館
堤 利夫（1989）森林と環境，『森林生態学』（堤 利夫 編），pp.1-18，朝倉書店
山中二男（1990）『日本の森林植生 補訂版』，築地書館
安田弘法ほか（2012）生物群集とその分布，『生態学入門　第 2 版』（日本生態学会 編），pp.178-209，東京化学同人
吉岡邦二（1973）『植物地理学（生態学講座 12）』，共立出版

第 11 章

相場慎一郎（2011）森林の分布と環境，『森林生態学（シリーズ 現代の生態学 8）』（日本生態学会 編），pp.1-20，共立出版
Clements, F. E.（1916）*Plant Succession: An Analysis of the Development of Vegetation*, Carnegie Institution of Washington publication No. 242, Washington, DC.
Delcourt, P. A., Delcourt, H. R.（1987）*Long-term Forest Dynamics of the Temperate Zone : A Case Study of Late-Quaternary Forests in Eastern North America*（Ecological Studies **63**）, Springer-Verlag
Fowells, H. A. ed.（1965）*Silvics of Forest Trees of the United States*（by Timber Management Research Forest Service）, Agriculture Handbook, 271, United States Department of Agriculture
五十嵐八枝子ほか（2012）北部北海道の剣淵盆地における MIS7 以降の植生と気候の変遷史－特に MIS 6/5e と MIS2/1 について，第四紀研究，**51**，175-191
菊沢喜八郎（1999）『森林の生態（新・生態学への招待）』，共立出版
真鍋 徹（2011）森林のギャップダイナミクス，『森林生態学（シリーズ 現代の生態学 8）』（日本生態学会 編），pp.122-135，共立出版
松井哲哉ほか（2011）森林の分布と気候変動，『森林生態学（シリーズ 現代の生態学 8）』（日本生態学会 編），pp.21-37，共立出版
McCarthy, J.（2001）Gap dynamics of forest trees: A review with particular attention to boreal forests, *Environmental Reviews*, **9**, 1-59
西村尚之・白石高子・山本進一・千葉喬三（1991）都市近郊コナラ林の構造と動態（Ⅱ）林内における 3 年間のコナラ実生の動態，日本緑化工学会誌，**16**(4)，31-36
西村尚之・真鍋 徹（2006）森林動態パラメータから森の動きを捉える，『森林の生態学　長期大規模研究からみえるもの』（種生物学会 編），pp.181-201，文一総合出版
西村尚之・板谷明美（2014）異なる気候に成立する森林の動態と自然撹乱，『地球環境変動の生態学（シリーズ 現代の生態学 2）』（日本生態学会 編），pp.61-79，共立出版
Pickett, S. T. A., White, P. S. eds.（1985）*The Ecology of Natural Disturbance and Patch Dynamics*, Academic Press Inc.
坂本圭児（1985）植栽された常緑広葉樹林におけるアラカシ実生個体群の動態，緑化研究，**7**，179-190
柴田銃江（2003）極相，『生態学事典』，pp.120-121，共立出版
田川日出夫（1973）『生態遷移Ⅰ（生態学講座 11a）』，共立出版
高原 光（2003）花粉分析，『生態学事典』，pp.86-87，共立出版

高原 光（2011）日本列島とその周辺域における最終間氷期以降の植生史，『環境史をとらえる技法（シリーズ日本列島の三万五千年——人と自然の環境史 6)』（湯本貴和 編），pp.15-43，文一総合出版社
高原 光（2014）花粉分析による植生変動の復元，『地球環境変動の生態学（シリーズ 現代の生態学 2)』（日本生態学会 編），pp.171-192，共立出版
田中信行（2010）地球温暖化と森林生態系，『森林学への招待』（中村 徹 編著），pp.87-102，筑波大学出版会
Tansley, A. G. (1916) The development of vegetation, *Journal of Ecology*, **4**, 198-204
Tansley, A. G. (1920) The classification of vegetation and the concept of development, *Journal of Ecology*, **8**, 118-149
塚田松雄（1974）『古生態学 I —基礎論—（生態学講座 27a)』，共立出版
塚田松雄（1974）『古生態学 II —応用論—（生態学講座 27b)』，共立出版
Watt, A. S. (1947) Pattern and process in the plant community, *Journal of Ecology*, **35**, 1-22
Whittaker, R. H. (1953) A consideration of climax theory: The climax as a population and pattern, *Ecological Monographs*, **23**, 41-78
山本進一（2003）ギャップ動態，『生態学事典』，pp.112-114，共立出版
山野井 徹（1998）日本列島の誕生と植生の形成，『図説 日本列島植生史』（安田喜憲・三好教夫 編），pp.12-24，朝倉書店
安田喜憲・三好教夫 編（1998）『図説 日本列島植生史』，朝倉書店

第 12 章

Begon, M., Harper, J. L., Townsend, C. R. 著，堀 道雄 監訳（2003）『生態学 個体・個体群・群集の科学 原著第三版』，京都大学学術出版会［Begon, M., Harper, J. L., Townsend, C. R. (1996) *Ecology: Individuals, Populations and Communities,* 3rd ed., Blackwell Science］
Berger, W. H., Parker, F. L. (1970) Diversity of planktonic foraminifera in deep-sea sediments, *Science*, **168**, 1345-1347
Collins, N. M., Morris, M. G. (1985) *Threatened Swallowtail Butterflies of the World: The IUCN red data book*, IUCN
Connell, J. H. (1978) Diversity in tropical rain forests and coral reefs, *Science*, **199**, 1302-1310
FAO (2010) *Global Forest Resources Assessment, Main Report*, FAO
Hubbell, S. P. (1979) Tree dispersion, abundance, and diversity in a tropical dry forest, *Science*, **203**, 1299-1309
Hubbell, S. P. (2001) *The Unified Neutral Theory of Biodiversity and Biogeography*, Princeton University Press
伊藤秀三・宮田逸夫（1977）群落の種多様性，『群落の組成と構造（植物生態学講座 2)』（伊藤秀三 編），朝倉書店
環境省（2012）『価値ある自然——生態系と生物多様性の経済学：TEEB の紹介』，環境省

Kohyama, T., Takada, T. (2009) The stratification theory for plant coexistence promoted by one-sided competition, *Journal of Ecology*, **97**, 463-471

久保田康裕（2011）森林の種多様性，『森林生態学（シリーズ 現代の生態学 8)』（日本生態学会 編），pp.206-223，共立出版

Lande, R. (1996) Statistics and partitioning of species diversity, and similarity among multiple communities, *Oikos*, **76**, 5-13

MacArthur, R. H., Wilson, E. O. (1967) *The Theory of Island Biogeography*, Princeton University Press

Millennium Ecosystem Assessment 著，横浜国立大学 21 世紀 COE 翻訳委員会 訳（2007）『生態系サービスと人類の将来 国連ミレニアムエコシステム評価』，オーム社［Millennium Ecosystem Assessment (2005) *Ecosystems and Human Well-Being; Synthesis*, Island Press］

宮下 直・井鷺裕司・千葉 聡（2012）『生物多様性と生態学—遺伝子・種・生態系—』，朝倉書店

宮下 直・野田隆史（2003）『群集生態学』，東京大学出版会

元村 勲（1932）群集の統計的取扱に就いて，動物学雑誌，**44**(528)，379-383

中静 透（2013）自然共生社会（1）～生態系サービスの考え方と自然共生社会～，『新訂 環境工学』（岡田光正 編著），pp.193-208，放送大学教育振興会

西村尚之・原 登志彦（2011）樹木の個体間競争と種の共存，『森林生態学（シリーズ 現代の生態学 8)』（日本生態学会 編），pp.173-188，共立出版

Scriber, J. M. (1973) Latitudinal gradients in larval feeding specialization of the world Papilionidae (Lepidoptera), *Psyche*, **80**, 355-373

Simpson, E. H. (1949) Measurement of diversity, *Nature*, **163**, 688

Slansky, F. (1972) Latitudinal gradients in species diversity of the New World swallowtail butterflies, *Journal of Research on the Lepidoptera* **11**(4), 201-217

安田弘法ほか（2012）生物群集とその分布，『生態学入門　第 2 版』（日本生態学会 編），pp.178-209，東京化学同人

第 13 章

有賀 望（2015）生態系の保全と再生，『人間活動と生態系（シリーズ 現代の生態学 3)』（日本生態学会 編），pp.231-248，共立出版

Biraben, Jean-Noël (1979) Essai sur l'évolution du nombre des hommes, *Population* (*French Edition*), **34**, 13-25

Damschen, E. I. *et al.* (2006) Corridors increase plant species richness at large scales, *Science*, **313**, 1284-1286

Diamond, J. M. (1975) The island dilemma: Lessons of modern biogeographic studies for the design of natural reserves, *Biological Conservation*, **7**, 129-146

Diamond, J.（ジャレド・ダイアモンド）著，楡井浩一 訳（2005）『文明崩壊——滅亡と存続の命運を分けるもの（下巻)』，草思社

Diamond, J., Bellwood, P. (2003) Farmers and their languages: the first expansions, *Science*,

300, 597-603
IPCC（気候変動に関する政府間パネル）編（2009）『IPCC 地球温暖化第四次レポート――気候変動 2007』（文部科学省・経済産業省・気象庁・環境省 翻訳），中央法規出版
IPCC（The Intergovernmental Panel on Climate Change）（2015）*Climate Change 2014: Synthesis Report*（The core writing team, Pachauri, R. K., Meyer, L. eds.）, IPCC
Jones, C. G. *et al.*（1994）Organisms as ecosystem engineers. *Oikos*, **69**, 373-386
角野康郎（2015）生物多様性の危機，『人間活動と生態系（シリーズ 現代の生態学 3）』（日本生態学会 編），pp.22-42，共立出版
海部陽介（2005）『人類がたどってきた道"文化の多様化"の起源を探る（NHK ブックス）』，日本放送出版協会
環境庁（1998）『平成 10 年版　環境白書（総説）』，大蔵省印刷局
環境省 編（2002）『新・生物多様性国家戦略　自然の保全と再生のための基本計画』，ぎょうせい
環境省 編（2008）『第 3 次生物多様性国家戦略 人と自然が共生する「いきものにぎわいの国づくり」を目指して』，ビオシティ
清野 豁（1999）環境変動と農林業生態系，『環境変動と生物集団』（河野昭一・井村 治 編），pp.1-16，海游舎
国際連合大学高等研究所・日本の里山里海評価委員会 編（2012）『里山・里海』，朝倉書店
Laurance, W. F., Nascimento, H. E. M. *et al.*（2006）Rapid decay of tree-community composition in Amazonian forest fragments, *Proceedings of the National Academy of Sciences of the United States of America*, **103**(50), 19010-19014
松田裕之ほか（2005）自然再生事業指針，保全生態学研究，**10**，63-75
中村俊彦・本田裕子（2010）里山，里海の語法と概念の変遷，千葉県生物多様性センター研究報告，**2**，13-20
中静 透（2013）自然共生社会（1）～生態系サービスの考え方と自然共生社会～，『新訂 環境工学』（岡田光正 編著），pp.193-208，放送大学教育振興会
新村 出 編（1998）『広辞苑 第 5 版』，岩波書店
沼田 真 編（1983）『生態学辞典 増補改訂版』，築地書館
Ruddiman, W.（2003）The anthropogenic greenhouse era began thousands of years ago, *Climatic Change*, **61**, 261-293
Sanderson, E. W. *et al.*（2002）The human footprint and the last of the wild, *BioScience*, **52**, 891-904
佐藤 永ほか（2012）生態系の保全と地球環境，『生態学入門 第 2 版』（日本生態学会 編），pp.227-263，東京化学同人
四手井綱英（1972）水田の稲掛け（自然の文化誌 樹木編 10），自然，**27**(10)，22-23
富松 裕（2015）生息地の分断化，『人間活動と生態系（シリーズ 現代の生態学 3）』（日本生態学会 編），pp.87-102，共立出版
WWF *et al.*（2014）*Living Planet Report 2014: Species and spaces, people and places*（McLellan, R. *et al.* eds.）, WWF
鷲谷いづみ・矢原徹一（1996）『保全生態学入門　遺伝子から景観まで』，文一総合出版

鷲谷いづみほか（2010）『地球環境と保全生物学（現代生物科学入門 6）』，岩波書店
渡辺綱男（2010）自然再生に関する制度・事業の動向と課題，『自然再生ハンドブック』（日本生態学会 編），pp.7-17，地人書館
矢原徹一（2015）地球環境問題と保全生物学，『集団生物学（シリーズ 現代の生態学 1）』（日本生態学会 編），pp.322-346，共立出版
山本勝利（2001）里地におけるランドスケープ構造と植物相の変容に関する研究，農業環境技術研究所報告，**20**，1-105
山本勝利ほか（2015）二次的な自然環境，『人間活動と生態系（シリーズ 現代の生態学 3）』（日本生態学会 編），pp.67-86，共立出版
安田弘法ほか（2012）生物群集とその分布，『生態学入門 第 2 版』（日本生態学会 編），pp.178-209，東京化学同人
湯本貴和（2014）人類と環境とのかかわり，『生態学と社会科学の接点（シリーズ 現代の生態学 4）』（日本生態学会 編），pp.117-134，共立出版

索　引

英数字

【0〜9】

【a】

【b】

【c】

【d】

【e】

【f】

【m】

【n】

【o】

【p】

【r】

【s】

和文

【あ】

【い】

【う】

【え】

【お】

【か】

【す】

【せ】

【そ】

【た】

【ち】

【つ】

【て】

【と】

【な】

【に】

【ね】

【の】

【は】

【ひ】

【ふ】

【へ】

【ほ】

【み】

【む】

【め】

【も】

【や】

【ゆ】

【よ】

【ら】

【り】

【る】

【れ】

【ろ】

【わ】

■監修者紹介
原 登志彦（はら としひこ）
略歴　1983年 京都大学大学院理学研究科 博士課程修了
　　　現在 北海道大学名誉教授，理学博士
専門　植物生態学
主著　『図説 地球環境』（分担執筆，朝倉書店）
　　　『地球環境変動の生態学』（担当編集委員，共立出版）

■著者紹介
西村尚之（にしむら なおゆき）
略歴　1998年 岡山大学大学院自然科学研究科 博士課程修了
　　　現在 群馬大学社会情報学部 教授，博士（農学）
専門　森林生態学
主著　『地球環境変動の生態学』（分担執筆，共立出版）

■作画
若土もえ（わかつち もえ）

大学生のための生態学入門

An Introduction to Ecology

2017 年 12 月 25 日　初版 1 刷発行
2025 年 2 月 15 日　初版 5 刷発行

検印廃止
NDC 468.2, 471.7, 481.7, 653.17

ISBN 978-4-320-05786-9

監修者　原 登志彦
著　者　西村尚之

発行者　南條光章

発行所　**共立出版株式会社**
〒112-0006
東京都文京区小日向 4-6-19
電話　03-3947-2511（代表）
振替口座　00110-2-57035
URL www.kyoritsu-pub.co.jp

印　刷
製　本　藤原印刷

一般社団法人
自然科学書協会
会員

Printed in Japan